大是文化

The New Megatrends

下一個現在

《富比士》推崇的頂尖趨勢專家，
時隔 20 年最受重視的
全球預測大揭密。

《富比士》推崇的世界頂尖趨勢預測專家
國際菸草公司菲利普莫里斯副總裁掌管全球觀察
瑪麗安・薩爾茲曼
(Marian Salzman)——著　古惠如——譯

Contents

第二部 末日之鐘，正在倒數計時 157

第三部 你，妳，他，她，都可以 265

推薦語

不管是營利或非營利組織，由於資源有限，在劇烈變動的環境下，各種投入必須謹慎評估，資源才能做有效的運用，因此做好趨勢預測非常重要！不過，趨勢預測並非要尋求精確的事實，而是希望能了解未來可能的發展、會產生的結果，及對組織的影響，以便及早部署、未雨綢繆。

本書作者根據其豐富的閱歷，分析未來政府、世界秩序、生活方式、隱私、人口、娛樂……各種面向在二〇三八年可能的面貌，幫助大家以最好的姿態，面對無常的未來世界！

數位轉型學院共同創辦人暨院長／詹文男

傳統策略思路是盤點過去，延續未來。但在VUCA（按：由多變〔Volatile〕、不確定〔Uncertain〕、複雜〔Complex〕與混沌不明〔Ambiguous〕四個英文單字組成，指科技創新引發產業與生活型態急遽變化的現象）時代，市場處於不連續發展的狀況，過去無法延伸至未來。此時企業應該要有一套新思路，用於解決複雜環境的策略規畫瓶頸，本書提供企業一套解決此問題的新架構。

從宏觀面，讓你掌握市場趨勢不掉隊，但趨勢是共享的，你看得到的，競爭者也看得到，關鍵在誰能更早清楚看見；因此，作者更提供微觀面，教你發掘市場微弱聲音，讓你比競爭者更超前部署，掌握策略先機。依循這兩個角度，可以解決找不到策略方向的瓶頸。

中華動態競爭戰略發展學會理事長／陳昭良

未來令人憧憬、困惑又恐懼，而這本書就是要預測未來！本書作者要預測的是二〇三八年——如果是預測兩百年後的世界，你可以用想像力寫出各種令人驚訝、害怕的科幻預言，反正到時候死無對證——但到二〇三八年，只剩十幾年，你就不能胡亂的天馬行空了。

本書分析大量現今資料，並用結果來推估二〇三八年前的世界大趨勢，包括氣候變遷、大國爭霸、全球經濟板塊、日常生活，甚至性別概念。我不敢說作者的預言一定兌現（全世界也找不到那麼厲害的人），但本書敘述清楚，脈絡分明；而行文平易，可讀性很高，僅拜讀她的分析結果，就覺得值得大力推薦。

中央研究院院士／王寶貫

預言總能創造話題，但不一定都是好的

你可以把本書想成一個時間旅行指南，你將前往二十年後的未來，又被稱為「大重置」（The Great Reset，非營利組織世界經濟論壇〔WEF〕以此作為二〇二一年召開會議的主題）；但在此之前，本書會帶你穿梭至二十年前，了解在千禧年（二〇〇〇年）交替之際所引發的社會動盪。

這個起始點清楚的時間軸，供我們觀察未來趨勢，我將藉此探索國際事務、科技創新、社會運動與新冠疫情是如何改變我們的認知，形塑人們的未來和對於過往的觀點。什麼樣的事件能夠影響未來？你如何透過預測與超前部署，來應對那些迫在眉睫的災難？

我預測的終點是二〇三八年，在這個時間點讓我可以做出以證據為基礎的預測，避免自己墜入科幻世界的晦暗領域。

本書中提及文化、商業與消費者等不同面向的趨勢，藉此引領讀者，進入一個動盪不安、甚至可說其特色正是「裂變」兩字的全球大未來。我能夠觀察到這些趨勢，皆仰賴經驗，因為我同時是資深趨勢觀察家、專業商業溝通師、人類觀察家，還是一個同時居住在兩大洲，擁有三個老家，卻四處漂泊、接觸全球情勢的人。

趨勢（trend）一詞，被用來指稱大眾對娛樂、時尚、用詞等愛好上的轉變時，其代表的涵義都不太深厚，和本書提及的趨勢有些不同。本書雖然也會談到這種流行趨勢，但這並不是本書的重點。任何預測未來的探究，都必須集中於更具分量的議題上，如氣候變遷、科技運用兩極化（polarization）等，滲進文化各個層面的事件。

《唐吉訶德》（*Don Quijote de la Mancha*）的作者賽萬提斯（Cervantes）說得沒錯：「有預警便能提前完成武裝，做好準備便是成功的一半。」

每當人們問我，在趨勢觀察這一行打滾將近四十年，有什麼感覺時，我總是會回答，這是一趟能讓你深陷其中、驚喜不斷的旅程，當然，驚喜不一定都是好的。

在一九八〇年代，因為英國政府主導市場減少監管，所引起的金融大改革（Big Bang，又稱金融大爆炸），讓我領略到何謂全球化與政府放鬆管制；在一九九〇年代早期，**我搭上當時還鮮為人知的資訊高速公路**（按：在一九九〇年代，指數位通訊系統和網際網路的流行詞彙），**並順勢推出網路上第一個市場調查公司**。

當歐洲統合是下一個重大事件，而倡導共識決的「波德模式」（polder model，波德指荷蘭的圩田、海埔新生地，由於在此地風車需要長時間抽水，否則居民將滅頂，該模式便用以比喻荷蘭透過公私協力的方式，解決國家經濟結構的問題）正嶄露頭角時，我在荷蘭工作也居住於此。

一九九八年，我回到紐約工作（但位於荷蘭的辦公室和工作團隊仍維持運作了幾年，我從沒真正斬斷自己跟荷蘭的連結）。在二〇〇一年九月，我眼睜睜看著距離我公寓兩英里（一英里約為一．六公里）的雙子星大樓倒塌；事件發生後，我立刻聯絡父母，然後再打給阿姆斯特丹的行政助理，當時我有多害怕和焦慮，她仍記憶猶新。

當年我針對「都會花美男」（metrosexual，源自英國記者馬克．辛普森〔Mark Simpson〕的著作，探討二十一世紀的都會男性對自我認知、性取向等皆不同於傳統的社會現象）的消費者研究，觸動了人們的敏感神經，並引發一場全球媒體浪潮。

許多年過去，我協助非營利組織「為美國創業」（Venture for America）創辦人楊安澤（Andrew Yang）推行組織的成立。在這位臺裔政治素人勝率微乎其微的總統競選中，我向多數美國人，甚至是非美國人介紹全民基本收入（universal basic income，簡稱UBI，又稱無條件基本收入）的重要概念。

一位朋友曾將我形容為「低配版佛勒斯．甘」（Forrest Gump Lite，用《阿甘正傳》〔*Forrest Gump*〕的主角，借指作者見證過很多歷史性事件）。事實上，許多人像我一樣，發現自己身處多條正在形成的歷史主題裡，我的不同之處在於，我不會對這些事件發展主線置之不理、含糊帶過。身為趨勢分析者，我的工作是解開、再整理這些歷史發展的線索，並彙整出一個能幫助我們帶著理智邁向未來的地圖。

在你投入閱讀本書之前，我還要提醒你，我的思考方式充滿跳躍性，這就是我用來推斷未來局面，思索其原因及後續發展的方式。如同穿越曲折的山峰和山谷一般，正好反映出這時代日益增加的複雜性。

序章

過去三十多年，我預判了什麼，又誤判了什麼？

在我們回溯過去三十年的歷史之前，我想先花幾分鐘，介紹我的工作及其不尋常的性質、起源及應用方式。

趨勢觀察，不是要你去設定出某個趨勢，或是去影響文化思潮的改變。如同字面意思，這個工作負責察覺並了解正在醞釀的轉變、預測下一個發展，並將預知的優勢，運用在私領域或公領域來影響行動、取得先機。

如果你本來期待工作內容會更加誘人的話，我很抱歉，事實上，這份工作跟占卜或神祕學完全無關。我不會看塔羅牌、喝魔法藥草，也不知道怎麼跟神聖力量產生連結。不過，如果是魔術的話，我的手其實滿巧的。

但總而言之，對於未來，我的確掌握得比一般人更多。

如同水手研讀航海圖，再從大海與天空尋找線索一樣，我透過觀察、消化、吸收可能具趨勢潛力的意外事件或行為模式，藉此展望未來。我融合文化歷史學者與未來學家的角色，從回顧歷史著手，去理解出過往事件如何隨著時間的長河，流淌至今。那些被流傳下來的歷史經驗，能指引我們去期許一個更好的未來，向這些經驗學習，便是這種思考方式的目標。

你可能會想問，這有什麼特別的？每個人都會以過去的經驗，來思考現在與未來呀！很遺憾，現實並非如此，**有太多人的回憶都被大腦美化，但他們卻用這些不確切的經驗來忖度現在**。

舉例來說，還有人嚮往著過去美國白人男性握有主權的年代，當時，移民與少數族群應該要「懂他們在社會的地位」，女人的工作就是做家事。也有人遙想，過去我們與土地和自然之間，曾有過親密的關係，那時每個人都身負責任、道德品行優良……不過，這樣的過去不過只是想像而已，從來沒有實現過。

能夠正視趨勢發展的人都明白，我們現在身處的世界，既複雜又環環相扣。趨勢分析家對於接下來會如何發展，感到難以預料、憂心忡忡。我認為，做這一行的人的目標，並不是做出「美食烹飪機器人問世」、「金星上種有發財樹，果實是紙鈔」等天馬行空的預測，而是能掌握理財與職涯決策方面的優勢。

只要透過某些工具、線索與洞察力，我就能窺見可能會為生活帶來改變的跡象與徵兆；如此一來，作為回報，我們也可能藉此掌握影響局面的優勢。**如果可以辨別出形塑**

未來的驅動力，便能著手改變它們的軌跡。

其實，一聽到趨勢觀察家的職業，大多數人最想知道，認識趨勢觀察對自己有什麼好處。這個問題會很自私嗎？其實不然。

當然，洞察趨勢能影響你在個人或商業上的成功，讓你成立當前社會最需要的新創公司，在新興趨勢帶來的浪潮上乘風破浪；或是嗅到消費習慣變動的商機，比同行先一步做出精明的商業決定。

舉例來說，美國商業女強人艾蜜莉．魏斯（Emily Weiss），善用美妝部落格的吸引力，打造出全球美妝品牌 Glossier；又或是植物肉製造商超越肉類公司（Beyond Meat）的創辦人伊森．布朗（Ethan Brown），當時便預見以蔬菜為主的飲食具市場潛力。

不僅如此，洞見未來還具有社會意義。我們身處在充斥著混亂與挑戰的時代，甚至面臨生活即將被顛覆的威脅，所以，如果能為變動做好情緒上與實務上的準備，這肯定會是一個相當關鍵的優勢。

在剖析過去的時候，關鍵在於要同時運用兩種視角，一個是量化的視角，聚焦在統計與事件，另一個則是質性的，探索人類情感和經驗的交疊，也就是我們的價值觀。

從量化與質性視角切入，能讓我們綜合兩者，看出現在的經驗為何，並構成我們集體共享的過去，儘管兩個視角對過去的認知從來沒有全然調和過。我們的想法與評估時常受到種族、財富階級、性別、文化、生命經驗與其他因素所影響。唯有在看透我們如何走到現在這一步之後，趨勢觀察家才會望向未來，而這也是本書會採取的分析方式。

我所具備的洞察力，深受我的個性、經驗及人生歷程影響。我出生於美國東部紐澤西州中，一個人口約一萬一千人的河畔鎮（River Edge）；我從小時候開始，對於即將發生的事情，就按捺不住自己的好奇心，而這也塑造了我的個性。

從數個「為什麼」中，重塑出實際的「什麼」

在一九六〇年代與一九七〇年代，我都住在河畔鎮。儘管這裡距離曼哈頓僅隔著一條哈德遜河，我當時並未受紐約的都會文化感染，就算有，也不算深遠。即使是現在，河畔鎮仍是美國郊區的縮影，呈現出以白人為主、具教育風氣、社會階層向上流動的美國郊區，大致會長什麼樣子。

當時還是青少年的我，很想逃離家鄉，不要再回到這個盡是共乘汽車、課後運動、精心修剪的草坪與年度夏季社區派對的乏味人生。大學畢業後，我前往曼哈頓從事廣告業；而三十年過後，我創立了自己的事業，獨自和共同撰寫的書超過十幾本，還耗費將近十年的時間，經營一間全球公共關係事務所。

在這個過程中，我做了一個年輕時的我想也想不到的決定——我選擇離開紐約，回到郊區。在二〇一〇年，我與一位律師兼法學教授結為連理，而我的伴侶在位於美國西南部的亞利桑那州與東北部的康乃狄克州皆有住所，所以這兩處也順勢成了我的地址。接著，在二〇一八年，我在瑞士沃州（Vaud）為一間跨國公司擔任全球傳播的主管，因此這裡又成了我的另一個住所。

不過，事實上，有這麼多個住所的我，也等於居無定所。疫情前，我待在旅館或機場工作的次數太多了，以至於有時我會忘了自己在哪或要去哪；而現在，就像許多經常飛來飛去的人（以及疫情期間居家辦公的人）一樣，我透過螢幕，與各大洲的客戶及企業聯繫。如果有人問起我住在哪裡，我真的很想回應一句：「我住在雲端上。」因為這麼說也不算是說謊，其中還摻雜了些許幽默與無奈的心情。

我認為，旅行能幫助我觀察趨勢，其中，機場和超市是尋找靈感、提升洞察力的最佳地點，除此之外，最讓我有所感悟的，就是我自己的人生經驗。我歷經過三次手術（次數仍在增加中），移除非典型腦膜瘤（meningiomas，不含癌細胞、不容易復發，雖然不會侵犯到鄰近組織，但可能壓迫到腦組織的敏感區域而形成症狀）與典型腦膜瘤；腦膜瘤通常會被稱為「良性腦瘤」，看似真的有益健康，但事實並非如此。

這些手術教會我要培養耐心（我很沒有耐性）、懂得把控制權交給他人（這個比較擅長一點），以及對趨勢觀察最重要的：以最好的姿態，面對無常的人生。

我發現，這種綜合主觀與客觀的效果，是趨勢觀察與分析的魅力之一。這不僅是涉及資料與臨床觀察的科學性活動，還是一門藝術，仰賴獨特且高度的個人經驗，包含重大的生活事件，和人與人之間的親密談話。

一九二九年，在股票市場發生大災難的九個月前（按：指一九二九年華爾街股災，是美國歷史上最嚴重的一次股災）[1]（本書參考資料請掃描第三百九十九頁 QR Code），未來學作家約翰．奈思比（John Naisbitt）誕生在猶他州首府鹽湖城，他就是將趨勢觀察發揚光大的人。

他的父親是運貨司機，母親是裁縫師，童年不算充裕。高中後，他加入海軍，透過《美國軍人權利法案》（*G.I. Bill*）進入大學就讀，接著結婚，又在他妻子懷孕期間破產；後來，他找到在攝影器材公司伊士曼柯達（Eastman Kodak，簡稱柯達）為主管撰寫演講稿的工作。

此後，他又從事更多與公共關係相關的工作，其中一個是為政府研究偉大社會（Great Society，美國前總統林登．詹森〔Lyndon B. Johnson〕提出的一系列國內政策）形成的影響。為此，他買了五十份不同地區的報紙。他回憶當年說：「我在三個小時內看完這些報紙後，就能了解美國正在發生什麼事，對此我感到非常震驚。」[2]

這次經驗啟發了奈思比做企業諮詢的想法，雖然最後仍以失敗告終，不過，他持續透過演講召告世人，社會即將面臨重大變革，並將相關理念收錄於著作《大趨勢》（*Megatrends*）之中。

奈思比想傳遞的訊息，包含許多樂觀願景。他寫道，美國工人階級的時代已經結束，一個後工業化經濟型態與十六個反主流文化的價值觀，像是個人主義、女性主義、精神主義（Spiritualism，把人看成具有純粹的精神，且認為人具有精神的本質、有意志自由、有能力、有精神的價值）等，將開啟一個經濟繁榮、文化自由的黃金盛世。

一九八二年，《大趨勢》正式發行時，這些理念與美國前總統隆納・雷根（Ronald Reagan）在「旭日東昇的美國」（Morning in America，一九八四年，雷根競選期間的政策宣傳廣告）所揭示的觀點相互輝映。

《大趨勢》蟬聯《紐約時報》（*The New York Times*）暢銷書兩年，並在五十七個國家創造一千四百萬本的銷量。奈思比搖身一變，成為白宮常客，也是當時的英國首相柴契爾夫人（Margaret Thatcher）的朋友。此後，趨勢觀察成為媒體談論的主要話題。

奈思比有什麼比別人更特別的地方？如果有另一個研究人員，同樣閱讀了那五十份報紙，他很可能無法總結出奈思比獲得的結論。我認為，正是因為奈思比有過一段貧苦的童年、早年的不如意，以及對成功的渴望，才讓在這些新聞之中獲得啟發。他能預見一絲曙光，是因為他看見了徵兆，也因為他本身就是渴望迎來希望的人。

我成長於一個人人都勇於做夢的環境，但我一直沒有意識到這一點，而讓我頓悟的契機，是一樁始料未及的震撼悲劇：一九九九年，一場飛機事故帶走了小約翰・甘迺迪（John F. Kennedy, Jr.，小甘迺迪）、他的妻子卡羅琳（Caroline）及卡羅琳的姐姐勞倫・貝賽特（Lauren Bessette）的生命（而且也沒有人能預料到，僅僅兩年後，九一一事件會掩蓋過這樣的憾事）。

小甘迺迪是我在布朗大學（Brown University）念書時，小我兩屆的學弟，我們之間有共同朋友。當時，我和許多同學都沉浸在他高潔的人性光輝中，對我的許多同學而言，不論每個人的政治傾向如何，小甘迺迪這個人都代表了無窮的可能性，他就等同於一個耀眼未來的承諾。失去小甘迺迪一行人，標示著一九七〇年代晚期到一九八〇年代早期，人們信仰的光明未來就此殞落，而那正好是奈思比所慶賀的那幾年。

出生於一九五〇年代晚期與一九六〇年代中期的人，被夾在嬰兒潮世代（按：一九四六至一九六四年間出生的人）與X世代（按：一九六四年至一九八〇年間出生的人）之間。不過，我們雖然能同理X世代所感到的焦慮不安，卻難以和嬰兒潮世代的權利地位與自信產生共鳴。

其實，我們跟嬰兒潮世代的共同點是：我們普遍是樂觀主義者，相信人們具有奮鬥不懈的本事。而我們這些「世代交替的年輕人」（cusper，在兩個世代之間出生的人，嬰兒潮和X世代之間的子世代，又稱為瓊斯一代〔Generation Jones〕），在通貨膨脹率攀升、產業大量移至海外的時期，從高中或大學畢業。

而現在，就像每一個世代的人們一樣，我們吸收的媒體資訊，總以末日預言作為主調，從疫情到氣候變遷，再到國家與國家之間的內戰前景，以及民粹主義（populism，擁護或聲稱擁護普通人的政治綱領或運動，通常結合左翼和右翼元素，反對大型商業和金融利益）和網路恐怖主義（cyberterrorism，利用網際網路進行導致或威脅生命、重大身體傷害的暴力行為）的崛起。

然而，儘管近年有那麼多壞消息，但並非所有的消息都黯淡無光。法國倫理學家弗朗索瓦．德．拉羅什福柯（François de La Rochefoucauld）寫道：「死亡跟太陽一樣，都無法用眼睛長久直視。」樂觀和希望是很難扼殺的。

因此，我選擇至少當一個中庸的樂觀主義者。我不會盲目的追尋幸福，但也不會狂熱的期盼末日到來。我尋求的是遠見，和某種程度上的保證，也就是應對不確定性的方法。只要拋出一個能抓住問題癥結點的「為什麼」，幫助我迎接未來，或是幫助我從「為什麼」之中重塑出實際的「什麼」就好。

我成功預測了網紅興起與花美男熱潮

想要探索未知，訣竅在於眼觀四面、耳聽八方。趨勢可能在任何時間、任何地點出現，所以你的關注力（和愛湊熱鬧的個性）會很有幫助。

二〇〇二年，我在紐約蘇活區附近，遇到一個正在遛狗的直男朋友。這沒什麼不尋常的，但我發現，那隻狗的遛狗繩竟是鮮豔的粉紅色；我去髮廊時也注意到，周遭的男低音明顯變少，男中音則變得更多。

很快的，到了二〇〇三年，我越來越常注意到相關線索，使我解讀出一個更廣泛的文化變遷正在形成，其特點是**年輕男性開始擁抱時尚、高端美容和家居裝飾**。為了昭告這個新興運動，我借用記者辛普森首創的術語「都會花美男」；辛普森當初使用這個相當好記的詞，表示一種類型的男同性戀，但我完全改變了它的涵義，用其描述我在年輕直男中看到的一種趨勢。最後，這個詞彙代表的浪潮獲得大眾的熱烈迴響，媒體訪問蜂擁而至。

在二〇〇三年，你想不看到都會花美男一詞都很難，連美國方言協會（American Dialect Society，每年都會票選出年度詞選，代表當年的某個現象）都將都會花美男選為年度詞彙。

都會花美男並不是一陣轉瞬即逝的熱潮，它代表了許多男性氣質（masculinity）的根本轉變，而這種改變，以複雜和相互矛盾的方式發展。在男性光譜上，一個極端是都會花美男和堅定的女性主義者，另一端則是極右組織驕傲男孩（Proud Boys，成員多為白人民族主義男性，提倡暴力的新法西斯主義極右翼組織）、非自願守貞者（incel，將無法脫單歸咎到女性身上，常在網路上發表厭女言論的男性）及塔利班，兩邊對於什麼才是「正確的」男性氣質，至今仍不斷鬥爭。

我在廣告和傳播業的工作，不只圍繞在都會花美男和肥胖全球化（globesity，過重或肥胖人口的增長，成為全球各地廣泛的特點）等文化轉變上，還涉及商業活動和消費者趨勢，包括隨時在線的媒體、超專業化（hyperspecialized，將以前由一個人完成的工作，分解為由幾個人完成更專業的工作）的零售，以及窄播（narrowcasting，針對特定用戶提供專門內容的傳播方式）。

歷經三十多年的耕耘，我透過發表年度報告，幫助人們一窺明年的趨勢。**我成功預言網紅的興起、隱私的喪失，以及氣候變遷時代下，大自然的無情反撲。**

但是，我也有預測錯誤的時候，舉例來說，我過去曾經推廣支持流行語「Chindia（按：指「中印」，等同把中國與印度看作整體的經濟思想，為超越地緣政治與地緣經濟的學術概念），但其實，這兩個國家在許多方面都很不同，印度還步履蹣跚的時候，中國已崛起為超級大國。

此外，我也曾愚蠢的相信，「不分階段的年齡層」（ages without stages）會引起大眾的共鳴，但事實上，不同世代的人難以相融，反倒充滿著對立與隔閡。

在二〇一九年底發布的二〇二〇年度預測之中，我沒有預料到新冠病毒引起的劇變，儘管我確實預測到，更多人將戴上口罩，但主要原因是空氣汙染，而不是新型冠狀病毒。

我也預見人們會囤積更多民生用品，但我認為，這可以回溯至一九九〇年代便開始醞釀的末日準備者運動（doomsday prepper，出於對人為或自然天災的恐慌，在平時便儲備足夠物資，培養自力更生的能力，減少對外力的依賴）。

但是，當我著手於二〇二〇年的年度報告時，非常肯定的是，我們生活的世界將會越來越失控，我將此現象概括為口號：「裂變是新常態。」果不其然，二〇二〇年是個不穩定的一年，但很快的，事態將越演越烈，甚至超出我的想像。

還會有下一個千禧危機

如果你看過成群翱翔的椋鳥（椋音同良），你可能會對美的概念有全新認識。遷徙中的椋鳥，由多達一百萬隻小鳥組成，[3] 偶爾曲折的滑翔、偶爾筆直俯衝，形成令人眼花繚亂的圖案；而且，牠們飛得非常靠近，遠看就像是一隻巨大的生物，在空中亂竄。神奇的是，儘管牠們以極高速飛行，但不知道為什麼，牠們永遠不會撞到彼此。

椋鳥能夠如此精確且即時的交流，好像牠們集體共用一個大腦一樣，代表牠們的組織型態並非由上而下，椋鳥之中沒有領袖。此外，這群小鳥還告訴我們，牠們不知道自己是更大群體的一部分，牠們能意識到的，只有自己周圍的六、七隻鳥。

為什麼椋鳥要組成群飛的隊伍？可以預想到的原因，是嚇走掠食者的生存本能。牠們集體發出的噪音震耳欲聾，達到禦敵的效果；突如其來的動作令人摸不著頭緒，牠們可以瞬間轉身，使牠們看起來像一個無法穿透的盾牌。

在某些方面，椋鳥為人類示範了一個完美的社會應該是什麼模樣。對所有鳥來說，當下的直覺動作既即時又同步，而且牠們的動作如此精準，到了讓人難以置信的程度。

但如此美麗的椋鳥景象，對生活在北美洲的人來說，則是個壞消息。

其實，椋鳥不是北美大陸的原生物種，但一八九〇年代，鳥類學家尤金．施弗林（Eugene Schieffelin）從歐洲進口數百隻椋鳥，並將牠們放生在紐約市的中央公園（Central Park）。牠們在紐約待了一段時間，但後來基於遷徙特性，這群椋鳥便開啟了在北美洲的遷徙之旅。

現在美國有非常多隻椋鳥，以致一次目睹到數十萬隻成群結隊的椋鳥，並非罕見的景象。牠們的食量驚人，能在一天之內吃下二十噸馬鈴薯，足以吞噬人類的收成；牠們的糞便，還能間接或直接導致人類感染組織漿菌症（histoplasmosis，一種真菌性肺疾病）和弓形蟲感染症（toxoplasmosis，一種由弓形蟲造成的寄生蟲病），感染弓形蟲感染症的孕婦，還可能透過胎盤傳遞感染源，使胎兒染上先天性弓蟲症。

不僅如此，牠們還可能導致人類喪命。一九六〇年，航太工業公司洛克希德（Lockheed Corporation）製造的伊萊克特拉號飛機（L-188 Electra），於波士頓洛根國際機場起飛，不料當時約有一萬隻椋鳥，直接朝機身飛進，大批椋鳥堵塞了引擎，導致六十二人死亡。

為了控制在美國境內的兩億隻椋鳥，人們已經做出了許多努力，但仍舊沒有成功。那些對椋鳥群飛影片驚嘆不已的 YouTube 觀眾，可能沒有想到這個殘酷的事實：美麗是有代價的。而且，我們很難事先得知，這個代價究竟有多大。

在思考網際網路對當代文化與社會帶來的影響時，我經常聯想到椋鳥的歷史教訓。還記得在二十世紀與二十一世紀的交界點，網路評論家兼樂團死之華（Grateful Dead）作詞家約翰．佩里．巴洛（John Perry Barlow），撰寫了一篇生動的預言，名為《網路空間獨立宣言》（*A Declaration of the Independence of Cyberspace*）。

他寫道，在這個嶄新、人人平等的世界中，所有的信仰都會受到歡迎，那些曾被視為離經叛道的思想也不例外，而且關於財產權、意見表達和身分的傳統法律概念，將不再適用。[4]

不幸的是，巴洛想像的理想世界並沒有實現。這位作詞家忽略了一個不變的人類法則：意外後果法則（law of unintended consequences，任何行為都會產生不符合原目的的結果）。我們過去二十年所書寫的故事，和椋鳥的故事很相似，都包含了偉大的夢想、美麗的願景和意料之外的後果。

那麼，未來二十年會是什麼模樣？簡單來說，二〇二〇年和二〇二一年爆發的災難，引發我們生活每一個層面的重置，但其中**更具挑戰性的任務，是試圖釐清哪些變化是短期的、哪些又會持續下去**。

為了區別兩者，我必須先回顧從二〇〇〇年至二〇二〇年的重大事件，以及能從歷史中掌握到的文化轉變；接著，我會向前展望，聚焦於一個具體的日期——二〇三八年一月十九日。為什麼是這天？首先，此日期被稱為 Y2038（Year 2038 problem，中文為二〇三八年問題），有點像是千禧蟲危機（Year 2000 Problem，又稱 Y2K Problem）的表親。

千禧蟲危機是和電腦程序設計有關的問題，令當時的世界非常擔憂。在我們於二〇〇〇年一月一日進入下一個千禧年時（其實正確來說，應該是從二〇〇一年開始，但現代人類沒耐心在意這種細節），它讓跨年夜的慶祝活動變得沒那麼愉快。

至於 Y2038 的技術成因，很難簡單用一句話解釋，但基本概念是，一些電腦科學家認為，在二〇三八年一月十九日三點十四分零七秒，我們將耗盡程式上的空間，屆時世上任何使用中的電子設備，都無法為時間編碼。

當我第一次接觸到 Y2038 時，我覺得這很適合當成這本書的終點。囊括千禧蟲危機和 Y2038，我們有約四十年的時光要剖析，這一段時間說明了，數位科技對本書提到的所有趨勢，幾乎都留下了深刻的痕跡。

我還要提醒你，本書中的一些預測，可能會讓你想到深山中隱居。我很能理解，因為每當我試圖在最壞的情況中，尋求一線生機時，最後我幾乎都會選擇拎著一袋洋芋片或巧克力餅乾，跑去窩在床上。

但是，我最終仍會回想起當代困境的第一個真理：我們可能留有石器時代的頭腦，卻生活在太空時代的科技世界中。這不僅為我們帶來挑戰，更帶來了潛在的解決方案。

所以，讓我們從四個全球觀察的基準線開始，俯瞰我們今天所處的位置：第一，**「在一起，也不在一起」是正常現況**。拜科技所賜，我們可以創造高度個人化的環境，在這個環境中，我們能聆聽客製化的播放清單（自己一個人聽），並在影音設備上觀看串流娛樂影音（自己一個人看）。

如果你願意，你可以把自己完全隔絕在偏好的媒體泡泡和迴聲室（echo chamber，俗稱同溫層，指意見相近的聲音，以誇張或其他扭曲形式不斷重複，使大多數人認為，這些扭曲的故事就是事實）中，徜徉於我們親手打造的個人世界裡。

第二，**經濟不平等大幅擴大**。自一九七〇年代中期以來[5]，許多國家的經濟不平等狀況大幅增長，為底層的多數人與頂端的少數人，創造了完全不同的人生體驗和期望。社會安全網已經支離破碎，特別是在美國（與其他相似的工業化國家相比更是如此），從被剝奪權利、甚至正在銳減的中產階級，我們就能看出，那些保有財富和權力的人，只變得越來越穩固。

第三，**人人的世界觀，將以「以自我為中心」為核心**。無論是誰，包括小孩在內，都被鼓勵建立並培養自己的個人品牌。

第四，我們將**更重視共享經驗**。相較於自拍，人們轉而重視與親朋好友視訊聊天的體驗，而且，這將比疫情時期的人類心理需求，有著更深一層的意義。同樣的，在商業領域，團結合作也會更加受到重視。總的來說，有關合作的概念，將主宰未來的社會。

未來會是什麼樣子？

如果你問，未來還有什麼在等著我們？以下是我將在後面章節探討的趨勢：

1. **政府**：社會對當前政府體系的信心將進一步破裂。**民主制度作為最佳政體的模範，將受到更強烈的質疑**，而主要質疑者會是渴望絕對權力的政客，以及希望能夠回歸傳統（包含美化了種族、經濟和社會壓迫的傳統）的保守公民。

2. **新的世界秩序**：在二〇〇六年出版的《MIND SET! 奈思比十一個未來定見》（*Mind Set!*）一書中，奈思比警告，世界的管理權待人角逐，而歐洲人則準備抓住這個機運。

但是，在那之後的幾年裡，一方面要處理社會和金融停滯帶來的影響；另一方面，奈思比及妻子桃樂絲．奈思比（Doris Naisbitt）曾提到，歐洲大陸有著「普遍濫用社會福利」的問題，而歐洲領導人亦為了應對此問題而分身乏術。[6]中國則趁勢崛起，不僅積累了巨大的力量，還挾帶著隨之而來的自我意識和自信；不過，中國並不是唯一崛起的力量，還有其他坐擁巨額資產的人和**科技巨頭，將成為新的主宰者**，而且他們也都致力於創造出一個符合自己喜好的未來。

3. **仇恨存於乙太（網路）之中**：二十年來，焦慮日益增長，並透過新的科技管道受到煽動和廣泛傳播，從而使虛擬空間充斥著仇恨。更糟糕的是，仇恨情緒和言論已經成為常態，許多人仗著匿名的身分，在社群媒體上散布敵意和仇恨。

根據美國外交關係委員會（Council on Foreign Relations，簡稱CFR）的說法，這種影響將遠遠超出網際網路的範疇，已經與全球少數民族的肢體暴力產生關聯，包括大規模槍擊、私刑和種族清洗。[7]

聖戰者（Jihadist，聖戰〔Jihad〕的原意並非濫殺，而有奮鬥、努力之意，但在此指支持或參與聖戰的穆斯林）、白人至上主義者（white supremacist，主張白色人種族裔優越於其他族裔）和民族主義團體，越來越懂得運用仇恨氛圍，來達成自己的目的。

4. **消失的中間派**：在這個兩極分化的時代，「中間派」（middle）和「中間」（central）都有著不好的名聲。熱情的運動分子都喜歡引用柴契爾夫人的話：「站在路中間是很危險的，因為你會被來自兩個方向的車輛撞倒。」

那些自詡為進步主義者的人指出，美國社會運動者馬丁・路德・金恩（Martin Luther King Jr.）曾寫下：「更致力於『秩序』而非『正義』的白人溫和派，是黑人自由道路上的一大絆腳石。」[8]

今天，屬於中間派的人多半會被嘲笑，好聽一點是說你拿不定主意，難聽一點，就是優柔寡斷得很危險。隨著社會政治不滿情緒的加劇，更多人將遠離中間，轉而支持更為激進的極端分子。

5. **部落：部落將變得和國家忠誠一樣重要**。這邊所說的部落，是具有血緣或種族關係的實質部落，還是超出前述範疇的虛擬部落？我認為，虛擬部落的可能性更大。隨著民主價值在西方世界高度發展地區變得支離破碎，過去用來識別實質部落的方式將變得更加困難；現在，除了我們的近鄰、親戚和密友，誰還能待在我們的救生艇上（按：指在你關心的範疇之內，詳見第七章）？因為人都渴望歸屬感，所以會加入各種團體，並將這些團體視為生存的核心。

6. **隱私的終結**：在撰寫本書的期間，倫敦擁有約六十九萬又一千個監視器，整體來說，等同每一千名居民，就有七十三個監視器。[9] 此數字非常龐大，不過，英國的數據雖然驚人，倫敦其實只在受監控的城市排名中名列第三；在前二十名內，包辦了前兩名的是中國；同時，中國城市占了前二十名中十六個名次，其餘三名則屬於印度。

世界各地都在完善數位控制技術，CCTV（閉路電視）只是一個開始。陸續推陳出新的還有人工智慧演算法、個人定位系統和追蹤情緒狀態的人體設備等。在某些國家，**我們看到一些被稱為「健康設備」的小配件，在民眾之間越來越普遍，但實際上，**

這些用戶數據都會再轉賣給財力雄厚的競標者。

不僅如此，出現強制配戴的身分識別手鐲，也不無可能，這種手鐲可以用來計算顧客對商業活動的反饋，還有你對政治性訊息的反應，測量個人態度、偵測異議。我們有辦法抵制嗎？答案是可以（除非是最極權主義的社會）；甚至在未來，數位排毒（digital detox）——關閉電子設備、遠離資訊高速公路——可能成為一種地位象徵，越與現實脫節的人，越對數位控制免疫。

7. **科學的兩極化**：到了二〇二〇上半年，全世界都希望能研發出保護他們不確診新冠肺炎的疫苗，並做好研發疫苗需要一段時間的心理準備。然而，僅在病毒被識別和定序後的一年內，科學家就已經準備試驗第一批疫苗。[10]

截至二〇二一年十月中旬，世上幾乎一半的人口，都至少接種一劑疫苗。這個驚人的科學成就雖然令人欽佩，但也激起不少人的懷疑和恐懼，從能預期的（如潛在的長期副作用）到極端的（如疫苗是植入微晶片的方式、會干擾人類DNA）[11]反應都有。

自從一九九八年，一份具缺陷的MMR疫苗（麻疹腮腺炎德國麻疹混合疫苗）研究問世後，全球反疫苗運動就此展開；科學儼然成為陰謀論的爆發點，基因干預技術的進步，則使情況變得更糟。

就連已故的英國物理學家史蒂芬．霍金（Stephen Hawking），也曾表達對富人或權貴的恐懼，擔憂他們利用新的科學技術，打造一個具有強化基因的優勢物種。[12] **在過去，科學意味著偉大的希望，但現在，科學同時也代表了巨大的分化。**

8. **人口分布再分配**：從歷史上看來，都市一直是最昂貴的居住地點，但是，隨著越來越多工作變得可遠端進行，加上零售商和文化機構變得虛擬化，有錢人會放棄燈紅酒綠的都市，轉而選擇牧場嗎？目前，**嚮往住在農村和小城鎮的人增加，房屋價格也水漲船高**，但是，若農村地區難以吸收這種移居型態，就會導致怨恨情緒在當地人心中滋生。

和在美國和歐洲發生的都市外流相比，一項逆行趨勢是，世界其他地區大都市的規模呈現巨幅成長。[13] 到了二〇二五年，將有二十九個巨型城市，也就是人口超過一千萬的城市，包括深圳、印尼首都雅加達和巴基斯坦第二大城市拉合爾、哥倫比亞首都波哥大、秘魯首都利馬，以及位於非洲的剛果民主共和國首都金夏沙。[14]

我們可以期待看到經高度規畫的全新城市出現，如世界最大零售商沃爾瑪（Walmart）的前執行長馬克．洛爾（Marc Lore），所提出的未來城市構想一樣，他計畫在美國西部建造他的烏托邦，將其命名為特羅莎（Telosa）。

9. **娛樂**：多虧了人工智慧和越趨複雜的演算法，媒體和娛樂內容很懂得如何「劫持」人們的思想；當然，一個願打、一個願挨，大眾也將樂於繳械投降。這是因為，**娛樂產業變得更善於瞄準大腦內產生快感的神經感受器**，並將該產業可延伸的觸角變得更加長遠，無論我們身在何處——在雜貨店排隊、逛街、在浴缸裡泡澡——似乎都能捕捉到我們的一舉一動。此外，在這方面能獲得的心靈慰藉，也變得更吸引人，因為娛樂提供了一個逃避殘酷現實的出口。

10. **性別**：在美國，六分之一的Z世代（按：在一九九〇年代末至二〇一〇年代初出生的人）成年人認為，自己是LGBT社群（按：取自女同性戀〔Lesbian〕、男同性戀〔Gay〕、雙性戀〔Bisexual〕與跨性別〔Transgender〕的英文首字母，除此之外還包括酷兒、無性戀等不同性傾向）的一員。[15]

這反映出一個新現實：**性別被視為一種社會結構**，而且比老一輩的人所接受的，**更具可延展性**。同時，為了抗衡性別流動性，也有一些群體將支持並推廣傳統的性別特徵，試圖回歸至更嚴格的規範。

11. **金錢**：無現金經濟早就應該來臨，隨著永久失業和就業不足（按：有就業，但工作時間低於某個標準）的人數增加，全民基本收入的概念將不再那麼有爭議。

在一些地區，這將被視為確保社會穩定的必要條件。加密貨幣？NFT（非同質化代幣）？後者已經催生出許多社群，像是基於以太坊（Ethereum）生成的NFT項目Pudgy Penguins，你跟上了嗎？[16]

在二〇二一年六月國際拍賣行蘇富比（Sotheby's）上，一組NFT〈CryptoPunk 7523〉以一千一百七十五萬美元（按：全書美元兌新臺幣之匯率，皆以臺灣銀行在二〇二二年九月公告之均價三〇・四元為準，約新臺幣三・五七億元）的高價售出，類似這樣的現象，將在未來十五年內再次上演。隨著中國宣布打擊加密貨幣[17]，**全球監管虛擬貨幣的政策，亦將進入高潮**。

12. **氣候**：面對迫在眉睫的氣候災難，我們將看到一個結合內燃機的逐步淘汰、航空旅行的減少，以及乾淨能源技術發展的趨勢，創造出一種新「低影響」的生活常態。瑞典環保少女格蕾塔・桑伯格（Greta Thunberg）那一代，將使用智慧科技來達成他們的道德抱負，並過上一個他們認為別人也應該響應的低汙染生活方式。

企業家將找到解決方案，讓人們在放縱自己的同時，也能滿足自身的環境意識。例如，預計將於二〇二四年推出的午夜列車（Midnight Trains）服務，將帶旅客踏上從巴黎駛往十幾個歐洲城市的夜間鐵路旅行；此舉使旅行者在節省酒店費用的同時，碳足跡也比搭飛機還要少。[18]

13. **購物：傳統的購物中心將銷聲匿跡**，因為多數的大型用地，將改建為混合用途的校園、工作暨教育中心，以及小型（又被稱作微小型〔micro〕）公寓。在具有足夠消費力的人們之中，占主導地位的消費理念會是「越少越好」，**體驗則比產品本身更受到重視**。

但儘管如此，由於社會大眾仍然為密切關注如何獲利、掌握最新技術等消息，商業活動仍會保持活絡。電子零售商將找到使線上購物更具社交和娛樂性的方法，維持消費者的購買欲。

14. **（非）奢侈品**：就像現在一樣，奢侈品的定義，仍舊是「大眾無法輕易取得的東西」，但是，具體而言，究竟什麼是最有價值的奢侈品，則正在改變。

比起珠寶與金飾，人們將越來越重視不擁擠的空間（如機場的商務艙休息室、大型住宅用地）、慵懶的步調、自然環境、相對未受汙染的水、空氣、食物，以及優質的特約診療（concierge healthcare，向院方多支付一筆費用，以節省就醫的等候時間與人力成本）。

享有特權的人總是想要更多，但在未來，**他們的欲望將不再由物質財富主宰，而是對生活品質的渴望**。對於占主導地位的群體而言，他們渴望拓展符合自己期望的社區生活空間，而他們最期待的，不外乎是社會井然有序、政府穩定、統一的種族組成，和能有效隔絕移民的政策。

總的來看，前述預測描繪出的未來景象，由不確定性、不可預測性，以及意料之外的後果組成。一般而言，社會崩潰所需的時間，比人們想像得要長，但一旦達到潰堤的地步，社會瓦解的速度將比任何人想像得都要快。

在本書中，我將提及形塑未來的問題和事件，我希望這本書可以激發你，開始找出無數問題的潛在答案，包括：在一個幾乎沒有隱私、每個生活空間都受到監控的世界裡，我們的自我認知將如何變化？為了遏制科技巨擘的力量，讓人與人的交際回歸到日益反社交的社群平臺，我們可以採取什麼措施？我們將「縮減」生活中哪些習以為常的面向，以換取多一點的生活主導權？

究竟該相信受認可的專家，還是轉而退回更加封閉的同溫層，以應對現代生活的混亂？前人享受的人生里程碑和必經歷程——如尋求高等教育、白領工作、育兒、買房等——將被視為過時的願望，還是完全不可行的目標？極右翼民粹主義的興起和疫情的流行，將如何影響人們對國際組織的態度和信心？

先不談論能解決與否，資本主義是否真的能夠處理我們最複雜的挑戰？我們會失去對人工智慧的控制，還是原先的操縱者，已經淪為受控者？網路攻擊會取代實體戰爭嗎？還有，最重要的是，當我們被新聞淹沒、當「歷史」兩字僅意味著昨天發生的事，

而更久之前的已經不算什麼，人們不再追本溯源，當我們的生活成為不斷加劇的混沌，
我們會停止接收新聞嗎？
這是任何人都負擔不起的代價。

第一部

病毒，迫使我們與過去決裂，重新想像世界

回顧過去三個世紀發生的重大事件與變化，我們可以想像，當年工業革命和兩次世界大戰，帶來了多可怕的未知數與衝擊。

儘管如此，今天的混亂——甚至在新冠疫情之前——似乎在某種程度上，變得更加氾濫，而引發混亂的「毒物」，如貧富差距、種族不平等、民族主義、厭女、極端主義（Extremism，極端的性質或狀態，抑或倡導極端的措施或觀點）等，也變得更難對付。

也許，這是因為我們在試圖降低地球毀滅的可能性，因此容易認為，世上有太多問題等著我們去解決。又或者，因為數位科技發達，就算某件事對你而言有多麼遙遠，或是不太可能影響到你，你仍對世界各地發生的每一起事件更加了解。

在所有動盪和不安的背後，是兩個相互衝突的大趨勢，我稱之為大分化和大重啟。

首先，我們來看看大分化。兩極分化，是當今混亂的基礎，即使新興科技使世界變成地球村，要跟他人聯繫變得更加容易，但人和人之間的距離卻越來越疏遠。二〇一一年，我寫了一篇關於人們「氣到抓狂」的文章——我主要是在美國感受到這種憤怒。往後快轉十年，憤怒和沮喪卻在全球各地引爆。

在法國，由燃油稅和移民問題引起的黃背心運動（Mouvement des Gilets jaunes，不滿油價持續上揚、政府調高燃油稅而上街抗議），已經轉移焦點，人民與警方因疫苗護照（按：法國議會通過法律，公民在多數公共場所，需要證明已施打疫苗的疫苗護照）

發生街頭衝突。在香港，大規模示威活動使警方的手段變得更為強硬，中央政府的政策限制也越來越多。除此之外，在白俄羅斯，公民被圍捕的照片，甚至讓人聯想起二戰的慘烈畫面。這個清單上其實可以增添更多案例，而且我們都知道，這樣的慘況只會持續擴大。

左派與右派、進步與保守、安提法（Antifa，反法西斯主義〔anti-fascist〕的縮寫，為一種去中心化的左派、反種族主義政治運動）與驕傲男孩、年輕人與長輩、白人與有色人種、受教育者與不服從教育者、男性與女性、女性主義者與非自願守貞者、全球主義者（Globocrat，倡導全球化概念與相關政策的人）與孤立主義者（isolationist，支持不干涉原則、倡導抑制國際關係的人）。

不可避免的事實是，政治、世代和人際的鴻溝以及科技，都是現代社會的一部分。不同社群彼此在想法上所產生的交匯點，會繼續延伸下去，就像交叉排線（按：兩組平行線以九十度交叉的素描畫法）一樣，最終我們會發現，每個社群都有相似或相異之處，共同交織出社會的樣貌。

這些衝突，許多其實對社會發展毫無幫助，那你可能會想問，為什麼這些衝突還會持續加劇？其實，對某些人而言，**社會分裂反倒有利可圖如政治和財務上的利益**。

處於不同政治光譜的公眾人物，都明白誤導的藝術和部落主義的力量。同樣的，企業也從衝突事件的脈絡中挖掘著利潤，拉攏產生共鳴的消費者——並在這個過程中，造成了企業間的路線對立：右派的黑步槍咖啡（Black Rifle Coffee Company，簡稱BRCC）和枕頭公司MyPillow，與左派的戶外服裝品牌 Patagonia 及星巴克（Starbucks）。**我們的消費收據則是一種選票，供有心人士判斷政治傾向。**

在所有人都面臨生存威脅之際，大家會團結起來尋找解決方法嗎？事實正好相反，**人們只會去找一個能被大眾譴責的代罪羔羊**。我們生活在一個如此憤怒的時代，導致我們難以團結，簡單來說，**這個社會放大了「我們」和「你們」之間的對立**。

一如陰陽相生，逆向趨勢對於既成的分化力量也形成平衡的力道。過去十年，我們看到越來越多人顯現出對社群的渴望，並且希冀一種更為公平與富足的生活方式，但在新冠疫情蔓延的時代，這種逆向趨勢展現出更強烈的迫切性。疫情帶來的突發事件，顛覆了我們的生活，同時讓許多人停下手邊的事情，第一次好好思考：我們是否已經過上符合理想的生活？是否有為社會做出貢獻？我們的個人和家庭關係，和我們的期望相符嗎？社會是否朝正確的方向發展？如果不是，能怎麼導正方向？

有些人會爭辯，這股反思和要求變革的呼籲只是暫時的，一旦疫情消退，人們就會回到過往的生活方式。這個觀點，我無法苟同，因為我相信病毒營造出的環境——從大規模失業潮的「大停頓」（Great Pause）、低收入勞工的勞動意識提高，到人們對多數經濟體系不平等現象的關注——將產生持久的影響。

許多勞工不再願意接受在疫情發生之前，他們認為合理的條件，無論是長途通勤、如虐待般的工作條件，還是福利不足。

這個致命的病毒，向人們揭示了他們的勞動價值，讓他們明白自己不一定要妥協於現況。大眾也開始質疑自己的人際關係、職業抱負、居住地點等，開始重新審視自己所選擇的人生。在混亂之中，大多數人正在促成一場充滿控制、正向積極的起義，以疫情前我們不曾感受過的決心，堅持發起一場個人和系統性的變革。

因為出現了這些抵制仇恨、零容忍和兩極分化的力量，我推測在未來，具影響力的轉變將持續發生，並日趨強大，其中包括：

1. **盟友關係興起**：即使面臨社會不滿，更多人將試圖與他人共存，並全力支援那些與自身差異最大的人。這種趨勢的根源，可以追溯到很久以前，但隨著越來越多的人——甚至在美國以外——在明尼亞波利斯警員謀殺喬治．佛洛伊德（George Floyd）後（按：於二〇二〇年五月，佛洛伊德被三名濫用職權的警員暴力執法致死），開始關注該事件延伸出的種族歧視與不平等議題，這種趨勢在二〇二〇年獲得了力量。

雖然最初爆發的反種族主義街頭示威已經退燒，但主流社會將繼續把握支持邊緣化族群的機會，包括在他們開的店內購物、推廣其事業，找到大大小小的方法，來對抗制度化的偏見和歧視。

2. 從「要什麼」、「如何做」到「為了什麼」：這場疫情，促使個人、企業和政府深思熟慮，究竟什麼是必要的。對一般民眾而言，也有越來越多人拒絕「過量」（excess），傾向於在消費時放入更多心思、除去不必要的東西，甚至擁抱極簡主義（minimalism）生活。

而這樣的趨勢，還延伸到我們對於社會的想像，人們試圖反轉固有的思考，像是：我們為什麼要以這種方式經營企業？堅持讓工人每週工作五天的目的何在？我們的薪資結構，是否旨在激勵並留住各層級最優秀的員工？政府的稅收結構是基於更大的公共利益，還是受益的僅為社會的尖端人口？

社會大眾開始仔細審視，我們為什麼會以某種方式生活和工作，又有哪些值得做出改變的地方。

3. 對謊言的抵制：過去的你有料想到，現在每個人對事實的詮釋，能有多大的差異？你有想過，現在「另類事實」（alternative facts，對事實的另一種描述，且通常不是真的）和假新聞，竟會被社會上一大群人廣泛接受嗎？[1] 而且，社群媒體傳播的錯誤資訊又為這種情況雪上加霜。

在美國，用來查核新聞是否可靠的瀏覽器擴充功能 NewsGuard 發現，二〇二〇年社群媒體用戶接收到的新聞中，有問題、不準確或可疑的新聞是二〇一九年的兩倍；[2]

美國民調機構皮尤研究中心（Pew Research Center）則指出，八〇%的美國人表示，在疫情擴散的最初幾週內，曾接觸過關於新冠病毒的假報導。[3]

雖然社群媒體巨頭發現此問題後，皆致力於刪除假新聞與錯誤消息，但進展緩慢、成效不彰。不過，隨著外部持續施壓，並開發出更多ＡＩ（人工智慧）的解決方案後，事情的進展將更為順利；然而，使用者也不能只是等待，我們也應該起身反抗謊言散播者，要求那些參與傳播虛假資訊的人承擔責任。

4. **擁抱「真實」**：這可能是影響最深遠的轉變。許多人對自己的生活感到非常不

下一個現在

到二〇三八年，透過群眾外包（crowdsourcing，將需要仰賴人力完成的工作，透過特定平臺外包給網路使用者）和ＡＩ，我們將看到更熟練的即時線上事實查核機制，如彈出與頁面內容相矛盾的通知、質疑網站的內容偏見、警告潛在的詐欺行為，並推薦驗證方案。對偏見和審查制度的指控，也會越來越多。

滿，也因現代生活的虛偽，及社交關係之間的矯揉造作及空虛而不悅。我們可以在抑鬱、焦慮、疏遠和自殺率攀升的數據中，感受到這種不滿，無論是在網路上還是真實世界中，都能看到大眾的憤怒與厭世。

畢竟，如果社會上所有人都既快樂又富足，那除非遭到嚴重挑釁，否則實在沒有理由抨擊他人，也不太可能透過寫惡意評論來獲得滿足感。疫情下的大停頓，迫使我們許多人直視生活中的缺憾，這也正好給了一個機會，讓我們能評估自己所處的位置，以及我們可能偏好的地方。**未來的景象因人而異，但我們都有一個共同的主題——回歸；從人工回歸至真實、從數位回歸到自然，並從盲目的生活回歸到正念覺察。**

暢銷小說《極樂之邦》（*The Ministry of Utmost Happiness*）的作者阿蘭達蒂．洛伊（Arundhati Roy），便在書中完美描述了我們現在面臨的選擇：

從歷史上看來，流行病會迫使人類與過去決裂，並重新想像他們的世界，這次也不例外。它是一個入口，是舊世界和下一個世界之間的通道，我們可以選擇穿越，拖著由偏見與仇恨構成的屍體、貪婪、腦海裡的數據、了無生氣的想法，以及我們死去的河流和烏煙瘴氣的天空。又或者，我們可以輕巧的走過，輕車簡從，準備好去想像另一個世界的模樣，並做好為之奮鬥的準備。[4]

那麼，究竟是大分化還是大重啟？哪一個是你願意捍衛的未來？若想宏觀思考此問題，我想邀請你，和我一起重返過去，回到另一個危機時期：千禧蟲危機。

雖然值得慶幸的是，這並不是一個破壞力強的災難，但千禧蟲危機當時仍占據了社會大眾的想像空間，在人們心中灌輸恐懼，使一九九〇年代後期出現一陣為末日的到來做準備的狂熱。

雖然我們幾乎毫髮無傷的擺脫了這場危機，卻從未預料到，在人類行為逐漸無法保障全球安全的前提下，千禧蟲危機好似世界向我們射出的一支箭，提前警告我們在不久後，數位科技與系統失敗將帶來的問題。在後疫情時代裡，我們是否會如同千禧蟲危機後的人們一樣過於鬆懈，沒有把握時機，意識到此後的未來，仍將如疫情期間一般，充斥著危機？

即使是現在，當我們讀到或是經歷過發生在英國的食品短缺時，看到《每日郵報》（*Daily Mail*）的報導說，六分之一的購物者聲稱無法買到必需品，[5]我們仍很難想像，這種短缺——以及導致短缺的成因，包括恐慌性購買、供應鏈中斷和員工短缺——居然會成為永久性狀態。

我們也難以想像全球能源危機日益嚴重的後果，儘管目前我們早已目睹，黎巴嫩耗盡電力、停電風暴重創了中國，而歐洲和美國的天然氣價格飆升。[6]自千禧蟲危機以來，已經過去二十多年，但我們仍有必要回顧過去，以便在邁向未來時，做好更充分的準備。

除了上述內容，在第一部，也會審視最重大的人類生存威脅：氣候變遷和持續的生態破壞，而後檢視混亂新常態的興起。然後，我將探討世界兩強的力量：美國和中國，這兩個國家的文化、經濟和政治影響力遍及全球，將有助於決定我們的未來。

第1章

人人都是自媒體，事事都有陰謀論

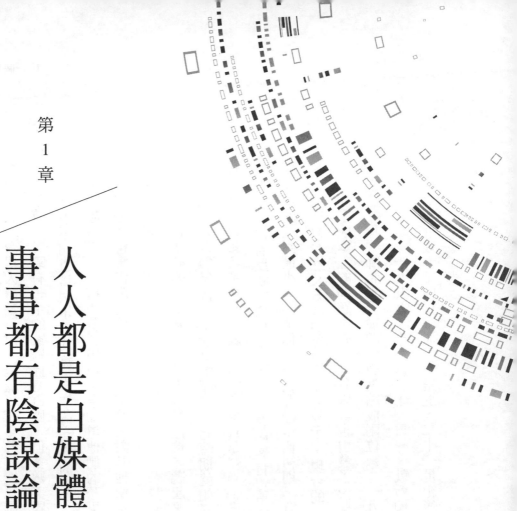

一九九九年，在全世界都準備迎接下一個世紀的到來時，突然之間，一則新聞占據各大頭版，令眾人震驚不已，掩蓋了跨年的喜慶氛圍。

當時，美國有一半的家庭擁有電腦，但多數美國人，就像現今全球其他電腦用戶一樣，幾乎不知道這個笨重的盒子是怎麼運作的。十二月三十一日的午夜，大家倒數計時、一起跨年時，這些普通用戶不會知道他們的蘋果（Apple）和 Windows 電腦內，哪些運作方式會害電腦當機，同理，這些人對其他使世界與彼此相連的數位設備，肯定也一問三不知。

這就是所謂的 Y2K，又名千禧蟲危機。聽起來好像很可怕，究竟代表了什麼？在一九六〇年代——對電腦而言，此時期就如同更新世（Pleistocene，地質時代中新生代第四紀的早期）一般，非常久遠且原始——主機上的儲存空間成本高，製造商不想吸收，但若反映在價格上，肯定沒有顧客肯買單。所以，他們得出的解決方案是將儲存空間減到最小。如果你在一九九〇年代初期，買了一臺ＩＢＭ的電腦，那個大盒子裡，可能只有２ＫＢ的記憶體（相較之下，現今的 iPhone 多上三千兩百萬倍）。[1]

除了成本上的問題之外，人為因素也引發了一些插曲。舉例來說，為了節省寶貴的記憶體，程式師將年分從四位數壓縮成兩位數。一九九九年的顯示方式變成「九九」，所以如果是「一九九九年十二月三十一日」，就會顯示成「一二／三一／九九」。

這在近幾十年內行得通，但是進入二十一世紀後，會發生什麼事？答案是，電腦上的日期將變成「〇一／〇一／〇〇」，但是，電腦會將這邊的「〇〇」識別為二〇〇〇年，還是一九〇〇年？

關於「〇〇」的問題，首次出現於一九八五年的網路新聞群組中，但當時業界或政府皆沒有關注此事。

一九九三年，美國技術媒體雜誌《電腦世界》（*Computerworld*）上，有一篇文章被譽為「資訊時代的保羅・列維爾（Paul Revere）」[2]（按：為了脫離英國殖民，列維爾在夜間將英國正規軍即將抵達美國的消息，沿路告知各個民宅，運用民兵合一的傳訊方式阻擋英軍入侵）。

那篇文章的作者是出生於南非的加拿大工程師彼得・德・雅格（Peter de Jager），他警告，人們對千禧年的錯誤判讀可能會招致災難，包括擾亂金融市場、電話系統及更多仰賴數位科技的系統。[3]但是他的警告，仍沒有得到大眾的重視。

直到一九九七年，美國電信巨頭AT&T宣布投入六〇%的時間和金錢資源，來測試並更改原始程式碼，提前為千禧蟲危機做準備。不過，該公司僅是個案，並不是所有人都注意到事情的徵兆；在一九九八年，一項為準備工作進行的調查顯示，在美國的十三個產業類別中，政府單位對千禧蟲危機的準備最不充分。[4]

到了一九九九年，針對問題所進行的改善達到白熱化。據估計，美國、英國、加拿大、丹麥和荷蘭用於預防千禧蟲危機的公共和私人支出，總金額約在兩千億美元到八千五百八十億美元之間[5]。這些國家都採取了積極的姿態，相較之下，義大利、俄羅斯和韓國在應對方面則做得很少[6]。

與此同時，領導者對大眾發出嚴正的警告。英國發起 Action 2000 公共教育倡議[7]呼籲中小企業對抗千禧蟲危機；在丹麥，所有家庭都會收到了一本政府手冊，宣傳有關潛在危險的相關訊息。[8] 美國前總統比爾．柯林頓（Bill Clinton）亦在當時警告：**「這場危機不是恐怖片，你不能在可怕的部分閉上眼睛。」**[9]

在一九九〇年代末的國會聽證會上，分別代表美國東北部康乃狄克州和西部猶他州的美國參議員克里斯．多德（Chris Dodd）和羅伯特．班尼特（Robert Bennett），描述出極為陰鬱的畫面，他們說，他們最不想在一九九九年跨年當天待的地方是電梯、飛機或醫院。[10]

他們的參議院同事丹尼爾．派翠克．莫伊尼漢（Daniel Patrick Moynihan）也警告社會：「我沒有證據表明，在災難般的新世紀來臨時，太陽將按照《新約．啟示錄》（*Book of Revelations*）第二十章所預言的那樣升起。然而，我們所有人都越來越清楚的看見，以前電腦當機看似無害，現在卻可能為整個世界造成嚴重破壞。」[11] 莫伊尼漢亦寫信給柯林頓，表示：「你可能要請軍方負責處理這個問題。」[12]

即使在彈劾審判（按：一九九八年的柯林頓彈劾案，罪名包括偽證罪和妨礙司法公正，投票結果為不彈劾）期間，國會也密切監督政府和產業的合規工作是否都在正軌上，尤其注意前述工作是否確保公用事業、金融和醫療保健部門都已做好準備。

柯林頓成立了自己的千禧蟲危機委員會，由擁有千禧蟲危機獨裁者之稱的約翰・科斯基寧（John Koskinen）領導，以協調美國內部各個角色的行動，與此同時，聯合國系統國際金融機構世界銀行（World Bank）支持的國際千禧蟲危機合作中心（International Y2K Cooperation Center，簡稱ＩＹ２ＫＣＣ），則幫助其他國家建立應對能力。

一些福音派（按：基督教新教的一個新興派別）領袖[13]宣稱，千禧蟲危機是一個神聖的審判，世俗社會需要被摧毀，取而代之的將是基督的王國。牧師老傑瑞・法威爾（Jerry Falwell）拍攝並出售一段影片，名為「基督徒的千禧蟲危機生存指南」（A Christian's Survival Guide to the Millennium Bug）。

美國基本教義派基督教組織 Focus on the Family 的創辦人詹姆斯・杜布森（James Dobson），發給員工比平常更多的聖誕獎金，建議他們用這筆錢，為危機做準備。[14]

一場完美的風暴籠罩了一九九九年，末日預言家、布道者和媒體，全都生動的描述著未來可能發生的駭人場景。在美國，**恐懼是一種流行的商業模式**，美國人**不僅學會了如何害怕，還懂得如何保持害怕**。

「一旦你開始嚇唬人，」科斯基寧說：「就很難讓他們從懸崖上下來。」[15]在英國，恐懼也不斷在社會中蔓延。Action 2000 的常務董事葛妮絲・弗勞爾（Gwynneth Flower）憶起一位與家人一起搬到蘇格蘭農村的女人，說道：「因為她認為，這將是

『哈米吉多頓』（Armageddon，在《聖經》中象徵末日）。」[16]

此外，槍支的銷售量亦飆升。[17]在一九九九年末，聯邦緊急事務管理署（Federal Emergency Management Agency，簡稱FEMA）和美國紅十字會（American Red Cross，簡稱ARC），建議市民儲存食物和水源[18]，坦白說，我當時也囤了一些瓶裝水。

在那時，有許多相信災難將至的人，呼籲大家要囤四週到八週的基本用品；《千禧蟲危機家庭準備完整指南》（*The Complete Y2K Home Preparation Guide*）中則建議，考慮到食糧與水源中斷的可能性，最好準備六到十二個月的份。[19]

接著，新年前夕來臨，數百萬人準備好迎接大災難。

新聞主播黛安·索耶（Diane Sawyer）和她的丈夫，電影導演麥克·尼可斯（Mike Nichols），是作家威廉·史岱隆（William Styron）及其妻子蘿絲（Rose）在瑪莎葡萄園島（Martha's Vineyar，位於美國麻薩諸塞州外海，許多富豪在島上擁有豪宅）的嘉賓。當他們在等待電腦壞掉、電燈熄滅的時刻，他們列出了一份「更美好世界」願望清單。他們把那份清單放入容器中，並埋在一棵樹下。[20]

而我呢？一九九九年十二月三十一日，身為趨勢觀察家和新科技使用者的我，和黃金獵犬依偎在沙發上，一邊看新聞、一邊打電話給其他國家的朋友。當雪梨和東京迎來一個沒有千禧蟲危機的新年時，我正和阿姆斯特丹的朋友交談，那裡的派對，就像往常一樣熱鬧，這使我頓時明白，躲躲藏藏、貪生怕死，是愚蠢的舉動。

科斯基寧一直表示，如果千禧蟲危機得以解決，他將在午夜搭機起飛。而正如他所說的那樣，他在記者的陪同下，登上了飛往紐約的飛機，[21]並安全降落。水晶球在時報廣場，也平安無事的從天而降（按：該水晶球為時報廣場球，其降球儀式是美國跨年夜重要的慶祝活動之一）。

那天晚上最精彩的報導，不是來自為數眾多的千禧蟲危機準備者，或是失望的福音派牧師，而是那些有許多滑稽故事能分享的民眾。有人說，到了午夜時分，美國軍中廣播（Armed Forces Network，又稱美軍電臺）切斷收訊，過了五秒鐘後，新聞放送又立刻恢復，新聞播報員則大喊：「開個玩笑，新年快樂！」[22]

關於千禧年黎明（dawn of the millennium，指二〇〇〇年開始的前夕），有很多口耳相傳的故事，我想分享以下兩則，供各位參考（我無法證實這兩則軼事的真實性，但我們可以藉此了解流傳下來的故事型態）：

1.二〇〇〇年一月一日黎明時分，一個國家機構IT部門的經理去上班，檢查完系統後，便帶著部屬去美式家庭餐廳IHOP吃早餐。最後，他們帳單上的日期被列印為「一九九九年十二月三十二日」。[23]

2. 一名軟體工程師，供一群青少年免費入住樹林裡的一棟房子，條件是他們必須接受一名高級海軍陸戰隊軍官的生存訓練，費用亦由工程師承擔。他希望，這群青少年會幫他在世界末日後重建社會。工程師說：「新年來了之後，我們坐在火爐旁，用了一些LSD（按：一種強烈的致幻劑），茫然的思考人生的下一步是什麼。」[24]

對這些孩子來說，跨年夜什麼事都沒發生；對世界來說，這個未成氣候的災難為大眾帶來的後果，至少以最初階段而言，似乎是樂觀的。

應對千禧蟲危機的努力，需要企業、政府和政府機構內部之間——包括反恐情報機構——在全球範圍內的協調和情報共享。正如美國國家恐怖襲擊事件委員會（9/11 Commission，九一一襲擊事件的調查委員會）幾年後所報告的，一九九九年的最後幾週，是「整個政府似乎採取一致行動的時期」。[25]

千禧蟲危機為各類組織提供了一個難得的機會，讓他們能解決未來的問題，而非僅關注日常的例行工作。為了解決這個特定且精細的問題而增加的預算，使管理者能夠藉機測試並升級所有技術。這些努力，在一年後世貿中心遭遇恐怖攻擊時，得到了回報。經歷九一一這種重大事件，紐約的證券交易所很可能必須關閉數週，但在某種程度上，正是多虧所有人為千禧蟲危機所做的準備，證券交易所才能在四天後就重啟。[26]

千禧蟲危機最初的後遺症，是問題解決能力被過於重視，反倒使人們忽視了其他能力；舉例來說，組織與組織間的協調與溝通，並沒有持續維持，隨後，政府也跟著鬆懈。

在美國，程式師的短缺導致企業從別處尋找員工，當企業在印度找到熟練的程式師時，雙方在供需上達成平衡，也就代表人力外包時代的開始，而這種趨勢，將侵蝕許多美國人的就業穩定性。

在一場危機中，人們多半會基於公共利益表示共同的關切。科技記者法哈德・曼朱（Farhad Manjoo）在二〇一七年，回顧千禧蟲危機揭露的人類行為動機時，他寫道：

> 如果你想鼓勵人們，採取代價高昂的集體全球行動，你必須告訴他們可能發生的最壞情況。人類不會對只是稍微不舒服的事情感到不安，只有最壞的情況才能激起大眾的情緒……千禧蟲危機是為數不多的寶貴例子之一，代表我們能夠全體動員，對抗蠢蠢欲動的危機；而這也正是現在，我們需要為氣候變遷做出的努力。[27]

曼朱寫得一針見血，而我還想補充一點：這也是為了抗衡新冠病毒，我們必須團結起來的原因。

一九九九年，人類全體一起對抗的那個威脅從未實現，其實，很大程度上是因為所有人齊力阻止它成為現實。我們沒有因為千禧蟲危機造成的災難，而陷入混亂之中，但同時，當時非常踴躍的問題解決者們，也沒能為社會建立起安全護欄，讓大眾能就此進入一個閃亮的新時代。

相反的，二十一世紀帶給我們的，是經濟和生態衰退、恐怖主義、社會分裂和極端主義，這些可怕的事情，都在新數位生活時代的背景之下發生。

無論你住在哪裡、準備得有多充分、經濟狀況有多穩定，在一九九九年，幾乎每個人都抱持著不安與害怕的心情，那年就像一部末日科幻電影一樣，儘管其結局虎頭蛇尾，那段時間仍讓我們深刻體會到，科技可能會對人們的生活方式及生活本質構成威脅。

這個週末，我們該去哪裡滑手機？

快轉二十年，來到二〇一九年，科技在我們的生活中，已經變成一個極為普遍、不可或缺的事物。不僅是對人類的行為，對於大眾的想法和信仰，都有著相當深遠的影響。

同年十二月，中國專家在中部城市武漢，調查一種未知的呼吸道疾病。與千禧蟲危機不同的是，這個漏洞是真實的，是很快就會在全球傳播的致命病毒。不過，我們不用因為出現這種威脅，而感到意外，美國分子生物學家兼諾貝爾獎得主約書亞·雷德伯格

（Joshua Lederberg）曾警告：「對人類繼續統治這個星球構成最大威脅的，是病毒。」

多年來，比爾．蓋茲（Bill Gates）不斷透過TED Talks和在世界經濟論壇（World Economic Forum，簡稱WEF，非營利組織，聚集全球工商、政治、學術等領域的領袖人物，討論世上最緊迫的問題）的演講等管道，警告大眾：「全球災難的最大風險，不是導彈，而是微生物。」[28]他呼籲各國政府，開發快速診斷工具和疫苗。

美國前總統喬治．沃克．布希（George W. Bush，小布希）[29]和巴拉克．歐巴馬（Barack Obama）[30]，也敦促政府採取行動、投資基礎設施，防止空氣傳播疾病出現。

歐巴馬還為繼位者唐納．川普（Donald Trump）留下了疫情應對計畫，名為〈對具嚴重後果的新興傳染病威脅和生物意外的早期應對劇本〉（*Playbook for Early Response to High-Consequence Emerging Infectious Disease Threats and Biological Incidents*）。[31]然而，新冠病毒入侵美國時，川普政府做出反應仍相當混亂。

與一九九九年相比，當時人們透過部署良好的技術修復工程，阻擋千禧蟲危機危機，但水能載舟，亦能覆舟，此後發展出的數位技術及「隨時在線」（always-on）心態，是應對疫情時，準備不足的原因之一。

在這二十年間，及時的網路連結、迴聲室效應和無處不在的演算法，皆隱隱約約的侵蝕著我們，使一大批人對機構缺乏信心、運用反專家思維面對問題，並製造出一道道深刻的社會政治和意識形態裂痕；這些裂痕使懷疑在客觀的真理中滋生，還為陰謀論與反對者的反抗與阻礙，提供了一片沃土。

病毒遍布全球近兩年後，現在有證據證實，想避免確診，最好的工具是口罩和疫苗時，我們仍看到數百萬個拒戴口罩、反疫苗的人。雖然在當年，千禧蟲危機主要由政府和企業僱用的電腦專家解決，但若想終結新冠疫情，我們需要世界公民的積極合作。不過，對此，許多人仍猶豫不決。

在美國，一些人很快就將社會的分裂和對全球衛生當局的抵制，歸咎於川普，但這其實是一種過於簡化的說法。[32]川普的確是分裂並抗拒公民論述的途徑之一，但他只是為二〇一六年之前便已播下的種子，澆水、施肥，並使其開花結果罷了。

這位美國前總統的突出之處，在於他在社群媒體平臺上的影響力。他利用推文吸引大量觀眾，而這些觀眾一直在等待某個人，能夠公開說出他們的心聲。而且，與政府官員處理千禧蟲危機的方式相反，川普設法將一場本應沒有意識形態的危機政治化。

當然，美國絕非唯一飽受分裂和紛爭困擾的國家，儘管美國社會功能失調的速度，快到令許多國家感到驚訝。在南美洲，巴西總統雅伊爾．波索納洛（Jair Bolsonaro），也是善於利用社群媒體來分散注意力及霸凌的領導人，在他的領導之下，巴西的局勢也變得緊繃；[33]海地在總統遇刺（按：發生於二〇二一年七月，遭暗殺的是第四十五任海地總統若弗內爾．摩依士〔Jovenel Moïse〕）及隨之而來的毀滅性地震（按：為二〇二一年海地地震，發生於該年八月的規模七．二強震，造成兩千多人死亡、上萬人受傷）中舉步維艱；艱難的脫歐過程及其後果，則繼續分裂著英國。

社會分裂的傳統解釋，是不平等、階級怨恨、種族主義和缺乏教育。[34] 的確，在多數破碎社會結構中，這些因素都存在，但是，還有另一個根本原因，可以解釋今日社會受憤怒情緒驅使的分歧，以及伴隨新冠病毒而來的大規模苦難：無所不在的科技和多到看不完的媒體內容。

二〇二〇年疫情爆發時，**無論是有科學背書的證據，還是古怪的陰謀理論，都可能觸及數億人**。[35] 這代表著，**科技已經使反社會的態度，獲得更強大的宣傳平臺**。

現在，走在多數已開發國家的街道上，或是乘坐公車、火車或飛機時，幾乎每個人都在滑手機。美國雜誌《紐約客》（*The New Yorker*）中的一則漫畫，就完美的形容了這個現象；該漫畫描繪了，**一位父親向家人詢問：「這個週末我們該去哪裡滑手機？」**

科技不僅讓人類淪為虛擬生活的俘虜，我們還必須意識到，這個虛擬世界並非真實存在。

我們的文化現在是分裂且有部落性的，每個人都像是生活在自己的泡泡中一樣，只和與自己共享想法、信仰和價值觀的人交流，最終，**創造出屬於自己的同溫層，在這個地方，和他人交談，本質上就是在和自己聊天**。

而其中，有許多人的同溫層，會透過不可靠的消息來源取得新聞資訊，像是立場過於偏頗的 Podcast、社群媒體，以及由國內外不良企業贊助的虛假資訊。這麼說來，許多人無法辨別事實與假新聞，是不是滿合情合理的？

作為一個社會，我們需要宏大的敘事來聯繫彼此，使我們成為一體。應對千禧蟲危機時，眾人能成功，是因為我們互享一個敘事：我們一致認為，如果決策精英與技術專家沒有及時解決問題，這項技術故障就有可能造成社會動盪。

大多數人都同意，這是一個很可怕的威脅，即使眾人的詮釋角度都很主觀（其實對我而言也是如此，不知道為什麼，我當時一直覺得吹風機可能就此壽終正寢）。此外，多數國家政府和商業領袖，也耗時數月，專注於準備工作，那時，我們有一個共同的目標：要比千禧蟲危機更快，搶在文明陷入混亂、甚至黑暗之前阻止它。

與此形成鮮明對比的，是我們對新冠疫情的反應。由於彼此之間缺乏共識，而且，對於當前現況，每個人的解讀都不同，例如：病毒是如何開始的？是有人或政府故意散播的嗎？開發疫苗是控制公民的步驟之一嗎？全球健康問題變成衝擊社會穩定性的威脅，迫使我們在各個方面都付出高昂的代價。

截至二〇二二年十月下旬，已有近五百萬人死於新冠病毒，僅在美國就超過七十四萬人，然而，仍有很多人相信新冠病毒是一場炒作出來的騙局。[36]全球金融損失估計高達十六兆美元，且將持續上漲；[37]國際貨幣基金組織（ＩＭＦ）總裁在二〇二〇年十二月預測，在二〇二〇年至二〇二五年間，疫情造成的全球經濟損失總額，將達到二十八兆美元。[38]

撇開理性的統計數字不談，疫情也對人們的心理健康和幸福感造成巨大的衝擊。人類的天性就是渴望穩定性，但我們被迫接受必然的人生無常、生老病死等種種生命樣態，同時學習釋懷與放下；如今，不斷上演的混亂和未知，使我們不堪負荷，甚至整天憂慮不安、無所適從。

沒有什麼比混亂更能破壞社會穩定性，尤其當人們堅持相互矛盾的敘事時，這種破壞力就會加劇。即使在二〇二一年底，對於疫情是怎麼開始、在哪裡開始的，大眾的意見仍廣泛分歧，還出現許多陰謀論，臆測誰將從中受益。雪上加霜的是，包括巴西總統波索納洛、白俄羅斯總統亞歷山大・盧卡申科（Alexander Lukashenko）和印度總理納倫德拉・莫迪（Narendra Modi）在內，部分世界領導人選擇在用詞與政策上淡化病毒的威脅，也有些領袖拒絕採取能遏止病毒的措施。

你可能會認為，在對抗病毒傳播這件事上，智慧型手機肯定幫助了我們很多。的確，在現代社會上，我們已經很習慣人手一機的景象。目前，全球約有一百四十億臺行動裝置，預計到了二〇二四年，將增加到近一百八十億臺。[39] 綜合來看，屆時預計將由超過八十億的全球人口，使用這一百八十億臺電子設備。

當然，在疫情期間，這些設備除了能追蹤接觸者，藉此減輕病毒傳播之外，理應是傳遞消息的重要管道。但事實正好相反，**邊緣團體**（fringe group，處於較大的組織之邊緣，其觀點較大多數人更極端）**和陰謀論者散播的假新聞，使主流消息來源反被邊緣**

化，手機則淪為傳播錯誤資訊、助長內鬥的管道。

現代人的腳步繁忙，我們很難空出時間好好閱讀新聞。即使打開手機，就能看到新聞影片，人們也很少花時間仔細觀看新聞影片或閱讀報導，更不用說查核。每分鐘約有五百小時的影片被上傳到 YouTube 上，[40] 你認為，其中傳達的資訊，有多少經過充分研究且正確無誤？

在二〇二〇年年中，因新冠疫情擴散而封城的最初幾週，我突然想到，二十一世紀的人類社會，將千禧蟲危機的效應推延了將近二十年。一九九九年，時鐘在十二月三十一日的十一點五十九分敲響後，我們都準備迎來災難性的破壞，但當時我們預期的影響沒有實現，而是一直到二〇二〇年，當新冠疫情、種族不公所激起的原始吶喊，徹底顛覆世界時，我們才正式感受到生活的劇變。

二十年前，科技造成的主要問題既可被辨識、又能被解決。相比之下，在今日，數位影像、社群媒體和「人人都是自媒體」等科技樣貌，向我們拋出無法輕易回答的問題：**科技是對民主的威脅還是救贖？科技可以在真實事件發生時，提供客觀的紀錄，但也能被當成帶有目的性的宣傳來操縱，我們能如何區分？**

科技會讓我們及時面對不願面對的真相，藉此挽救地球，還是會使我們深受螢幕上的美好幻象吸引，以至於沒有注意到人類正走向滅絕？

我很肯定的是，在後二〇〇〇年的世界，許多已經看到及即將看到的關鍵趨勢，都源自數位科技在我們的生活中，越來越核心的地位。

在下一章，我將說明科技如何在幾十年內，伴隨著暴力、極端主義、混亂的網路生態和越來越難揭開的真相，悄無聲息的貼近我們的生活。了解這些現象如何扎根後，我們才能找到拆解問題的有效方式。

第2章

想活，你得夠憤怒

在一九九九年，我們花了大部分時間，在等待世界崩潰，隨後又帶著鬆一口氣、好氣又好笑的心情，進入了新的世紀。

那時，有些人囤積了必需品、武器和現金，來抵禦即將到來的風暴。[1]其他人雖然沒有那麼極端，但心底仍預期一些大事即將發生。然而，最後其實什麼事都沒有，接下來的二十年，我們逐漸走上被許多人稱為「穩定下降」的時代，儘管世界各地仍經常發生暴力衝突和氣候災難。

所有因素，都使我們走上通往當前文化思潮的道路，正是透過觀察它們，回到源頭，我們才能看見，自己將如何被推向未來。

二十年來，生活向我們拋出一個又一個挑戰，讓我們只能窘迫的左閃右躲。當一九九九年春天，美國西部科羅拉多州的科倫拜高中（Columbine High School）發生校園槍擊案（按：兩名青少年配備槍械和爆裂物，槍殺十二名學生和一名教師，造成二十四人受傷，兩人隨即自殺身亡，被視為美國史上最血腥的校園槍擊事件）時，我們沒有意識到，這只是一個駭人趨勢的開始。

未來，世界各地陸續發生校園大屠殺，包括二〇〇七年的維吉尼亞理工大學（Virginia Tech）校園槍擊案、二〇一四年巴基斯坦的白沙瓦學校襲擊事件、二〇一五年肯亞的加里薩大學（Garissa University College）屠殺案、二〇一八年發生於佛羅里達州的佛羅里達校園槍擊案，還有無數間學校，同樣發生慘絕人寰的事件，包括二〇一二年發生於美國康乃狄克州的桑迪胡克小學（Sandy Hook Elementary School）槍擊案。而二〇二〇年，竟是美國近二十年來，第一次在三月沒有發生校園槍擊事件。

當然，在過去二十年間，不僅有學校成為目標。在後千禧蟲危機的幾年內，隨著禮拜場所、夜店、購物中心、音樂會場地、餐館、酒吧及新聞編輯室等公共場所遭襲擊，大規模槍擊事件和恐怖攻擊在世界各地變得越來越常見。

美國有許多人仍記得九一一事件當下的氣味和聲音，以及他們在那之後的日子中，所感受到的患難情誼。灰燼和悲痛從世貿中心的殘骸中，蔓延到城市的每一個角落和縫隙，城市重建的課題使曼哈頓市中心，在很多面向都成為激烈爭辯的社會焦點。高樓可以重建，但居民們花了數年時間，才意識到家園遭攻擊所帶來的身心靈創傷，同樣需要撫慰與療傷。

此外，在二〇〇五年，我中年的黃金獵犬死於口腔癌，一位翠貝卡區（Tribeca，紐約市曼哈頓下城的街區）的獸醫稱之為「九一一疾病」（9/11 disease）。我認識的許多人，都面臨一系列醫療照護挑戰，這些挑戰現在被稱為九一一事件的第三波影響浪潮。

反全球化聲量，越來越高

在經濟上，後千禧蟲危機時期，歷經了繁榮與蕭條，但蕭條的部分尤其嚴重。包含二〇〇〇年網際網路泡沫破滅、次貸危機（按：美國國內抵押貸款違約和法拍屋急劇增加所引發的金融危機，重大影響到全球各地銀行與金融市場）、二〇〇七年到二〇〇九年間，金融海嘯引起的全球經濟衰退，以及巴西、希臘、委內瑞拉和其他國家遇到的經濟危機等。

在某些方面，這都預示著我們在二〇二〇年將經歷的事情。我記得我和一位朋友聊到，二〇一五年到二〇一六年間，委內瑞拉衛生紙短缺的問題，對此我們都同意，在所有害怕買不到的商品中，衛生紙肯定是第一名。

經濟權力的核心，在二〇〇〇年至二〇一九年間也出現變化，中國超越日本，成為世界第二大經濟體（第六章將對此做更多介紹）。到二〇一八年，世界前一百名稅收來源中，有七十一個納稅者是公司，而非國家。[2] 據瑞士信貸集團（Credit Suisse）的統計，截至二〇一九年，**全球最富有的一%人口，擁有四四%的世界財富。**[3]

占領華爾街（Occupy Wall Street，主要發生於紐約市的集會活動，為抗議政治與經濟體制的全球性抗爭）的運動，讓許多人了解，全球前一%的富人，掌握世上大部分的財富，收入不平等也成為競選活動的主要話題之一，但仍有不少人認為，占領華爾街應該要造成更大的影響。

在政治和軍事上，在二十一世紀的前二十年，我們見證了伊斯蘭國（ＩＳＩＳ）和博科聖地（Boko Haram，奈及利亞的伊斯蘭教原教旨主義組織，有奈及利亞的塔利班之稱）等極端主義團體的崛起。

巴西總統的波索納洛和菲律賓前總統羅德里戈・杜特蒂（Rodrigo Duterte）等強人（strongman）剷平國內反對派的生存空間，亦有各種形式的民族主義出現，或再次出現在政治光譜上，包括右翼、社會主義、種族主義，甚至資源民族主義（resource nationalism，由政府把持該國自然資源，尤其當自然資源只在少數幾個國家生產時，資源民族主義能對全球貿易條件產生更大的影響；在這些市場中，國家可以影響原材料的全球價格，並透過資源民主主義大幅獲利）。

這些現象傳遞的訊息很明確：**在日益全球化的時代，世上許多政府和公民都在尋求退守，朝著反全球化邁進，並狂熱的捍衛他們的商品和利益**。

與此同時，戰爭在全球肆虐，伊拉克、利比亞、葉門、阿富汗、黎巴嫩、敘利亞、查德、蘇丹、索馬利亞……無數國家的居民，都生活在戰亂之中。根據聯合國難民署（UNHCR）的數據顯示，截至二〇一六年，約有六千五百六十萬人被迫流離失所。在那之後的幾年內，難民的重新安置議題使民族主義傾向加劇，助長了要求關閉邊境的呼聲，正如我們在新冠疫情期間所看到的一樣。

二〇一六年，又出現一個拒絕全球主義的例子：英國開啟了耗時四年、艱難又相互衝突的脫歐之旅。從英國的脫歐過程，我們可以看出，想和平分手真的很難。

英國以外的國家，反移民情緒也開始高漲，人們哀歎自己的國家現在「不只是自己的」。如果我們當初能明白，重點應該放在控制四處流竄的謊言上，而不是試圖尋求生存的人們，那大家看待事情的方式會更恰當。**隨著世上依賴網路的人越來越多，政府和其他組織發現，在網路上製造虛假資訊和衝突，是操控人心最有效率的辦法。**

人人都活在憤怒的時代

在環境方面，二〇〇〇年到二〇二〇年間，充斥著大量毀滅性自然災害和極端天氣事件，可說是一場噩夢，也是一個警世寓言故事。在大西洋，四級和五級颶風——最著名的有颶風瑪麗亞（二〇一七年）、卡崔娜（二〇〇五年）、威瑪（二〇〇五年）、艾瑪（二〇一七年）、馬修（二〇一六年）和哈維（二〇一七年）——撕裂了加勒比海、中美洲和美國。至於太平洋地區，海嘯則肆虐印尼、日本、紐西蘭和其他國家。

近二十年，我們也見證了極端天氣危機加劇的現象，科學家警告，如果我們不妥善處理氣候變遷問題，極端氣候事件將越演越烈。[4]乾旱引發的野火在希臘、澳洲、美國蔓燒，洪水和土石流則在亞洲造成數千人死亡。

雖然有些人會把所有極端天氣，解釋為每百年必然會發生的事情，但隨後襲來的風暴、北極冰層融化、海洋溫度上升及其他過熱的不尋常跡象，已迫使所有人（頑固的氣候懷疑論者除外）留心氣候變遷議題。讓我們面對現實吧，大自然生氣了。

在健康方面，從千禧蟲危機到新冠病毒疫情間的二十年中，肥胖、糖尿病和心理健康等問題大幅增加。二〇〇三年，我的團隊發布了一份關於肥胖全球化的報告，內文引述世界衛生組織（WHO）的數據：全球肥胖成年人的數量，已從一九九五年的兩億攀升至二〇〇〇年的三億。

截至二〇二〇年，世界衛生組織估計肥胖成年人的數量為六億五千萬人。[5] 雪上加霜的是，醫學權威確定，肥胖是新冠病毒確診者住院與死亡的主因。[6]

儘管有一些國家的表現遠遠好於其他國家，但全球的醫療保健狀況，在過去二十年內一直處於財政危機中。

另一個重要保健議題，是英國醫生安德魯．韋克菲爾德（Andrew Wakefield）及其在一九九八年研究，所引發的全球反疫苗者運動。儘管該研究一問世，就被揭穿成果不屬實，但仍有很多人相信自閉症人數的上升，與施打MMR疫苗有關聯。

英國慈善機構惠康基金會（Wellcome Trust）進行的一項全球調查發現，三分之一的法國居民認為疫苗不安全，且只有約一半的烏克蘭人認為疫苗有效。[7] 其實，早在新冠疫情出現之前，疫苗接種就已經是一個敏感的政治議題，聯合國兒童基金會（UNICEF）將反疫苗者運動，列為近年麻疹病例激增的因素之一[8]，其中，二〇一九年的一到三月與二〇一八年同期相比，病例增長了三〇〇%。[9]

反疫苗者運動僅反映出近年萌芽的反科學思維的一部分，此外，**許多人傾向於認為**

科學事實帶有政治偏見，甚至覺得這些研究更像假新聞。

在社會上，我們看到後千禧蟲危機時代，對ＬＧＢＴ社群的接受度、女性在社會中的角色，以及種族平權等面向的巨大轉變。許多年輕人根本無法理解怎麼會發生這種事，明明不久之前，還有這麼多人把恐同症當成理所當然的常態。直到二〇〇三年，美國最高法院才在勞倫斯訴德克薩斯州案（Lawrence v. Texas）中，推翻部分禁止反自然性行為（sodomy，廣義來說，凡是人類非生殖性的性行為，包括自慰、互相手淫、口交、肛交、避孕性行為等都包含在內）的法律。直到二〇二一年前，自詡具有社會包容性的瑞士，仍然禁止同性婚姻、同性伴侶共同收養，以及女同性戀接受體外人工受精（ＩＶＦ）的權利。

許多美國人對美國最高法院於二〇二〇年的裁決，發自內心的感到震驚不已。該裁決稱，根據一九六四年民權法案（Civil Rights Act of 1964）第七章，跨性別勞工將受到保護，免受就業歧視。[10]許多人當時估計，傾向保守派的法院會做出反對的裁決。

至於關於種族的論述，則是被行動主義（activism，主要形容一個圈子、社會之中比較活躍的社會運動分子）改變。

在一九九〇年代，我在位於阿姆斯特丹南（Amsterdam Zuid）的住家外，觀賞在聖誕夜節慶上的黑彼得（Zwarte Piet，在該節慶中，當地人會裝扮成黑彼得，而根據其傳統造型，扮演者須將膚色塗抹成黑色）遊行，這是荷蘭每年十二月初都會舉行的慶典。

後來，在二〇二〇年的夏天，明尼亞波利斯員警殺害佛洛伊德後，我在荷蘭北部城市雷瓦登的「黑人的命也是命」（Black Lives Matter）示威活動的照片中注意到，抗議黑彼特的標語跟著大幅出現（按：因為涉及種族歧視行為「黑臉」〔blackface〕）。這讓我發現，社會進步即將到來，而且，這次的進步，將不再以緩慢的速度進行。

在這二十年內，為婦女爭取平等、終結性騷擾和性暴力的權利運動，也在世界各地持續進行，最近一次是二〇一七年展開的 #MeToo 運動。在二〇〇〇年被視為正常、或女性應該容忍的行為，在今日大多數工作場所都會受到制裁。

與此同時，這些年，尤其是過去五年，可說是「憤怒時代」（age of rage）的開端。我在二〇一一年的趨勢報告中指出，憤怒變得具有時代精神，任何未能體會個中滋味的人，都有顯得格格不入的社交風險。雖然歐巴馬冷靜沉著的論調，在令人驚慌失措的二〇〇八年擄獲許多美國人的心，但在普通老百姓變得越來越憤怒時，這種沒有戲劇張力的表達方式已經過時。

在過去幾年內，不僅群眾的不滿與日俱增，非文明、具侵略性、過於擁護黨派的社會行為都顯著上升。在各種陰謀論、假新聞發出的吶喊，以及社群媒體網路機器人的干擾與煽動下，社會政治的分歧變得更加顯著。[11] 令人驚訝的是，各家新聞媒體的觀點在不同面向上亦非常不和諧，在「事實」層面上尤其如此。

在疫情期間，這種社會分崩離析的戲碼不斷上演，有些人堅信疫情是場騙局，而另一群人則打算就此遁世隱居。

儘管前述多項事件都很重要，但相信對大多數人而言，從二〇〇〇年至二〇二〇年間，最具影響力的轉變是大家都開始擁抱數位生活。從上網、線上購物、社群媒體、GPS、電子金融、串流媒體影片、電競，以及智慧手機、智慧喇叭、智慧建築等，我們逐漸將日常活動轉移到數位領域中。

現在，**世界不僅按照財富和收入劃分大眾，還被技術的使用權所切割**。舉例來說，在北韓，基本上普通民眾都無法接觸網路，而相較之下，在南韓，超過九五％的人口會上網，而且，南韓的平均網路連接速度，是世上第一。不僅如此，國家內部也存在著落差，皮尤研究中心的數據顯示，截至二〇一九年，九二％的美國白人至少偶爾會使用網路，而黑人只有八五％。[12]

此外，住郊區的美國人中，有九四％的人能正常使用網路，於都市地區有九一％，農村地區則只有八五％。[13]這種鴻溝不僅對資訊獲取產生了巨大的影響，對話語權的衝擊亦然，那些能取得並使用數位工具的人，可以在訊息傳遞上，蓋過無法取得數位工具者的聲音。

正如我們所知，基本上，只要是可以上網的人，都在過著數位生活。沒有人預料到，網路會全面改變人類，不僅是我們的行為方式，還包含思維模式。我們變得不再那麼有耐心、較不能接受機器的延遲和故障，也更加焦慮和好勝，不斷瀏覽他人的個人頁面和貼文，擔心自己錯過什麼或跟不上話題。

此外，人類還設法將數位工具轉變為生活的「看守人」，使用智慧手錶、應用程式和健身配件，來追蹤自己的一舉一動。然而，仔細想想，這只是換個方式來丈量我們不完美的生活罷了。

此外，數位生活還帶來了快節奏。我們時不時遙想過去的日子，當時，祕書負責打字、郵寄，再等待幾天或幾週後的回信。我從來沒有在那個時代工作過，我大學畢業時，傳真機就已經是工作場所的必備設備，但一九八〇年代中期有限的技術，至少允許我們不用無時無刻都在辦公室工作。

毫無疑問的是，這二十年發生了很多事情，像是從類比到數位訊號的轉變、極端主義的興起等，但這些事件的災難程度，從未達到人們在千禧蟲危機時，所預期的水準。世界從未面臨共同危機，也從未有過一個相同的敵人。全球各地的人們不曾同時懷疑，生活是否會恢復正常，並意識到答案很明顯，就是「不會」。因此，這些現象引起了人們的擔憂，許多人覺得，世界正朝著錯誤的方向發展，其中的各種因素——政治、環境、經濟——變動迅速且出乎意料。我們生活在焦慮和仇恨之中，這個時代的改變既快速、不可預測，又難以招架，令人眼花繚亂、筋疲力盡。

二〇一九年十二月，當我在秋天發布二〇二〇年的趨勢預測時，我寫道：

隨著新年的到來，世界各地的人們都不確定未來會如何，以及改變我們目前行進的路線是否為時已晚。我們在情感上找不到共鳴，同時渴望肢體接觸的溫暖。人類集體對地球造成的破壞使我們擔憂，我們只希望自己帶有意識的微小舉動，能在某種程度上扭轉這種破壞。我們試圖放慢旋螺般不停運轉的變化，好取得足夠的時間，調整身心、評估我們是否過著如願以償的生活。

不久之後，我們確實因疫情而被迫放慢腳步，但世界卻變得更加混亂，且至今仍持續惡化。二〇二〇年才過沒幾個月，我們就深陷一場全球疫情中，這場流行疫情造成嚴重的破壞，其程度遠遠超出我們多年前對千禧蟲危機的預期。

年輕人的生活水準將低於父母輩

截至二〇二〇年九月中旬，全球新冠病毒確診病例超過兩千八百萬例，死亡人數超過九十萬人。到二〇二一年十一月，這些數字急速上升，達到兩億四千九百萬例確診病例，和五百多萬例死亡。即使有再多人完全接種疫苗，這些數字仍繼續攀升。

新冠病毒已經觸及我們每個人的心理防線，有時是令人虛弱無力的折磨，有時雖然不那麼直接，但仍然具有持久的影響。

孩子們經歷了一個與他們在二〇二〇年初的認知中，截然不同的世界。擁有必要設備、寬頻連線的學生，上課的地點從教室轉移到線上；與朋友的主要社交方式變成社群媒體、線上遊戲或視訊；從事「非必要」工作的成年人，只能在家中度過封城期間，需要時訂購物資，或是戴上口罩和手套冒險外出，手裡牢牢抓著消毒液（前提是有搶到的話）。金融市場動盪不安，失業率飆升，其中小型企業和零售工人首當其衝……。

在某種程度上，這場流行疫情永遠改變了我們的生活，包括專家在內，沒有人知道最終將造成的損害程度。

流行疫情期間和千禧蟲危機造成的恐慌，有一個相似之處：**人類會過度關注細節，而非迫在眉睫的生存威脅**。

二〇二〇年三月，我從瑞士最大城市蘇黎世飛回美國紐澤西州最大城市紐華克後，又坐了六個小時的車，在羅德島（按：美國面積最小的一個州）隔離了兩個星期。當時，幾乎沒有禦寒設備的海灘棚屋，是我在美國唯一可用的安全空間，所以我和丈夫吉姆（Jim）及一起養的狗都搬了進來。當時，我們兩人都日以繼夜的工作，因為在新冠病毒時代，時區和晝夜之間的界線逐漸消失。

我成為家庭供應鏈的主要負責人，為分散於美國各地的家族成員，運送新鮮農產品和肉類；同時訂購胡蘿蔔起司蛋糕作為禮物，支持在波科諾山（Poconos，位於賓夕法尼亞州的東北部）經營小麵包店的朋友；傳送與小狗互動的日常照片和影片（我們現在養了兩隻黃金獵犬，班〔Ben〕和哈雷〔Harley〕，都是領養來的），以振奮其他朋友；每天被隔離在一個小房間裡，工作十四到十五個小時，遵循我在通關時便同意的嚴格規定。

多虧一位在瑞士的波蘭朋友警告（他非常有警覺，追蹤新冠病毒至少兩個月），我為在羅德島的隔離生活，事先訂購了幾瓶消毒液、一箱紅醬、一箱蘑菇、一大罐磨碎的帕爾馬乾酪，以及的十六卷衛生紙，但從未想過，這八週會在每天吃一頓飯——通常是義大利麵——的支撐下，度過 Zoom 和 Microsoft Teams 會議輪番上陣的日子。

許多美國人沒有像吉姆和我那樣，謹慎且認真的看待封城和維持社交距離的規定。因為物品供應的短缺變得更加頻繁，亞馬遜（Amazon）成為少數可以快遞至我們這邊的物流業者，而當快遞人員送來幾箱罐頭食品時，我們兩人都有戴好廚房手套和口罩。

相信我，我們的挑戰，是身為第一世界特權者（First World privilege，由於是第一世界〔工業化的資本主義國家〕的國民，而獲得任何不勞而獲的利益）的縮影，就像我在二十年前，膚淺的擔憂我的吹風機無法在後千禧蟲危機時期運作，但這就是人類的應對方式，我們得專注於我們能處理的事情。

二十一世紀正在形成與前幾代人，以及年輕時的自己，想像中大不相同的模樣。一九〇〇年代，如此期待下個世紀到來的未來主義者沒有預測到，會出現全球疫情、政治極端主義、恐怖主義，加諸在世界廣大民眾的持久性貧困和苦難，以及地球承受的恣意破壞。未來主義者期待進步、一個能解決上個世紀的重大問題的世界，並創造出社會便捷、沒有紛爭的生活體驗。

預測（Prognostication）很重要。預言和科幻小說，不僅有助於塑造我們對未來的期望，還能幫助我們刻畫當下的體驗。我們利用這些素材來建立對未來的概念，但如果現實未能朝著設想的方向發展，失望是必然的，實際上我們也經常感到失望。

在今日，我們確實可以買到漂浮滑板，但與一九八九年《回到未來2》（*Back to the Future Part II*，故事的設定在二〇一五年）中的漂浮滑板，帶給我們的期待完全不同。不過，換個方向來看，《回到未來2》沒有預測到網際網路的誕生，所以也許我們在智能發展上，仍處於領先地位。

嬰兒潮世代會看的動畫《傑森一家》（*The Jetsons*），背景設定在二〇六二年，描繪了充滿飛行汽車和機器人管家的世界，但即使是現在，我們也很難相信二〇六二年會是那樣的樣貌。

我們也騙自己說，時間是井然有序的，一秒可以聚集成一分鐘、一小時、一天、一週、一個月、一年，到一整個時代；然而，沒有人對時間的感知是相同的。從某些方面來看，二〇二〇年一月就像是一輩子，許多人在自我隔離和封城中度過那幾週，覺得那段時間既漫長又殘酷，也有很多人會問：那年四月、五月發生了什麼？春天有來過嗎？

美國詩人威廉·卡洛斯·威廉姆斯（William Carlos Williams），將時間描述成一場我們都迷失在其中的風暴。二〇二〇年之前的那二十年，進一步扭曲了我們的時間感，曾經如此閃亮的未來，在那段時間黯淡了下來，在某些方面，它的晦暗程度還讓人感到一股惡寒。

在美國，許多人推測，**年輕人的生活水準竟會低於父母過去所經歷的**。[14]至於全球，都向氣候變遷相關的災難前進，但我們連能夠逆轉方向的初步線索都沒有。貧富、強弱之間的鴻溝，絲毫沒有減弱的跡象，而且，全世界都只能默默接受每項新的數位發明，並連帶承受其代價，像是失去隱私、與家人在一起的時間、以社群為基礎的活動，甚至是無聊所引發的創造力。

如果說二〇二〇年的疫情，有帶給我們一線曙光，那可能是它停止了人類的發展腳步，迫使我們評估對現在生活的滿意度、重塑對未來的思考。在我的有生之年，我想不出還有哪個時期，趨勢觀察和趨勢分析比當時還來得重要，在那個時候，一切都懸而未決。

我們開始了解，即使時間以可量化的方式流逝（根據日曆，以幾年、幾十年和幾個世紀為單位），但很多事情仍停滯不前，甚至倒退。在疫情迫使學校在二〇二〇年頭幾個月關閉之前，傳道授業的方式，仍然是透過站在黑板前的老師進行，就跟我們在三百年前所做的一樣。

儘管所有高科技園區創造的現代奇蹟，令人嘖嘖稱奇，但二〇一九年洛杉磯的通勤者，每年仍平均花費一百個小時，卡在壅塞的交通之中；[15]此外，莫斯科和紐約市是九十一個小時，巴西最大城市聖保羅則是八十六個小時。

世界衛生組織和世界銀行的數據顯示，儘管醫學取得了顯著進展，但世上仍有一半的人口無法獲得基本衛生服務。[16]

在二〇二〇年三月，轉眼間好像一切都有了變化，像是新的教學風格、通勤方式，健康也有了新的地位，社會開始意識到維持身心健康的重要性。此外，大眾開始對年齡有了敏銳的意識，跟我一樣超過六十歲的人，就會被警告說，我們特別脆弱；共病症（comorbidity，與原發疾病同時病發的一種或多種疾病）一詞也如雨後春筍般竄起，驚動那些已患有疾病的人。

總的來說，在過去二十年左右的時間裡，世界花費數兆美元，用來避免千禧蟲危機、執行災難後的清理與重建、在沒有明確目標或解決方案的情況下發動戰爭、促進基於過度消費，最後讓我們離生態災難更近的經濟模式，同時在這些過程中，摧毀了社會的根本結構。

就這些數兆美元的投資而言，我們應該取得哪些進展？除了最貧困的全球公民的基本生活水準有改善，其他人亦獲得一些高科技便利性之外，地球上的日常生活改善程度有多高？我們能發自內心的認為，比起一九九九年，我們現在過得更好，且更滿意社會的發展方向嗎？

如果二〇二〇年的災難性事件具有重置功能，我們可能取得什麼樣的成效？我們是否可以利用這場意想不到的危機，重新考慮大眾希望的未來是什麼模樣？如果我們花時間深入思考過去二十年的教訓，並利用這些經驗，來構思一條更好的前進道路，會怎麼樣？如果我們從新千年（按：二〇〇〇年之後）的開端，創造出一些有意義的事物，又會如何？

疫情給了我們重啟這個世紀的契機，我寫下本書的用意，便是幫助讀者重置他們的社會GPS，讓他們知道，我們都需要重新規畫人生路程，朝一個更好的目的地邁進。

現在，我已經確立了定義了二〇〇〇年和二〇二〇年的事件，接著，我將闡明這種時代精神將如何影響未來二十年。首先，我們將轉向氣候變遷與地球毀滅等面向的生存威脅，兩者都和混亂密不可分。如果我們不能解決氣候變遷問題，那其他事情還有什麼意義？

第3章

乾旱即將大流行，沒有疫苗可抵擋

在我們進一步凝視水晶球，預測未來二十年的走向前，必須先承認一個大家都不願面對的真相：氣候籠罩著生活的每一個面向。因此，本書各面向的預測，都不能不考量到氣候危機。

從某種意義上說，人類這種不願面對、拒絕及時採取有效行動應對的行為，可以作為一個範例，說明當關鍵模式與轉變明明獲得承認卻被忽視時，會發生的事情。警鐘唯有在得到重視時，才能發揮作用。

最早提醒人們採取氣候行動的警鐘，至少可以追溯到十九世紀末，當時瑞典科學家斯萬特．阿瑞尼斯（Svante Arrhenius）指出，燃燒化石燃料將導致全球暖化。[1] 在我的有生之年，呼籲採取行動的頻率和急迫性都持續增加。一九六二年，美國海洋生物學家瑞秋．卡森（Rachel Carson）透過著作《寂靜的春天》（*Silent Spring*），在公眾意識中播下了一顆思想的種子，該書被視為促成近代環保運動的催化劑。

即使這本書對公眾認知造成影響，但仍要等到十五年之後，才有一位主要領導人公開承認氣候變遷的問題，並呼籲大眾減少碳排，這位領導人便是美國前總統吉米．卡特（Jimmy Carter）。一九七九年，我在讀大學時，聯合國世界氣象組織（WMO）在日內瓦舉行世界氣候大會（World Climate Conference），召集了氣候和人類專家，尋找防止「可能對人類福祉不利的人為氣候變化」之方法。[2]

當時，我和同學對南非反種族隔離運動（anti-apartheid movement，反對一九四八年至一九九四年間，南非在國民黨執政時實行的一種種族隔離制度）的關注，遠遠超過全球暖化相關議題。

大學畢業後不出幾年，時任NASA（美國國家航空暨太空總署）戈達德太空研究所（GISS）所長的詹姆斯・漢森（James Hansen），於一九八八年警告美國國會，溫室效應可能引發的問題。他能以「九九%的信心」保證溫室效應正在發生，而且還在加速進行中[3]。《紐約時報》在頭版刊登了他的證詞[4]，這其實也是許多人接觸到「酸雨」一詞的時間點，雖然這個詞在前一個世紀，就被蘇格蘭化學家羅伯特・安格斯・史密斯（Robert Angus Smith）發明。[5]

儘管媒體對此感興趣，但漢森博士敦促國會採取行動、減少碳排放的努力，並沒有引起減緩全球暖化的大規模行動。他的證詞引起一陣短暫的騷動後，溫室效應的熱度就慢慢降低，此後，大多數美國總統都未能積極保護環境。

儘管在接下來的十年內，人類將經歷許多重大的里程碑，包括一九九二年在里約熱內盧舉行的地球高峰會（Earth Summit），以及五年後生效的《京都議定書》（*Kyoto Protocol*，其目標是將大氣中的溫室氣體含量，保持在某個水準內），其他國家的表現也不比美國好到哪裡去。

如社會運動等級的危機意識，必須等到二〇〇六年，也就是漢森警告溫室效應後將近二十年，才開始在大眾之間傳播。美國前副總統艾爾・高爾（Al Gore）的紀錄片

《不願面對的真相》（*An Inconvenient Truth*）問世，這部紀錄片成為世界各地自然課的主要內容，對許多孩子而言，這是一個非常緊急的消息，但他們的父母和祖父母，則沒有如此在意。那麼，媒體又如何看待全球暖化？其實，是到了近幾年，氣候才被視為有大量報導價值的話題。[6]

為什麼我們生活中最大的故事，沒有日夜張貼在廣告牌上？領導人和平民百姓，為什麼長期以來都對氣候問題視而不見？二十一世紀媒體的歷史，對此提供了一個解釋：谷歌（Google）推出於一九九八年，臉書（Facebook）是二〇〇四年，YouTube於二〇〇五年，推特（Twitter）則是二〇〇六年。此外，蘋果在二〇〇七年推出第一代iPhone，為手機產業進行大改革。

那些年，我們本應加快曝光氣候問題，但報紙、電視臺、網路新聞和調查小組的規模都在萎縮，與此同時，迎合利益團體、製造出偏頗同溫層的互動式媒體卻蓬勃發展。因此，**關於氣候危機，大眾之間並沒有普遍認可的「真相」**，甚至連危機是否存在，也難以達成共識，導致危機的成因更是如此。

耶魯大學氣候變遷溝通計畫（Yale Program on Climate Change Communication）於二〇二〇年的一項調查中發現，超過四分之一的美國人仍不認為全球暖化正在發生。[7]聯合國的人民氣候投票（Peoples' Climate Vote，規模最大的氣候變化公眾輿論調查）對五十個國家、一百二十萬人進行的民意調查發現，只有不到三分之二的受訪者認為，氣候變遷是全球性的緊急情況。[8]

在那些相信氣候變遷的人中，也不是每一個都支持以激進的行動來減緩暖化。開放社會歐洲政策基金會（Open Society European Policy Institute）二〇二〇年的一項調查發現，雖然有八〇%的西班牙人同意「我們應該盡一切努力阻止氣候變化」，但這樣的意見在美國僅有五七%，英國則為五八%。[9]在聯合國的調查中，一〇%的受訪者表示，社會已經做了足夠的努力，來解決這個問題。[10]

越貧困的家庭，為全球暖化付出的代價越大

如果你是親眼見證過氣候變遷的人，就不太可能質疑危機是否存在。二〇二一年一月，新創的非營利組織潛在能源聯盟（Potential Energy Coalition），發起了一項名為「科學媽媽」（Science Moms）的一千萬美元計畫；其中一位媽媽住在土桑市，離我的住處不遠，是亞利桑那大學（University of Arizona）的海洋學家喬倫．羅素（Joellen Russell），她在暖化速度第三快的美國城市裡的經歷，反映了我看到的變化。

在《紐約客》對科學媽媽的一篇介紹中，羅素描述一顆在二〇二〇年迅速走向毀滅的星球：「我們一年有一百零八天的時間，處於攝氏三十七．七度以上，你完全無法理解這有多漫長。」[11]（從歷史上看來，土桑市一年中出現相同溫度的平均天數為六十

二天。）

隨著封城全面生效、氣溫飆升，羅素十歲和十四歲的孩子，都沒辦法去朋友家玩，而且天氣太熱，也無法去遊樂場，甚至無法在後院玩耍。最後，家中每個人的幽閉煩躁症（cabin fever，長期足不出戶而引起的反應）開始發作，羅素決定在太陽升起之前，就叫醒孩子去遛狗，她說：「我必須像將軍一樣，提前為最惡劣的情況做好準備，我會試著讓整個情況變得更有趣，就好像是在冒險一樣！」同時，她也擔心他們的心理健康，所以堅持孩子應該要能看到天空。[12]

如果特別熱，她就會讓孩子穿著長袖、戴上帽子遮陽，再出去騎腳踏車，保護他們不曝晒於強烈的紫外線之下。一小時後，她的女兒回到家，說她頭痛，才發現原來是中暑了。可是若去急診室，又擔心感染新冠病毒，所以她只能用冰冷的毛巾蓋住女兒的額頭。羅素博士回憶道：「我整個人嚇壞了。」[13]

下一個現在

到二〇三八年，氣溫上升將使許多體育比賽無法在戶外舉行，從而推動興建高科技室內競技場，並使電子競技比賽興起，也會激發更高的利潤。

以羅素的經歷為例，加上貧窮和糧食的短缺，你就會得出一個問題，這個問題，可能會考驗各國政府的決心和資源——極端氣候難民。歐洲新聞臺（Euronews）的一篇報導指出，僅在過去十年，就有約七十萬歐洲人因洪水和野火等氣候災難而失去家園。[14]在二〇一六年至二〇一九年間，導致歐洲大陸流離失所的氣候事件增加了一倍以上，從四十三件增加到一百件。[15]專家們預測，在歐洲和其他地方，此趨勢不僅會持續下去，還會加速發生。

義大利科學研究和技術開發組織ENEA的氣候建模實驗室（Climate Modelling Laboratory）負責人詹馬里亞・桑尼諾（Giammaria Sannino）警告，**現在被歸類為「極端」的事件，未來將成為常態**。[16]

幾乎所有地區和收入水準的人都會受到影響，數百萬人可能被迫遷移或死於非命。在美國西北部俄勒岡州的波特蘭州立大學（Portland State University），研究氣候移民的助理教授喬拉・阿吉巴德（Jola Ajibade）表示，「無常」將成為我們未來生活方式的特徵；她說，好幾代人都住在同一個地方的現象，近期已經變成一種難以行使的特權。[17]

到了二〇三八年，氣候移民的問題將帶來麻煩，因為**世界上普遍被視為「較安全」的地區，會感受到超出社會系統能夠負荷的新移民壓力；此後，衝突即將爆發**，為此通過的法案，將導致乾淨用水和醫療保健等資源分配不均，因為立法者肯定會優先考慮富人、有政治背景者，以及政治實力雄厚的人物，而不是窮人和初來乍到的移民。

俗話說，買房的黃金法則就是選擇好的地點，但在未來，所謂的好地點，不只代表著美景或繁華社區，而是配有高端儲備資源的住房和社區。專屬飛地（exclusive enclave，飛地指某個地理區劃境內，一塊隸屬於他地的區域）供水充足，甚至可能是利用海水淡化技術取得水資源；同時，為那些必然會發生的緊急情況儲備口糧，還有完善的建築法規和土地管理技術，旨在強化民眾抵禦洪水、火災、乾旱、颶風或任何其他可能造成衝擊的現象。

舉例來說，想像一個六英尺（一英尺約為〇．三公尺）長的火護城河（fire moats，建築物與其周圍的草地、樹木之間創建的緩衝區，減緩或阻止野火蔓延），圍繞著你的家庭和社區，正如克莉絲緹亞娜．菲格雷斯（Christiana Figueres）和湯姆．里維特－卡納克（Tom Rivett-Carnac）在他們的書《我們可以選擇的未來》（*The Future We Choose*）所預測的那樣。[18]

聯合國極端貧困與人權問題特別報告員菲力浦．阿爾斯頓（Philip Alston）說道，一場為期不遠的「氣候種族隔離」即將發生，因為低收入家庭將因為房價過高，而被排除在不太容易受氣候變遷影響的地區之外。「弔詭的是，」阿爾斯頓說：「**雖然貧困人口只應為全球碳排量的一小部分負責，但他們卻是最先承受氣候變遷之衝擊的人**，而且他們也最沒有抵禦的能力。」[19]

好消息是，在缺乏實際作為的幾十年過去之後，有一場變革正在醞釀中，或是應該說，人們正在討論這些棘手的問題，而這些對話就是變革的開端。

二〇二一年夏天，世界目睹了一系列極端天氣事件，包含德國和田納西州的災難性洪水，以及肆虐希臘和美國西部的野火。最終，這些持續不斷的戲劇性事件，使氣候危機變得難以忽視，也有越來越多人意識到，除了那些明顯的影響，如海平面上升，威脅沿海社區，以及熱浪奪走生命並摧毀農作物之外，氣候變化還會讓我們生病。

《刺胳針倒數》（*Lancet Countdown*）發布的二〇二一年報告指出，由於環境條件的變化，以前沒有瘧疾、登革熱病毒和茲卡病毒（Zika virus，經由埃及斑蚊傳播，而使受斑蚊叮咬的人罹患茲卡病毒感染症）等疾病侵害的地理區域，將變得更容易受到感染。

研究人員總結道：「氣候變遷，很可能讓人類在公共衛生和永續發展方面取得的進展，一筆勾銷。」[20] 早在二〇二一年，世界銀行就指出，洪泛區現在占據了孟加拉八〇%的面積，導致該國出現傳染病增加、心理健康下降的情況。[21]

不需要多熱，全球暖化就能擾亂你的生活

在很大的程度上，這取決於各國政府和企業，在未來十五年採取的行動。其實，說

目前的指標令人擔憂，其實都還算是溫和。根據NASA的研究顯示，自二〇〇五年以來，地球每年困住的熱能幾乎增加了一倍，遠超出預期的量。[22]

聯合國在二〇二一年發布的報告中指出，氣候系統崩潰導致的降雨模式變化，是全球乾旱的主要驅動因素。[23] 聯合國祕書長的減少災害風險特別代表水鳥真美警告：「乾旱即將成為下一場大流行，而且對此，我們沒有任何疫苗能夠抵禦。」[24] 她指出，未來幾年，**全球多數人口將不得不面臨水資源短缺的問題**。[25]

亞洲和非洲受到乾旱的重創尤其嚴重，但許多其他地區也已經感受到這種影響。截至二〇二一年九月底，根據帕爾默乾旱指數（Palmer Drought Index）的計算，嚴重至極端的乾旱，影響美國超過三分之一的領土，[26] 美國西部儼然成為一個巨大的火藥庫。

我尤其重視高溫和乾旱問題，因為我將位於亞利桑那州的土桑，視為主要住所。二〇一九年，該地區有一百九十七人死亡，這歸因於長時間維持在三十七・七度左右的高溫——這是自有紀錄以來，與高溫相關的死亡人數最多的一年。[27]

使問題雪上加霜的是缺水危機，幾十年前，州和聯邦政府建造了一條輸水道，將河水從科羅拉多河輸送到亞利桑那州的城市和田野；到了二〇二一年八月中旬，美國官員宣布科羅拉多河首次出現缺水狀況，引發農民減產。[28] 再見了，農作物。

在加州，情況同樣糟糕。位於南加州、鄰近洛杉磯的文圖拉縣，通常野火季節會持續三個月；但在現在，只要有一點點風吹草動，就會使野火燃起。二〇二〇年，野火燒毀了全州四百三十萬英畝的土地——這是有史以來最多的一次——造成三十三人死亡。[29]更糟糕的是，加州至少有四分之一的人口生活在高火災風險區。[30]

一位住在聖塔克魯茲山脈的朋友，最近發了一封電子郵件給我，說道：「我覺得我們完蛋了，還好我離太平洋只有幾碼遠，火勢來臨時，我會盡全力向西跑。」

純論火災破壞的程度，澳洲的災情可說是最為嚴重。二〇一九年六月開始的野火季節，造成至少三十三人死亡，並摧毀三千多間房屋，導致超過十億隻動物死亡。[31]二〇二〇年的「黑色夏季」（Black Summer，前澳洲總理莫里森〔Scott Morrison〕用此描述災情的嚴重性）的野火中，有一千三百六十萬英畝的土地被燒毀。

下一個現在

到二〇三八年，業餘氣象學家的行列將擴大，個人和社群將聯合起來蒐集和散布數據。他們會成為新時代的業餘無線電操作人員，又稱為火腿族（ham radio operator，火腿電臺〔ham radio〕為供業餘無線電愛好者進行相互通訊、無線通訊技術實驗、應急通訊等用途，使用無線電頻率頻譜的無線電業務）。

二〇二一年初開始下雨，但雨量卻遠超過澆灌植物和阻隔火所需的標準，最後，澳洲東海岸經歷了半個世紀以來最嚴重的洪水。新南威爾斯州（按：位於澳洲的東南部，是澳洲人口最多的一州）前州長格拉迪斯・博利積奇莉安（Gladys Berejiklian）說：「我不知道過去什麼時候，出現過極端氣候型態如此迅速交替的情況。」[32]

亞利桑那州、澳洲或地球上其他地方，情況都不會很快好轉。這是一場賭注，而人類和動物都沒有勝算，到了二〇三八年，觀看和閱讀天氣預報的用意，不再只是決定穿著或是否攜帶雨傘，**我們將密切注意這些報告，為可能發生的災難做好準備、計算何時必須離開家園、前去避難**，或是判斷空氣品質是否糟糕到應該把孩子留在室內。

為了讓地球上的生命免於這些災難，地球平均溫度必須下降，但過了這麼久，地球始終沒有降溫。

經歷過漫長且炎熱的夏天的人都知道，不需要真的到多熱，就足以擾亂你的生活。我們看慣了關於窮人挨餓的報導，但很少有人意識到，不那麼貧窮的人，也可能瞬時間就沒了糧食。美國西北大學（Northwestern University）的研究人員發現，近四分之一的美國人在二〇二〇年，認為糧食來源的不穩定。[33]

同年，聯合國的數據顯示，新冠疫情使全球多達八億一千一百萬人，受到飢荒波及，使挨餓人數比起二〇一九年，多了一億六千一百萬人。[34]

即使只是食物短缺的前兆，也可以引發商店的混亂，超市貨架上的商品，會引發人與人之間的衝突，我們在委內瑞拉、南非和世界其他地區，都能夠親眼目睹這些現象。

未來的食品來源，可能來自蟋蟀和麵包蟲

隨著地球居民更加正視氣候變化的威脅，許多政府以非比尋常的速度，將變革變成文化。但會不會做得太少、太遲了？美國總統喬・拜登（Joe Biden）誓言在二〇三〇年前，至少要將美國的排放量減少至二〇〇五年的五〇％，但他在國會亦面臨障礙。[35]英國則承諾，到了二〇三〇年，相較於一九九〇年，要減少六八％的碳排放量；[36]德國已通過法案，於二〇三八年要關閉所有燃煤電廠；[37]紐西蘭則宣布，到二〇三五年前，所有能源都將來自可再生資源，並在二〇五〇年前實現碳中和（carbon neutral，企業、組織在特定衡量期間內，碳排放量與碳清除量相等，即達成碳中和，又稱為淨零排放二氧化碳）。[38]

同樣的，企業也更加積極的投入減碳行動中。二〇二一年，世界企業永續發展協會（WBCSD）概述了企業應對氣候變遷和不平等問題時，應採取的九條「革新途徑」，包括為所有人供應可靠且可負擔的淨零碳排能源，以及安全、便捷、乾淨和高效的交通設備。[39]

響應者包括3M、微軟（Microsoft）、宜家家居（IKEA）、雀巢（Nestlé）、英

國跨國消費品公司聯合利華（Unilever）和豐田（Toyota）。[40]二〇二一年一月，美國汽車公司通用汽車（General Motors）宣布，到二〇三五年，它將不再銷售汽油動力汽車，目前正在完全過渡到電動汽車時代。此外，令人驚訝的是，石油和天然氣產業也加入同一陣線，在二〇二一年的白宮會議上，全球十家最大的石油公司宣布，它們皆支持遏制碳排放的碳定價法規。[41]

此外，大眾也開始響應行動。面對氣候的毀滅預言，普通人很容易立刻舉手投降，認為一個人怎麼可能對這種事有任何幫助；但實際上的趨勢與此相反，許多人都開始改變自己的消費習慣。

我們可以從肉類食品上看出大眾的行動力。據估計，到二〇二一年，全球人類消耗的卡路里中，有三〇％來自肉類產品，包括牛肉、雞肉和豬肉。[42]在我成長的過程中，肉類無疑是家裡的主食，所以很難想像我的父母會接受「週一無肉日」（按：鼓勵人們在星期一避免吃肉，以改善其健康並降低對環境的衝擊），更不用說素食主義了。

而且有一段時間，肉類消耗量還隨著食物分量增加而升高；據美國農業部數據顯示，二〇二〇年美國人均消費的紅肉和家禽，是創紀錄的兩百二十五磅，高於一九六〇年的一百六十七磅。[43]

但是，這一趨勢現在開始逆轉。於二〇二〇年，美國境內販售植物肉的雜貨店，銷售額達到十四億美元，單年增長四五％。到二〇二〇年，約五分之一的美國家庭購買了肉類替代品，且近三分之二的購買者是忠實回頭客。[44]

在歐洲，以植物為基礎的肉類替代食品產業，在二〇一八年到二〇二〇年間增長了四九%，總銷售額達到三十六億歐元（按：全書歐元兌新臺幣之匯率，皆以臺灣銀行在二〇二二年九月公告之均價三〇．六元為準，約新臺幣一千一百億元）。[45] 在亞洲，到二〇二六年，以植物為主的肉類替代品需求，預計將增加兩倍。[46]

從各種跡象上可以看出，大眾對於素食產品的需求將持續上漲。在二〇二〇年和二〇二一年，推出植物性蛋白質產品的新創公司，如 Rebellyous Foods 和 LIVEKINDLY，獲得了數百萬美元的投資金額，且市場對全素植物肉的需求，仍舊持續飆升。[47] **創新的蛋白質來源——藻類、鷹嘴豆、昆蟲——變成新聞報導主題之一**，拋開深夜電視的笑話不談，**由蟋蟀製成的麵粉和麵包蟲，很可能在未來十年內成為日常食品原料**。

有一種名為肉食削減主義（reducetarianism）的趨勢，讓那些不願意完全放棄肉類的人，同樣能幫助地球，只要限制此類產品的消費即可。考慮到紅肉生產占全球溫室氣體排放量的一四．五%～一八%，其實只要逐步減少食用牛肉漢堡、牛排等，能造成的影響非同小可。[48]

公眾心態發生變化的其他跡象包括，國際會計師事務所普華永道（PwC）於二〇二一年六月的全球消費者洞察調查（Global Consumer Insights Pulse Survey）顯示，有一半的受訪者表示，他們變得更環保。[49]

美國圖庫公司 Getty Images，於二〇二〇年對二十六個國家進行的調查指出，近七成的受訪者表示，他們都很努力減少自己的碳足跡，[50]會依循自己的道德標準消費。

此外，經濟學人智庫（Economist Intelligence Unit）的一項研究發現，二〇一六年至二〇二一年間，全球永續商品的線上搜尋量增加了七一％，且澳洲、加拿大、德國、英國和美國的需求尤其明顯。[51]

道德時尚（ethical fashion，減少對人、動物和地球之負面影響的時尚，每一個生產步驟都不會傷害到地球或勞工）的全球市場價值，預計將從二〇二〇年的四十六．七億美元，增長到二〇二五年的八十三億美元。[52]與此同時，二〇二〇年以歐洲和中國為首的電動汽車全球銷量，飆升了四一％。[53]很有可能，在二〇三八年，你所駕駛的汽車——或是駕馭你的自動駕駛汽車——將在夜間插上電源，隨時待命。

工作、經濟、消費……都由氣候決定

正如你將在本書中所看到的，**一切都相互牽連著：工作、經濟、消費趨勢、生活方式、社會地位、健康……而這一切的核心，是氣候**。我們每天採取的小行動，都會以當下沒有意識到的方式做出貢獻。

比方說，一個亞馬遜寄送的包裹，只需點擊一下，貨物一天內就抵達，那麼，說服自己不去選擇這種購買方式，可能會很困難；但是，這種選擇將如何影響二〇三八年的世界？以我們將付出的代價來換取這樣的便利性，值得嗎？

亞馬遜的一則廣告寫著：「二〇四〇年前實現淨零碳排放」[54]，向大眾宣告這家大型零售商，將致力於實行一百八十七個可再生能源專案；該公司不僅訂購了十萬輛電動送貨車，還投資了二十億美元在減碳技術上。此外，亞馬遜創始人傑夫．貝佐斯（Jeff Bezos）亦承諾將提供一百億美元，以幫助修補氣候的失衡。[55]

另一方面，自二〇二〇年以來，亞馬遜在南加州的倉庫數量增加了兩倍，有些甚至位於加州毒氣排放率最高的地區，像是美國有毒臭氧排名第一的聖貝納迪諾郡（San Bernardino）。[56]

在距離亞馬遜和其他公司之倉庫半英里範圍內，有八五%的居民是有色人種；也有六百四十所學校，距離倉庫不到半英里。研究指出，社區周圍嚴重的卡車汙染，與空氣品質低落和相關健康狀況有關。[57]由此可見，儘管亞馬遜擴增電動送貨車是個挺不錯的選擇，但該公司造成聖貝納迪諾郡與其他地區的居民健康狀況不佳，這樣真的能夠互相彌補嗎？

長期以來，製造業和運輸業一直是造成汙染及其他相關狀況的主因。而網路時代帶來新轉折是，身為消費者，我們不能再對我們也參了一腳、一同促成的痛苦視而不見。

你從線上零售商訂購了商品，就使你成為氣候災難故事中的角色之一，你等於是一名客戶、推動者或同謀。你可能會自問，究竟要怎麼做，才能促使電子商務巨頭減少其生態足跡？在地球的重建與再生中，亞馬遜、中國電子商務公司京東及其競爭對手，是否都發揮了作用？作為線上購物者的我們，又幫了什麼忙？

望向未來，我們有理由感到不安，也有理由滿懷希望。這兩種反應，都反映出我所提及的趨勢。無論我們是在恐懼中退縮，還是反過來利用這種情緒，作為行動和承諾的動力來源，人們應對混亂的方式，都是決定人類將擁有何種未來的關鍵因素。

十多年前，我預測睡眠是新的性愛（按：越來越多現代人有睡眠障礙，所以作者認為，睡眠將成為一種新的人類欲望）；但現今，我的預測更加悲觀，我認為，所有使民眾日發焦慮的負面新聞，將帶來更多不眠之夜。就算真的有應對氣候變遷和環境破壞的方法，二〇三八年前肯定不會出現，我們最多只能期望地球的衰落得以減緩，並為尚未想像出來的解決方案爭取時間，同時在這個過程中，設計出一種不依賴化石燃料與過度消費的經濟運作方式。

我們為消費主義社會，找到一種更充實也更永續的替代方案，同時，這也能產生額外的好處，那就是：為一個似乎永遠處於混亂邊緣的世界，注入控制感。

第4章

真實世界太痛苦，不如搬到元宇宙吧

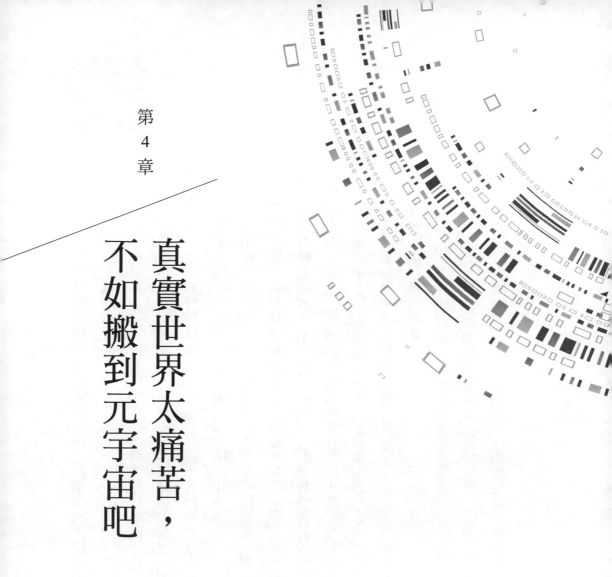

混亂不會像天亮前突襲你家的警員一樣，無預警的出現，還用力敲著你家大門。混亂，會神不知鬼不覺的靠近你。

比方說，你腳趾上的瘀傷看似不重要，於是你什麼都不做，結果檢查出來居然是癌症，最後，你必須截肢；又像是，建在離海洋幾碼遠的公寓大樓，有結構上的缺陷，混凝土還已經劣化，但針對這項居安問題的討論，人們只會紙上談兵，從不付諸實行，於是在某個晚上，建築物便倒塌了，崩塌過程不到十一秒。

混亂並不是什麼新鮮事，一直以來，人類都不斷經歷著糧食短缺和自然災害、部落和軍事衝突、流行病和經濟體制崩解等問題。只要回顧上個世紀的兩次世界大戰就能明白，大部分的歷史內容，是一部充滿未知、動盪和恐懼的編年史。

試想看看，光是一九六八年的混亂：在全球，從巴黎和波蘭首都華沙，到華盛頓特區、墨西哥城和東京，大規模的學生抗議活動震撼了不同城市。在美國，這一年最大的衝突，是政治暗殺（參議員羅伯特．甘迺迪〔Robert F. Kennedy〕與人權鬥士金恩博士）、社會衝突和暴力騷亂。

一九六八年五月的法國，大規模抗議活動爆發，大學建築和工廠遭占領，學生和工人組織一同罷工。對法國學生來說，這與其說是一場政治運動，不如說是一場文化運動；既反對社會限制的鬥爭，也是婦女運動和性解放的開始。當時流行的座右銘是：「禁止『禁止』。」

一九六八年，蘇聯迅速的入侵和鎮壓，使捷克斯洛伐克（按：存在於一九一八年至一九九二年的中東歐國家，在經濟和外交上由捷克主導、斯洛伐克為輔）見證了一段短暫的改革和自由主義時期——政治民主化運動布拉格之春（Prague Spring）。

在墨西哥合眾國的首都墨西哥城，發生特拉特洛爾科大屠殺（Tlatelolco Massacre，墨西哥政府對學生、平民抗議者以及圍觀的無辜群眾的大屠殺），軍隊向學生示威者開火，死亡人數至今仍屬未知，可能多達數百人。[1]

過去二十年社會經歷的一切，用「漂浮性焦慮」（free-floating anxiety，基於不特定的狀況引起的焦慮性反應，如顫抖、心悸、頭暈和胃不適等）和悲哀等詞彙來形容，再合適不過了。

因生存面臨威脅（氣候變遷、新冠病毒、社會不和諧），人們越發不安，許多人還感受到一股深切的不滿、不安，甚至絕望。這種焦慮和哀傷，和人類在一九六八年或更早的衝突時期，所感受到的不同。這似乎是不可避免的，因為現今的狀況，與任何一個事件或廣泛的社會運動無關，我們也不只是一次承受一個衝擊。

國際非營利性公共衛生組織健康夥伴（Partners In Health）中，負責心理健康的主任，同時也是哈佛醫學院助理教授的朱塞佩·拉維奧拉（Giuseppe Raviola）指出，這個混亂的時代萌生出一個術語：syndemic（疾苦糾結）。

作為個體，人類同時面對多種創傷。正如記者S·I·羅森邦（S. I. Rosenbaum）

在公衛新聞網站《哈佛公共衛生》（*Harvard Public Health*）上所寫的那樣，syndemic 中的「syn」代表協同作用，因為每個壓力和創傷來源會相互惡化，同時滋養著各自造成的效果。[2] 因此，正在對抗疫情的人，可能會因移民身分而進一步受到威脅，使他們不願尋求醫療照護；逃離自然災害的家庭，試圖在新的地方定居時，也可能面臨種族主義的挑戰。

在二〇一九年，世上許多地方都在經歷一種新的彈性和自由，讓人們可以過上與過去幾十年截然不同的生活。這很令人興奮，但對那些缺乏安定感的人來說，也可能有些可怕；此後，隨著疫情爆發，那群人變得更加不知所措，因為他們缺乏二十世紀傳統核心家庭所提供的基礎。

社會已經演變成透過混合搭配的方式組成家庭，所以，某些人選擇獨自一人，也有人與朋友和鄰居組成生存群體。我在瑞士認識的五個大人和兩個孩子，就組成了這樣的團體，他們會一起吃飯，彼此守望相助；這個匆忙組建起來的「家庭」，由荷蘭的一家四口、一名荷蘭單身女人、一個英國男人，和一個瑞士裔美籍女性組成。他們會一起燒飯，甚至在各自的家裡設置工作站，且都在步行距離之內，這樣他們就可以在長達數月的渾沌不定中，得到彼此的陪伴和支持。

人口普查數據顯示，在美國，到了二〇二〇年，超過四分之一的家庭是單人家庭，高於一九六〇年的一三%（按：二〇二〇年臺灣單人家庭約有兩百零八萬戶，相較於二〇一〇年的一百六十三萬戶，成長了二八%；從占比來看，單人家庭占全體家庭比重達二六%）；[3] 十五歲以上的成年人中，有三分之一從未結婚，高於一九五〇年的二三%。[4]

此外，幾乎四分之一的美國兒童（二三%），只與父母一方生活在一起，家中沒有其他成年人；相較之下，全球平均只有七%。[5] 自一九六五年以來，整個歐盟的結婚率相對下降了五〇%，離婚率則幾乎成長一倍。[6] 經濟因素加劇了家戶組成的混亂，據歐盟統計局的數據，二〇一七年，在整個歐洲，近一半的單親家庭（四七%）面臨貧困和被社會排斥的風險，而同樣的情況，在雙親家庭中只有二一%。[7]

這也助長了眾人的脫節感。**我們感到與自然脫節，缺乏曾為人們帶來歸屬感的社區意識**，相反的，我們花無數個小時，在社群媒體上與陌生人互動、不停刷新負面報導，不願面對面進行有意義的交流。不過，我們不能將此歸咎於疫情，儘管社交距離和遠端工作加劇了上述問題，但在二〇二〇年之前，這些行為便已根深柢固。

也許，最重要的是，目前的混亂和不滿感，源於一種普遍的感受：作為一個社會，我們正朝著錯誤的方向前進。皮尤研究中心在二〇二一年，對十七個發達經濟體進行調查，發現六四%的受訪者認為，他們的孩子在經濟上會比他們這代人更糟糕；[8] 只有新加坡和瑞典兩個市場，是由樂觀的觀點勝出。曾經許諾著進步的未來，現在看起來卻令人憂心不已。

我們可以試著比較一下在二十世紀初，與我們在二〇〇〇年所做的預測。一九〇〇年，一位名叫湯瑪斯．安德森（Thomas F. Anderson）的作家，採訪了幾位專家，試圖預測波士頓市在二〇〇〇年的模樣。[9]他發表在《波士頓環球報》（*The Boston Globe*）上的一些預測，具有先見之明，包括無線電報、冷卻液態空氣（空調冷氣的前身），和在燈光下進行的夜間棒球比賽。

至於其他的，包括透過氣壓軟管送貨到府、移動的人行道、利用波士頓港的潮汐，為這座城市提供熱量和光線等，則沒有實現。值得注意的是，這些預測樂觀且堅定的相信，更好的時代就在前方。

安德森預見的波士頓，是如此純淨與質樸，以至於貧民窟這個詞，將從當地字典中刪除。他認為，全民義務教育會讓我們得以在社會底層中挖掘天才，而煤煙和煙霧從此將不復存在，公共衛生條件亦隨之改善。[10]

而一九九〇年代對二〇二〇年的預判，則與安德森的樂觀呈現強烈的對比。美國日報和新聞廣播公司《今日美國》（*USA TODAY*），蒐集了一九九〇年代的預測，[11]雖然有些預言充滿希望，像是壽命延長、氫燃料汽車能在一次加油後運行數月，但大多數仍是負面的。

專家表示，書本之死、隱私喪失、標準退休年齡延長至七十歲、全球地表溫度上升，而心臟病和憂鬱症，將取代下呼吸道感染和腹瀉相關疾病，成為生病、殘疾和死亡的主要原因。

這種千禧年前的陰鬱和悲觀，很符合千禧蟲危機的時代精神。當時的人，不夢想一個更光明的未來，反而預見了在科技的輔助和鼓動下，會發生更多危機和災難。

現在，人們會感受到更加難以承受的混亂，一個關鍵的原因是，為了應對眼前及未來的混亂不堪，我們感到無力。如果無法相信「明天會更好」，並從中汲取力量，我們要怎麼找到應對生存挑戰的毅力？如果我們根本就不盼望會有什麼改變或轉機，那為變革而奮鬥，又有什麼意義？

這種普遍存在的悲觀情緒，是前所未見的。**令人擔憂的是，我們沉溺於不確定性和恐懼之中，邁著試探性的步伐，朝自認較好的方向前進，卻感受不到任何自信。**該如何解決這個問題？

到了二〇三八年，我們可以指望一件事：透過強化且具系統性的行動，向年輕一代導入批判性思維的技能、敏銳度和韌性，能幫助他們辨別並打擊錯誤資訊，次次的度過難關，不被焦慮或憂鬱控制。

目前，我們能看見，應用於教室和家庭的計畫正在興起。幫助焦慮孩子的線上課程GoZen，便提供不同媒介與工具，協助父母培養適應能力強、快樂、富含靈感且強壯的孩子。[12] 妙佑醫療國際（Mayo Clinic）於二〇二〇年，則推出「建立彈性」（Road to

Resilience）課程，是為期六週的線上課程，旨在幫助青少年抗衡不良童年經歷帶來的影響。[13]

同樣在二〇二〇年，香港大學助理教授珍妮特・博蘭德（Janet Borland）出版了《地震兒童》（*Earthquake Children*）一書，探討一九二三年關東大地震後的那段時間，日本如何建立出具韌性的現代基礎設施，日本人民又是如何培養出，在緊急情況仍保持鎮定的能力。[14]

由於人們試圖逃離混亂的處境，我們也發現，單純、快樂的時光，成為一種奢侈品。現在，漂浮艙（sensory-deprivation tank，又稱為感覺剝奪箱，躺進裝滿濃鹽水的黑暗水槽中，蓋上艙蓋，處在無光無音的環境中，感受不到視、聽、觸覺，許多人說是一種接近死亡的經驗）、家用鹽療室和郊區購物中心內提供聲音治療的放鬆空間……諸如此類的服務推陳出新。

換作是你，願意花多少錢，來換取將混亂拋在腦後的六十分鐘？

有一句老話說：「**緊繃之處，就是產生撕裂的地方**。」在二〇二〇年，在我們遭遇了一場危機——不斷變化的氣候和日益惡劣的天氣——之後，又受到新冠病毒大流行的衝擊。我們會死嗎？還是要努力活下去，卻眼睜睜的看著自己愛的人死去？我們能做些什麼來保護自己？是否有疫苗可以施打？如果有，會有效嗎？安全嗎？庫存是否足夠供應給較貧窮的國家，和在經濟上處於邊緣地位的群體？

折磨人們的死亡報告，以及不堪負荷的太平間，光是醫療問題便令人懼怕不已。即使是最富裕的國家，也面臨著醫療呼吸器和個人防護裝備的短缺。然而，社群媒體和投機的政客，則利用民眾的恐懼和困惑，讓恐懼像舊卡車的廢氣般大量噴出。

隨之而來的，是封城。那些被視為「不必要」或能夠遠端工作的人，立刻被強制待在家裡。辦公室和一些工廠關閉，這些人在工作上的社交生活也隨之中止。此外，許多家庭活動被禁止，也不能去醫院探望生病或垂死的親人。

對那些在封城令鬆綁後，仍無法返回工作場所，同時也不能遠端工作的人來說，這為期幾天、幾週，甚至幾個月的時間，都只能虛度在看Netflix的電視劇上。

下一個現在

到了二〇三八年，會有越來越多人選擇退出「現實生活」，取而代之的是精心建構的元宇宙——一個虛擬世界。他們會在裡頭互動、玩耍、購物、參與藝文活動，並透過虛擬化身旅行。對某些人而言，這可能是他們唯一還能掌控的世界。

前述那些人其實是幸運的。那些被視為「必要」，而且急需用錢、無法拒絕上班的勞工來說，面對病毒威脅的他們其實非常脆弱，尤其，如果他們的僱主無法提供足夠的保護就更是如此。

根據國際特赦組織（Amnesty International）的分析，僅在疫情爆發的前六個月，全球至少有七千名醫護人員在感染新冠後死亡。[15]

種族在病毒感染與死亡中，也占了很大的因素。在統計數據中，我們能清楚看到白人特權（white privilege，在相同的社會、政治或經濟環境下，白種人專門獨享的特權）的效用。

加州大學（University of California）的研究人員發現，拉丁裔食品及農業工人的死亡率，增加了五九％，亞裔醫護人員的死亡率亦增加四〇％；相較之下，符合就業年齡的加州白人，超額死亡率（excess mortality，因暴露於某個有害因子，而增加的死亡數）僅增加六％。[16] 不過，在某種程度上，這種差距可歸因於少數群體在醫療保健[17]和農業等產業領域的人數過高。[18]

對美國人來說，二〇二〇年總統大選及其後果，引發了新一輪的社會衝突和兩極分化。十月下旬，隨著每天新增的新冠病例接近十萬例、三十二個州的感染率上升，以及住院人數增加四六％，[19] 川普總統照樣舉行了無口罩集會。

此外，股市暴跌，VIX指數（按：又稱為恐慌指數或恐慌指標，是了解市場對未來三十天市場波動性預期的衡量方法之一）上漲了二〇%。[20]

《孫子兵法》中提到：「以迂為直，以患為利。」這句話表示，混亂中存在著轉機；這段金句固然有其道理，但如果混亂無從控制，更糟的是，人們還不斷興風作浪的話，想把危機變轉機，就更加困難。

況且，政治圈本來就很混亂，政客歪曲既定事實，以迎合其支持者的觀點，是一回事；但當政客們推斷，這些謊言造成的混亂，能讓他們獲得更高的權力時，情況就完全不同了。

雜誌《大西洋》（*The Atlantic*）稱英國首相鮑里斯．強森（Boris Johnscn，已於二

下一個現在

富裕社區將善用危機的特約服務，確保危機來襲時——無論是自然災害、流行疾病、騷亂還是其他事情——社區居民都能得到保障，是一種新的保險形式。其涵蓋的福利可能包括，將必需品和設備宅配到家、到宅服務的醫療照護專業人員，以及準軍事部隊和疏散行動。醫療保健和應急管理方面的公私差距，將進一步擴大。

〇二二年七月七日宣布，將辭任英國首相，但在保守黨選出新領導人之前，他將暫時留任）為「混亂首相」，[21]而他本人也相當歡迎這個稱呼。

他的一位副手說：「新冠疫情的混亂，使他更受到歡迎。」[22]據英國《獨立報》（*The Independent*）報導，強森聲稱：「混亂並沒有那麼糟糕；這意味著人們必須看著我，好了解是誰在當家。」[23]

混亂不僅提供了鞏固政治權力的途徑，還使犯罪的可能性增加。伴隨著數位世界而來的，就是網路犯罪。網路安全研究單位 Comparitech 發現，僅在美國，二〇二〇年勒索軟體（按：特殊的惡意軟體，要求受害者繳納贖金，以取回對電腦的控制權，或是避免個人資料流出）對醫療機構的攻擊，估計造成兩百零八億美元的損失。[24]二〇二一年五月，跨國保險業者安盛（AXA）在亞洲的分部遭駭客攻擊，一個可能的誘發因素是，該公司在此之前宣布，將停止支付多名客戶用於勒索軟體的花費。[25]

到二〇三八年，這種威脅將會擴大。根據世界經濟論壇發布的《二〇二一年全球風險報告》（*Global Risks Report 2021*），網路攻擊是全球人為風險發生的主因。[26]該報告亦警告，網路安全措施的失敗，意味著企業、政府和家庭的網路安全基礎設施，將被日益複雜和頻繁的網路犯罪超越或淘汰，導致經濟中斷、財務損失、地緣政治緊張局勢、社會不穩定。[27]

網路安全調查與發行公司 Cybersecurity Ventures 預估，到了二〇二五年，全球網路犯罪將導致人們一年損失十．五兆美元，高於二〇一五年的三兆美元和二〇二一年的六兆美元。[29]

假資訊和政治鬥爭，比病毒更可怕

除了數位世界之外，類比世界中的混亂也在加劇。

若政府未能認真對待基礎設施維修和升級，會發生什麼事？二〇二一年七月，隨著熱帶風暴艾爾莎在美國東海岸逐步逼近，紐約市的地鐵乘客受困在月臺和樓梯間，腰部以下都被淹沒在混濁的水裡。[29]幾天後在中國，破紀錄的降雨量淹沒了地下鐵路隧道，至少有十幾個人被淹死。[30]緊接著，倫敦亦降下了如諾亞方舟般的大雨，地鐵站也被洪水淹沒。[31]

放眼全球，過去幾十年內，我們看到了各種各樣的建築結構故障，包含橋梁損壞（二〇〇二年在印度造成超過一百三十人死亡、二〇一八年在義大利造成四十三人死亡[32]）、水壩潰決、堤壩破裂（誰能忘記二〇〇五年卡崔娜颶風令人心碎的畫面？）以及各種工程災難。

二〇〇九年，印度的一次停電，使世界上九％的人口無電可用。[33]美國聯邦監管機構在二〇一一年發布的一份報告中警告，德州的發電廠將無法承受比平常更低的溫度，[34]但這份警訊並沒有獲得重視；因此，在二〇二一年，嚴酷的冬季風暴使德州超過四百五十萬個家庭和企業，在刺骨的（對德州而言）寒冬中停電數天，最終有近兩百人死亡。[35]

面對不斷變化的氣候，情況只會持續惡化。有分析師預測，機場跑道被洪水淹沒、橋梁退化等現象，都會比預期的再提前數年，此外，極端高溫將破壞了道路和鐵路，並造成其他方面的影響。[36]

哪些實體能夠防止系統性崩潰？保障人們的移動安全和系統的無虞，誰來買單？即使是最先進的社會，仍有數千萬人無法安全上下班或旅行、獲得電力或乾淨的水，或是在家中感到安全，誰能制服如此混亂的局面？

即使是最輕微的變化，也會產生巨大的後果。起初，那些後果在表面上看似微不足道，後續發展也都在掌控之下。但是，突然間，它們就毫無預兆的變了樣。

自然災害對經濟造成的影響，眾人都有目共睹。據估計，卡崔娜颶風造成一千七百二十五億美元的虧損；[37]重建二〇二一年七月德國遭洪水破壞的地區，可能得花費超過七十億美元。[38]

為了提前為下一次災害做好準備，人們在河岸上堆放沙袋、開設戰地醫院、捐血、捐錢……簡單來說，遇到這種事件，人類就表現得就像同一個社群的成員一樣。

但是，新冠疫情不是那樣的事件。起初，我們對這種疾病一無所知，完全無法展開行動，再加上政治動盪和錯誤資訊，導致人們「病上加病」，因為正如CNN的主播布莉安娜・凱拉（Brianna Keilar）所說：「**錯誤資訊本身就是一種病毒。**」[39]

在美國宣布隔離（政府強制或自發性實施）一年後，已經有足夠的人口接種疫苗，所以也開始對外開放，歡迎外國人進出，許多家庭也出門度假。許多人把前一年的記憶拋諸腦後，假裝一切都很好，儘管他們心底都知道，事情沒有回到原樣，而且在很長一段時間內，都不會回歸正常。

這個短暫的快樂時光，在二〇二一年夏天結束。當時，新冠病毒變異株 Delta 從歐洲和亞洲進入北美，使新冠病毒病例再次飆升。在八月初，這種新變種至少占了美國所有變異株序列中的九三%，傳染性比最早出現的毒株高上兩倍，而且，到最後，世上每個國家都偵測得到其蹤跡。[40]

好消息是，Delta 的傳播率很快就大幅下降，包括最早出現的兩個國家，印度和英國境內也是如此。更好的消息是，截至二〇二一年十月中旬，全球三七%的人口已完全接種了疫苗，其中包括超過十億的中國人。[41]

那有什麼令人沮喪的消息呢？撇除二〇二一年秋季高傳染性 Omicron 變體，以及肯定會出現更多變體的事實，**一些渴望權力的人發現，讓人們處於高度恐懼和困惑的狀態，有利可圖**。

因此，我們不僅在抵抗一種新型態的病毒，還在對抗假資訊及製造仇恨的行為。社會大眾在試圖抵禦的，是全球政治的分歧，和那些反動卻又根深柢固的利益團體，所帶來的挫折感。最重要的是，我們正與威脅要壓垮一切的混亂鬥爭。

也許在美國，我們最能清楚看到這些衝突和混亂所釋放的力量。人們越來越難想起，一個多世紀以來，美國民族神話，其實是由道德優越感和不可一世的態度所定義。

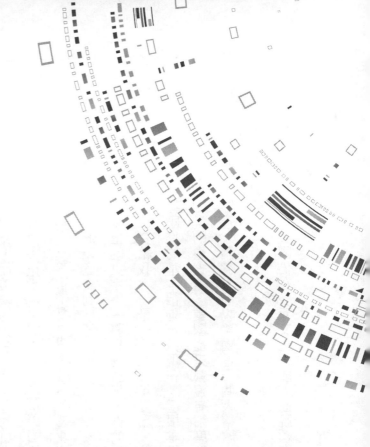

第5章

你也在嘲笑凱倫嗎？

象徵世代隔閡的凱倫迷因

現今，趨勢越來越全球化，那為什麼本書要用一章的篇幅，來討論美國及其正在經歷的身分認同危機？原因很簡單，現在地球上，幾乎沒有人的生活，不被這個國家以某種方式影響。雖然美國只占世界人口的四．二五％，但近一個世紀以來，美國作為領先全球的超級大國和引領文化的中心，其地位幾乎沒有受到挑戰。

現在，這個機會之地面臨著前所未有的挑戰，既有對美國國力虎視眈眈的外患，也有由兩極分化、動盪和停滯組成的內憂。我們可以從各種視角，來檢視這個國家的衰落，但我認為，從美國的美名「移民者的自由港口」這點切入，最為清楚。

自一八八六年，自由女神一直是美國的主要象徵，但近年來，這位來自法國的流離者之母（按：取自自由女神像的基座上鐫刻的十四行詩：「流離者之母譽名遠播。」），形象竟受到玷汙。

其基座上的文字：「將你的疲憊、你的貧窮／你那蜷縮在一起，渴望著自由呼吸的群眾，全部交給我。」是一八八三年愛瑪．拉扎露絲（Emma Lazarus）寫下這首詩時，這個年輕國家的基本精神，但現在，這根本說不上是美國的使命宣言。

未明言的事實是，**美國從來都沒有那麼歡迎移民**。先來的人，總是看不起後到者，而且，儘管人們嘴上都說美國是一個大熔爐，但美國公民總是偏袒與自己的長相和想法都相似的新來者。

不過，美國仍在多元文化組成方面脫穎而出。只要看任何一個奧運開幕式上運動員的遊行，就能明白；當廣播員唸到不同國家的隊伍時，其他國家的姓氏經常重複，但美國隊的姓氏則相當多元。

二〇二一年，東京奧運開幕式上的美國運動員，包含了以下姓氏：穆古圖帝（Muagututia）、荷蘭（Holland）、傑爾（Jha）、庫瑪爾（Kumar）、列勒瑟斯（LeLeux）、卡波比安科（Capobianco）、聖皮埃爾（St. Pierre）、奧布萊恩（O'Brien）、費德羅維奇（Federowicz）、史都華（Stewart）、吉普耶哥（Kipyego）、英格利希（English）、約瑟夫（Iosefo）、張（Zhang）、萊布法斯（Leibfarth）、洛斯奇亞沃（Loschiavo）、康斯蒂安（Constien）、帕帕達基斯（Papadakis）、白金漢（Buckingham）、穆奇諾－費爾南德茲（Mucino-Fernandez）、森川、阿普塔格拉福特（Uptagrafft）……你應該懂我的意思了。

無論多麼不情願，美國在同化海外人民方面，有著無法比擬的歷史。在一九五〇年最高法院審理的一起案件中，當時擔任大法官的休戈．布萊克（Hugo Black）將美國公民身分描述為：「不僅是種高等特權，也是無價之寶。」[1] 然而，這是越來越多美國人願意捨棄的寶物。

在本世紀的頭十年中，每年只有不到一千名美國人放棄公民身分。但到了二〇一〇年，此人數躍升至一千五百三十四人；[2] 二〇一六年為五千四百一十一人；到二〇二〇年，這一數字則達到六千七百零七人，創下歷史新高。[3]

儘管這些前美國公民中，有許多人放棄公民身分是為了減輕稅收負擔，但我們仍必須考慮到財務以外的其他力量。二〇一八年七月四日，全球績效管理諮詢公司蓋洛普（Gallup）的調查顯示，美國人的愛國主義程度創下十八年以來的新低，只有四七％的受訪者表示，他們對自己是美國人感到非常自豪，低於二〇一七年的五一％，也遠低於二〇〇三年九一一事件後達到的高峰七〇％。[4]

這些統計數據與普遍持有的衰敗感互相呼應。二〇二一年一月，只有一半的美國人（五四％）認為，美國最好的日子在未來等著他們。若深入研究數據，會發現他們的黨派色彩都非常鮮明，有超過四分之三的民主黨支持者（七七％）認為，隨著他們的政黨入主白宮，美國最好的日子就在眼前，但只有不到三分之一的共和黨支持者（三一％）表示同意。[5]

直到最近，美國人還以樂觀著稱，這種特質既會受到無傷大雅的揶揄，也會得到讚揚。在二〇一三年，皮尤研究中心發現，四一％的美國人表示，他們覺得自己度過了「特別美好的一天」；相較之下，英國人有二七％、德國人有二一％，而日本人則只有八％。[6]

當代管理思想大師查爾斯·韓第（Charles Handy），在二〇〇一年的《哈佛商業評論》（*Harvard Business Review*）上寫道：「任何從歐洲造訪美國的人，都必然會被美國人身上的精力、熱情和對國家未來的信心所震撼，這與歐洲大部分地區的憤世嫉俗，形成令人滿意的對比。」[7]

在文章中，他思考法國思想家阿勒克西・德・托克維爾（Alexis de Tocqueville），對一八三〇年代年輕美國的印象，是否禁得住時間的考驗。

托克維爾尤其被美國政治體系，能夠從國家的實體社區中汲取的力量所吸引[8]，在他看來，相對於歐洲封閉的社會和經濟階層，「城鎮」是民主的巨大優勢（按：美國早期的城鎮象徵了充滿活力的自治市民社會，成功將自由與平等代入至個人與社會中，同時與中央政府形成有效的分權制衡；以上都與托克維爾在法國大革命後看到的多數暴政呈現極大反差）。

在托克維爾啟航返家近兩個世紀後，在美國，已經很少有人還能回憶起在鄉鎮或城鎮的生活經歷。居住在都市地區的美國人口比例，從一八三〇年前的不到一〇%，增加到一九三〇年的六〇%[9]和二〇二〇年的八六%。[10]在美國的三百八十四個都會區中，有三百一十二個都會區在二〇一〇年到二〇二〇年間，居住人口大幅增加。[11]美國人的購物地點，已經從街角的雜貨店轉移到沃爾瑪，又從沃爾瑪轉換至網路商店。全國各地的城鎮，皆被迫將他們為數不多的學生，併入區域高中之中。

然而，城鎮依舊存在，我們可以在農村地區看到它們的身影。在那裡，居民們享受著小鎮生活的樂趣，同時忍受著所有磨難，像是萎縮的經濟、搖搖欲墜的基礎設施、二流教育、高吸毒率等。沿海地區的精英則對農村嗤之以鼻，稱其為「飛越之州」

（flyover，只有在坐飛機時會俯瞰，不會親自造訪的地區），但這種輕視的態度，肯定某一天會自食惡果。

在二〇一六年美國總統大選前兩個月，某次籌款活動中，希拉蕊．柯林頓（Hillary Clinton）用deplorable（可悲的人）一詞，來形容那些持有「種族主義、性別歧視、恐同、仇外、伊斯蘭恐懼症（Islamophobic）」等觀點的川普支持者。[12]不出所料的是，她所論及的對象，都轉而將選票投給川普，而川普，其實也符合柯林頓提及的特質。[13]就算隨便挑幾個美國人，問他們住在哪個州，都很可能發現，跟那些只有零星城鎮遍布的州相比，前者光是都市的人口數，就可能大於後者的總人口數。根據二〇二〇年美國人口普查，只有十一個州（不包括紐約州）的人口，超過紐約市的人口數量——八百八十萬。[14]

到了二〇二一年，居住於洛杉磯市的人口（一千多萬），比另外二十三個州還多。沒錯，洛杉磯人比康乃狄克州、奧克拉荷馬州、內華達州、密西西比州或其他十九個州的人口還要多。

人口仍舊在繼續聚集，如《紐約時報》在二〇二一年報導的那樣，自一九八〇年以來，約四〇%的美國人口增長，皆發生在這三州：加州、佛羅里達州和德州。[15]位於華盛頓特區的人口資料局統計，如果這樣的現象持續下去，到二〇三〇年，這些州的總人口可能超過一億。[16]目前，**有三分之一的美國人口，住在這三州加紐約州，大於美**

國前三十四個最小州人口的加總。[17]

這些資訊不僅可以用來當成聊天話題，對取得權力和政治代表權都具有深遠的影響。前四大的州，共有八名參議員代表，相較之下，前三十四個最小的州，有六十八個；換句話說，不到美國人口三分之一的州，現在其實控制著參議院三分之二以上的席位。

這種不成比例的現象，並非憲法制定者的初衷。**他們從未想過，一個人的地址就能夠剝奪他們的權利。**

這些開國元勛，肯定也會對政治專欄作家諾亞．米爾曼（Noah Millman）的觀察感到震驚，米爾曼表示，加州和德州等人口更多的州，發揮的影響力過於巨大，已經超過合理的程度；他還寫道：「在環境法規和教育政策等問題上，這些龐然大物，只要靠他們單方面的行動，就能形塑或阻礙國家政策，其力量之大，是小州無法輕易抗衡的，而且，這些大州，在國家和各州首府亦發揮不成比例的影響力。」[18]

社會只會不斷又不斷的分裂，對吧？小州與大州、紅色與藍色（按：分別代表支持共和黨或民主黨）、農村白人與自由派、黑人或拉美裔、藍領階級（按：從事勞動工作的僱員，如工廠作業員、家庭裝修的裝修工等，明顯和在辦公桌前從事文書工作的白領階級不同）或受過教育者、掌權者與抗爭者……。

又或是第一美國新聞網（OAN）、福斯新聞（Fox News）與MSNBC（NBC

新聞系列頻道的有線電視新聞頻道）三足鼎立，以及右派主播塔克．卡森（Tucker Carlson）與左派主播瑞秋．梅道（Rachel Maddow），都是一個又一個衝突關係。

事實上，社會政治、世代及人際的鴻溝，與數位科技一樣，都是現代美國的一部分。舉例來說，有一個非常火紅的迷因（meme，一夕之間在網路上被大量宣傳、轉載，一舉成為備受注目的事物），關乎某種特定形象——可怕、令人畏懼又備受嘲笑的「凱倫」（Karen）。

凱倫（亦可拼為Caryn、Karin或Karyn），是一九五〇年代到一九六〇年代之間，美國最受歡迎的女性名字之一，而這個迷因在嘲笑的凱倫，其實剛好就是我這個世代的人。正如《大西洋》所指出的：「在新冠疫情期間，『凱倫』已成為一種簡稱，點出少部分中年白人女性，或出於自身的無知，或出於無情的利己精神，反對保持社交距離，讓這個已經存在很久的迷因，有了新的演變。」[19]

除了不戴口罩的特質之外，凱倫的原型遠不僅於此，她是消費主義的典型奴隸，會凶猛的捍衛白人特權和既得利益，還是一名充滿自信、從來不覺得自己有錯的網路酸民（不過消息往往不靈通），同時，她沒什麼本事、不求上進，卻仍十分傲慢。

這個時代的特點，是前所未有的財富和赤貧，此外，科技奇蹟的誕生和家園的破壞連袂而至，而凱倫這個迷因捕捉到的，正是這個時代的聲音和憤怒、荒謬和崇高，沒有其他迷因，比凱倫更能做到這件事。

面臨生存威脅之際，你可能以為大家會齊心協力，一同尋找解決辦法；事實正好相反，人們把注意力轉移到能夠譴責的目標上。

最後，Z世代和千禧世代，被嬰兒潮世代視為拒絕長大的彼得潘，每個都是理想主義者；而Z世代和千禧世代也反過來，將幾乎所有過錯，像是氣候變遷、系統性種族主義（systemic racism，並非個體對個體的歧視，而是在系統層面的日常思維中，出現白人較優越的觀念）、性別和財富不平等、全球衝突等，都歸咎於嬰兒潮世代身上。

也許，美國人在過去幾十年，用來解釋國家為何四分五裂的方式，對於他們現在所經歷的現實來說，已太過精簡。美國知名記者喬治・派克（George Packer）在二〇二一年出版的著作《最後最好的希望》（*Last Best Hope*）中提到，美國現在有許多新興的次類別，像是：

- **自由美國**：主要與雷根經濟學（Reaganism）相關，承諾個人自由與責任。
- **智慧美國**：矽谷及其他專業精英的願景。
- **真實美國**：川普主義者，認為「人民才不想聽到前景有多好，他們只想知道事情有多糟糕」。
- **平等美國**：深刻且古老的美國驅動力，讓美國人渴望變得和他人一樣優秀，希望世上沒人敢說：「我比你厲害，我做得到你做不到的事。」

・正義美國：由新一代的左翼分子，推崇他們心中認為的正義。

這些分類很有趣，但對派克來說，這些都不是重點。正如他所寫的那樣，分裂的根源，是美國在二十一世紀初，失去的五百萬個製造業工作機會，以及工人階級薪資的下降；這些事件最直接的影響是：「崛起中的專業人士，與逐漸消沉的工人，形成兩個階級，」派克總結道：「這樣的不平等，使美國人難以再相信，他們需要攜手創造一個在所有方面都堪稱完美的民主典範。」[20]

派克很確信，美國不再是一個由共同持有的態度、信仰和價值觀組成的國家，更不可能是托克維爾過去如此讚賞的，那個重視城鎮的國家。相反的，日益加劇的不平等，使美國分化成多個擁有不同權力及影響力的群體。我之前提到的迴聲室效應，其實就是現代美國的體現。

近幾十年來，我們對美國的共同概念，主要圍繞著中產階級打轉。誰是中產階級？他們是一群向上層社會流動的人，會定期修剪草皮、按時納稅，也會送孩子上公立學校、參加遊行，還會發起俱樂部，和左鄰右舍的中產階級社交。

我們在電視上看到的中產階級，富裕程度都不同，《歡樂時光》（*Happy Days*）中的里奇・坎寧安（Richie Cunningham）一家位於最頂端，《凡人瑣事》（*Family Matters*）中的溫斯洛（Winslow）家族則排在中間，而《左右不逢源》（*The Middle*）

的赫克（Heck）家族則位於底部。

破碎的美國夢，向上流動的不是人，是錢

其實，中產階級正在萎縮。據皮尤研究中心的數據顯示，在一九七一年，六一％的美國成年人生活在中等收入家庭；但到了二〇一九年，這個數字已經下降到五一％。[21]

在某種程度上，這是一個正向的趨勢，代表有更多美國人進入高收入的階層。但令人擔憂、也最威脅社會穩定性的，不是從社會中層流向上流動的人，而是金錢。從一九七〇年到二〇一八年，中產階級家庭總收入的比例下降了近二十個百分點，從大約三分之二（六二％）下降到不到一半（四三％）。[22]

而貧富差距則繼續擴大，二〇〇一年至二〇一六年間，中等收入家庭的平均淨資產下降了二〇％；低收入戶的情況更糟，淨資產暴跌了四五％。那麼，高收入者又如何？他們和前面兩者完全不同，淨資產反而增長了三三％。[23]

在國會中，看不見兩黨妥協的局面，這點更是無法安撫人心，使大眾難以相信，經濟不平等很快將會被撫平。看看金錢流動的現象就知道了，從一九七八年到二〇一九年，就算美國典型勞工的薪資成長一四％，也不足以跟上通貨膨脹的腳步。

然而，同一時期，執行長的薪資又增加了多少？二〇％？一〇〇％？差得遠了，

答案其實是一一六七%。[24] 在今日，大公司的總裁平均可賺得的財富，是普通員工的三百二十倍。[25]

透過查看這些數字，我們可以了解美國人在二〇三八年，可能會身處於哪個處境。

到時候，美國人口也會變得更多，到二〇三〇年可能達到三・五億，高於二〇二一年的三・三一億，而且，其中將有許多老年人口。

令人訝異的是，二〇一〇年至二〇二〇年間，成長速度最快的都會區，是佛羅里達州的群村（The Villages）。這是一個適合五十五歲以上人口居住的退休社區，在這十年中，人口數上升三九%。[26]

未來的美國人也將更加多樣化。在一九八〇年，白人占美國總人口的八〇%，[27] 而到了二〇二〇年，他們占不到六〇%。於二〇三〇年，非拉美裔白人預計將占總人口的五五・八%，而拉美裔將占二一・一%；[28] 黑人和亞裔美國人的比例，也將分別增加至一三・八%和六・九%。

我們正朝一個歷史性的時刻前進，未來，白人將成為了少數族群；到了二〇六〇年，白人預計僅占美國人口的四四・三%。[29]

從現在起，到二〇三八年，除了族裔組成之外，世代同樣給了我們，許多關於人口變化的線索。美國人口普查局的二〇二〇年報告顯示，到了二〇三四年，六十五歲以上的美國人數量，將首次超過十七歲以下的美國人數量。[30]

對於已經陷入困境的社會保障體系來說，這不是個好消息。於二〇六〇年，六十五歲以上的美國人將占人口的近四分之一，高於今日的一五%。到二〇三五年，八十五歲以上的美國人數量將增加一倍（達到一千一百八十萬），於二〇六〇年則將增加兩倍（達到一千九百萬）。[31]

這些人口變化，將影響住房及醫療保健等，生活中的每一個面向。比方說，我們會看到更多銀髮族聚集在一起的生活方式，以及專為老年人打造的「智慧家居」，其中包括能夠監測藥物使用、緩解孤獨感的陪伴機器人，還有善用老年人技能的半零工、半志工經濟型態。

下一個現在

到二〇三八年，老年人的照護方式將出現分歧。一方面，能夠處理日常任務（如換床、食物準備與送餐）的機器人助手，將在養老院和生活輔助機構中，取代護理人員；另一方面，社區將致力於協助年長者融入社會，方法包括將老年人的成員生活區、學習區和家庭導向的休閒區，以公私混合的形式，創造出屬於老人的校園空間。

在此舉出兩個例子，第一，是印第安那州格林斯堡市，試圖吸引遠端工作的年輕人前來居住，藉此增加人口；而該城市提供的誘因，有一項便是「隨叫隨到的爺爺奶奶」（Grandparents on Demand），這些長者，是幫助年輕家庭調適的年長志工。[32]

在紐約州北部，一個名為「雨傘」（Umbrella）的組織，僱用活躍的退休人員，為無法執行某些活動的同齡人提供服務，像是清潔房屋、維護草坪、跑腿和簡單的維修工作。[33]

現在的美國，已不再是開國元勛還在世時那樣的國家，因此，美國的神話會開始幻滅，也就不足為奇。儘管美國人仍喜歡放聲大喊：「我們是第一名！」但在二十一世紀的許多面向看來，客觀來說這並非事實。

在二〇二一年經濟自由度指數（Index of Economic Freedom，由《華爾街日報》〔*The Wall Street Journal*〕和美國傳統基金會〔The Heritage Foundation〕發布的年度報告）中，美國在一百七十八個國家中排名第二十[34]，二〇一〇年排名第八[35]（按：臺灣於二〇二一年排名第六）。

美國在二〇二一年《美國新聞與世界報導》（*U.S. News & World Report*，與《時代》（*Time*）和《新聞週刊》（*Newsweek*）齊名的新聞雜誌）的最佳國家排行中，排名第六，低於二〇一〇年的第四名，次於加拿大、日本、德國、瑞士和澳洲。[36]

在其他排名上，美國在醫療保健品質方面排名第三十；[37] 在二十五至三十四歲之間，擁有高等教育證明的人口比例中排名第十四；[38] 在最適合女性的國家名單上排名第十八；[39] 在預期壽命方面排名第四十六。[40]

究竟在哪些指標上，美國仍名列前茅？答案是軍事開支、武器出口、牛肉生產，以及養狗和養貓的人口。[41]

非美國人對美國的看法也在發生變化，該國的全球地位在川普擔任總統的第一年遭受巨大打擊。皮尤研究中心在二〇一七年，對三十七個國家的一項調查發現，平均來說，只有二二%的受訪者相信，川普總統在處理國際事務方面會做得很好，這一比例遠少於歐巴馬總統在最後一個任期，所取得的六四%。[42]

二〇一八年，皮尤研究中心發現各國對美國的態度分歧。在法國，只有三九%的受訪者對美國持正向態度，而且法國可是美國最古老的盟友；在英國則為五〇%。美國的好感度在亞洲明顯更高，其中日本為六七%，韓國為八〇%，菲律賓為八三%。那麼，美國的鄰國呢？墨西哥的好感度僅三二%，而加拿大的好感度為三九%，[43] 這些都不是什麼好現象。

儘管有越來越多證據證明，美國正在衰落，仍有許多美國人強烈否定國家衰退的事實，因為它與美國例外論（按：認為美國非常獨特，與其他國家完全不同的意識形態）背道而馳；人們普遍認為，由於其價值觀、政治制度和歷史，所以美國和其他國家有著根本上的不同，這和美國夢一樣，是美國論述和自我意識不可或缺的一部分。

緊接著，新冠疫情來了，許多美國人發現，他們的國家對於危機處理的準備嚴重不足。霍亂、登革熱、伊波拉（Ebola）……這幾十年來，美國人一直待在一旁，看其他國家與致命的疫情搏鬥。

美國人民始終相信，醫療當局會保護他們，用歷史學家暨哈佛大學（Harvard University）前校長德魯・吉爾平・福斯特（Drew Gilpin Faust）的話來說，就是：「國家的醫學和社會成就使許多美國人相信，我們已經為任何事情做好準備，自然早已臣服於我們的腳下。我們從沒想過，疫情會發生在自己身上。」[44]

在疫情爆發的最初幾週，紐約中央公園的帳篷醫院病房、在醫院停車場作為臨時停屍房的冷藏車、護士用垃圾袋臨時湊合用的防護裝備，這些現象都令美國人難以置信。福斯特總結道：「原本由我們主宰自然的認知，受到這場疫情的嚴重挑戰。」[45]

儘管有一些美國人，仍狂熱的相信美國例外論，但與此同時，人們也因為不知道該如何理解自己在世界上的角色，而分裂成不同部落。

我們必須面對現實，美國人絕對是認知失調的世界冠軍。不想相信自己眼前看到的，就越發依賴自己的論述，但每個部落的敘述又大不相同，以致在今日，沒有所謂單一的美國故事，甚至沒有一個共同的夢想。這迫使美國人思考，在未來二十年內，他們將書寫什麼樣的故事。

不過，唯一可以肯定的是，許多故事將聚焦於東方迅速崛起的大國——中國。

第6章

誰能阻止中國支配全世界？

老人和老天

中國共產黨的故事，和長征密不可分。這場長征，始於一九三四年的軍事失利，不過就和許多歷史故事一樣，對於這場長征，每個人的觀點都不同。

但總的來說，扎根於中國的神話，歸屬於一九四九年革命的最終勝利者：中國共產黨和毛澤東，後者不僅以中華人民共和國創始人的姿態，從長征及此後的軍事行動中崛起，還被視為國家的救世主。

長征，與其說是一個關於勝利的故事（最初部隊的八萬六千人，只有四千人倖存下來）[1]，不如說是一個關於頑強和堅毅的故事。為了躲避國民黨總司令蔣中正的軍隊，這些部隊展開大約六千英里、近乎不可能的艱苦跋涉，到達北部的陝西後重振旗鼓、繼續戰鬥。

美國記者埃德加·斯諾（Edgar Snow）在《紅星照耀中國》（*Red Star Over China*）一書中，描述士兵們白天越過群山、穿過狹窄的峽谷，晚上則聆聽黨工的激勵，銘記要戰鬥到嚥下最後一口氣為止的精神。「勝者得生，敗者必死。」中國人民解放軍副總司令彭德懷這麼說。[2]

在一天的時間內，毛澤東的士兵走了八十五英里，悄無聲息的進入一個城鎮，並讓守備部隊繳械投降。然後，他們又繼續長途跋涉，這次總共走了三百六十八天。這趟旅程帶他們穿越了十八座山脈、二十幾條河流，對軍隊及運輸車輛來說，是一項了不起的壯舉。最後，他們總共占領了六十二個城市，擊敗國民革命軍和十個省級軍閥的軍隊。[3]

但這些數字不能代表這個歷史事件，正如斯諾所描述的那樣：「成千上萬個年輕人，永不澆熄的熱情與希望，再加上驚人的革命樂觀主義，使他們不願承認自己能被人、自然、上帝或死亡打敗。」[4]

在斯諾的敘述裡，過去的歷史在哪個部分結束，被許可的文學內容和宣傳又從哪裡開始？這要留給讀者自己分辨，但斯諾對於毛澤東長途跋涉的論述，卻飽含在中國政府批准的書籍、電影和電視節目中，這些紙本與影視作品如同源源不絕的寶庫，為毛澤東和其勝利獻上人們的崇敬，也讓年輕中國人對國家的締造者和建國原則充滿敬畏之情。

記者馬丁．亞當斯（Martin Adams）在《亞洲時報》（*Asia Times*）的一篇文章中，引用了紀錄片製片人孫書雲的話，這位導演談及一代又一代的中國青年，被灌輸了「長征精神」[5]，並說道：「如果你覺得很難，想想長征；如果你覺得累了，想想你的革命前輩。」[6] 孫書雲表示，從工業化到太空探索，向著陝西長征的創國神話，一直激勵著中國公民承受人生重擔，直至獲得最終的勝利。

在這十年內，中國迎來一個轉捩點。在毛澤東逝世後近半個世紀內，中國已經從共產主義，過渡到中國獨有的資本主義形式，再到習近平——第一位誕生於中國革命後的國家元首——統治下日益專制的體制。

自二〇一三年，習近平擔任中華人民共和國主席以來，他還身兼共產黨和中央委員會總書記及中央軍事委員會主席。

二〇二一年十一月，在中央委員會第六次全體會議上，通過了一項具有里程碑意義的決議[7]，進一步鞏固了習近平的權力；該決議將習近平的歷史位置，朝兩位中共英雄——毛澤東和鄧小平推進（這兩位都策劃出中國走向世界經濟強國的轉型之路）。再加上其他相關因素，這一切幾乎確保了習近平獲得第三個任期的機會。

習近平手握強大的治理工具，藉此引導他的國家，遠離西方的價值觀和做法，同時推動另一種版本的資本主義，而且**這種資本主義，拒絕「市場力量不得干預」的規則**。

在二〇一五年一篇《紐約客》的報導中，記者歐逸文（Evan Osnos）指出：「習近平對每位將軍、法官、編輯和國有企業總裁，皆擁有最終權力，」[8]同時，歐逸文提起北京一位編輯對國家統治者的評價：「（習近平）天不怕、地不怕。正如我們所說，他外圓內方，看起來具有彈性，實則內心嚴厲。」[9]習近平利用此一優勢，強化了對媒體、網路與政治的控制，也越發嚴格的掌控國內外公司。

我第一次造訪中國，是一九九六年的事。這二十多年來，我曾多次回訪，而且每次訪問，我都對中國的進步感到震驚又印象深刻，而我的訝異，在很大程度上是中國向私有制的轉變使然。

我第一次訪問時，當時幾乎沒有遇到任何會說英語的人，但在二〇〇七年的一次旅行，我已經不需要翻譯人員隨行，因為來參加我的消費者研究的年輕女性，幾乎都能說流利的英語，這段經歷使我親眼目睹到，中國在改善效率和女性發聲的自信心方面，都顯著提升。

毛主席有一句名言：「婦女能頂半邊天。」這是性別平等的有力宣言，也是中國共產黨的遺產。[10]

現在，中國政府似乎已經厭倦了聽到這些聲音。二〇二一年六月，澳洲廣播公司（Australian Broadcasting Corporation）報導中國人對女性主義者和 #MeToo 運動施壓，因為這兩者都被視為對社會秩序的破壞。[11] 許多相關的社群媒體帳號已被刪除，剩下還在線上活躍的運動分子，則被高舉民族主義大旗的酸民騷擾。

但是，扼殺中國女性的聲音並不簡單。在我二〇〇七年的鄉村之行中，位二十多歲的女性教了我一句話，道出活在專制政權下的女性，所形成的全球趨勢：「我面色平靜，內心狂野。」

她把這句話解釋成她個人嚮往的自在生活，在這種生活裡，她在公共場合循規蹈矩，私底下卻充滿反叛精神。這在中國並不罕見。歐逸文在《紐約客》上發表的文章，也引用了另一句諺語：「道高一尺，魔高一丈。」[12]

習近平忙得不可開交，中國政府在全球各地維護自己的主張，包括一帶一路（按：中國政府於二〇一三年倡議並主導的跨國經濟帶）、進駐非洲的勢力，以及挑戰美國在太空的主導地位的計畫。

與此同時，這位中國領導人也在打擊他認為反社會或適得其反的國內行為，包括對電子遊戲設限（未成年人每週遊戲時間不得超過三小時[13]）、禁止加密貨幣，[14]並對黑心總裁和企業處以重罰。[15]與其他國家一樣，中國當局也越來越關注青少年日益嚴重的心理健康危機，因此正在制定政策來減輕壓力，確保兒童有足夠的時間休息和運動。[16]

但難以控制的是，中國曾經勢不可擋、如今卻出現裂縫的經濟狀況。二〇二一年，全世界每天都在觀看恒大集團（按：中國大型綜合性企業集團，核心業務為房地產開發）的潛在危機，這家大型房地產開發公司，當時被超過三千億美元的債務淹沒，不禁讓人聯想起二〇〇八年到二〇〇九年，雷曼兄弟（Lehman Brothers）破產的事件。目前尚不清楚習近平是否會認為恒大「大到不能倒」，並採取像美國政府對汽車行業所做的紓困，又或者，他是否會允許這家房地產集團倒閉，順便藉此殺雞儆猴。然而，對於所有大型中國公司來說，有一件事越來越清楚——**政府，是他們最積極的生意夥伴**。

借閱數最高的書，《毛澤東選集》

中國經濟盔甲的裂縫，當然不只有一個載浮載沉的房地產帝國。與其他國家一樣，中國領導層正在和不滿於國家前進方向的年輕一代搏鬥。

在中國，革命的理想是引發不滿的主要原因。毛澤東於一九七六年去世，但其傳說永存；因此，在約半個世紀之後，一群中國年輕人援引毛澤東說過的話，用來和令人憤怒的現任領導人比較。然而，這群年輕人在毛澤東建立起導致數百萬人被監禁、殺害的鐵律時，還尚未出生。

他們不滿什麼？首先，是社會和經濟不平等不斷擴大。資本家賺取數十億美元，而四三%的人口每月收入約為一百五十美元。[17]再來，是昂貴的住房、勞工缺乏保障，以及工作場所要求過高，甚至因而出現一個廣為流傳的新用語「九九六」，代表員工必須每天從早上九點工作到晚上九點，每週工作六天。[18]

其實，不僅限於中國，這些議題可說是每個後工業社會中的青年，都會感到不滿的主因。然而，中國的不同之處在於，這個國家建立在人人享有經濟平等的理念之上。毛澤東直言不諱的寫下，他所看見的社會核心問題，是被壓迫者和壓迫者之間的階級鬥爭，因此，年輕人借助了毛澤東的力量，為平等而抗爭。

在北京大學內一所圖書館，於二〇一九年和二〇二〇年，借閱數最高的書都是《毛澤東選集》。[19]

「無產階級不是贏得革命了嗎？」一位中國部落客在讀完該書後問道：「但為什麼國家的主人現在成了底層，無產階級專政的敵人在最上層？究竟出了什麼問題？」[20]

正如美國人在建國理想（即人人生而平等、擁抱移民）與當前現實之間的不協調中苦苦掙扎一樣，中國年輕人也試著收拾領導人的爛攤子，因為在位者未能實現毛澤東和其他革命者，在上個世紀策劃的理想。

當中國投入看不到盡頭的全球競爭，並索求現代社會難以提供的東西時，中國年輕人的抵制，是否為中國政府作為引發的必然反應？還是說，還有其他地方也出錯了？

關於中國出了什麼問題，有一個觀點是，政府以毛澤東從未設想過的方式，將國家公權力嵌入了公民的生活中。

讓我們回想看看，中國對新冠疫情的應對措施。疫情爆發於湖北省人口最多的城市武漢，當時，疫情爆發才過了一瞬間，政府便宣布封城七十六天。你可能已經看過封鎖剛開始時，被拍攝並廣泛分享的影片：一名走在外面的老年婦女，面對一架安裝了揚聲器的無人機。然後，中國中央營運的《環球時報》寫道，一個來自頭頂上方的聲音警告她：「阿姨，這架無人機正在對你說話。你不應該沒戴口罩就這樣走來走去。你最好趕快回家，別忘了洗手。」[21]

儘管所有對於中國強硬手段的批評都很合理，但習近平在新冠病毒出現後，採取了快速且看似有效的應對措施，顯示出這種手段仍有其好處。

二〇二〇年十月，在沿海城市青島僅發現三例新冠確診病例後，政府就在短短五天內，對一千零九十萬人（幾乎是該市全部人口）實施檢測。[22]而且，中國科學家亦迅速開發出少量疫苗，這些疫苗可以在冰箱冷藏溫度下保存，與美國和歐洲開發的大多數疫苗相比，具有顯著優勢。疫苗一推出，中國政府就每天接種兩千萬劑。[23]但因為疫苗資訊不透明，令人質疑這些國產疫苗的療效，不過，光看安排與調度的成果，中國的舉措仍值得欽佩。

拯救生命，只是中國疫苗接種工作的目標之一，中國政府的另一個目標，是國際影響力。憑著疫苗製造商每年能生產二十六億劑疫苗的聲明，中國承諾向五十三個國家提供五億劑疫苗；此一政策與包括美國和英國在內的西方國家，形成鮮明對比，這些西方國家到了很後期，才開始與不太富裕的國家分享他們寶貴的疫苗。

在短短兩代人的時間裡，美中兩國似乎從乒乓外交（按：一九七一年四月，中美兩國桌球隊互訪，藉由桌球為緊繃的兩國外交關係破冰）轉變成了疫苗外交。[24]這局由中國得分。

你感到憤怒、幸福或悲傷，國家馬上就知道

中國統治世界的程式原始碼很簡單：把每個關鍵產業的生產線都帶回國內，再將其出口。在此過程中，讓世界其他地區依賴中國的商品和服務，從而在國內創造經濟成長和高薪工作。而其中至關重要的是，對政府感到滿意的公民，數量要維持在相當高的

比例。

你可以在二〇二〇年十月，假期長達八天的國慶黃金週，看到這個計畫有多成功，而且這一切都和該國政府強制性的新冠病毒相關措施有關。當世界大部分地區因新冠病毒及其相關限制，感到擔憂又被限制時，那一週有超過五億中國人在旅行。他們沒有被病毒嚇得躲在家裡；相反的，他們在高速鐵路和閃閃發亮的新高速公路上開啟旅程。[25]

你能想像如果法國、義大利或美國的一半人口，決定在二〇二〇年十月的第一週（或任何一週）旅行嗎？我本來預計要在波士頓布里罕婦女醫院（Brigham Women's Hospital）做的腦腫瘤手術，從那年秋天推遲到明年春天，因為該市的醫院已經塞滿了確診者。[26]

超過五億中國人正在旅行的同時，美國一家大型醫院則要為假期引發的新冠病毒傳播高峰做好準備，因此推遲了其他手術。這兩者之間的鮮明對比，讓我懷疑中國在二〇二一年所採取的手段，是否是更有效的方法。

其他政府會想以安全的名義，加強社會控制嗎？為了在一個似乎失控的世界中注入安全感，透過法令形成的社會凝聚力是關鍵嗎？如果是的話，在這個兩極分化、不和諧的時代，到底要如何讓社會變得更加團結？

在許多國家都因搖搖欲墜的基礎設施而苦苦掙扎，且缺乏政治意願來出錢修復，形成對比的是中國的基礎設施，在過去二十年內取得的進展，包括建設數萬英里的高速公路和高速鐵路，不僅振興了產業，也提高了生活品質。對於中國汽車迅速轉型感興趣的人，我會推薦何偉（Peter Hessler）的《尋路中國》（*Country Driving*）。

蘇黎世聯邦理工學院（ETH Zürich）的研究發現，在過去十四年，商品在中國任兩個市之間的平均運輸時間，下降了一三%，而在人口移動方面則下降了五〇%。[27]這樣的效率需要資源、企業和公民的全面協調性。由此可知，住房開發、高速公路系統的發展與國家嚴格的控制，能夠同時並行。

在中國，「安守本分」是一條不可撼動的規則，沒有人想要不小心越了界，還引起他人側目。中國社會信用體系大幅擴張，想不引起政府的注意，比以往還要難上許多，根據美國線上媒體公司 Insider 的說法，這套體系的大致概念是，人們將被系統按照行為和被感知到的可信度排名。[28]

若你被開超速罰單、未能按時還清貸款，或是被抓到遛狗時未拴狗鍊，你就會被扣分。處罰包括不能搭飛機、被拒絕貸款、禁止註冊大學等。相對的，如果遵守規則，你的分數就會上升。

該系統於二〇一四年首次宣布實施，目前已涵蓋多個公部門和商業系統，且通常是採自願加入的方式，但最終該系統的目標，仍是強制實施於全國。

中國政府還有一個專門用於公司的信用系統，會根據企業的行為，選擇將公司列入黑名單，或是給予懲罰及獎勵，[29]這套系統甚至適用於外國企業。

二〇一九年，至少有三家美國航空公司——美國航空（American Airlines）、達美航空（Delta Air Lines）和聯合航空（United Airlines）——收到威脅信件，上面寫著，如果他們的網站不把香港、澳門和臺灣標記為中國的一部分，社會信用評分就會受到不良影響。[30]這幾間航空公司被警告，得分較低的後果包括銀行帳戶被凍結、員工的行動遭限制等。[31]

隨著數位技術不斷進步，政府的窺探也越來越仔細。與許多國家一樣，中國的監控系統亦使用臉部識別軟體；但與其他國家不同的是，中國還用了更複雜的工具，如情感識別技術，也就是透過記錄面部肌肉的運動和聲調的變化，來檢測出情緒。**你感到憤怒、悲傷、幸福，還是無聊，在中國的某些地方，政府可能會立即發現這一點。**

眾所皆知的是，習近平希望他的公民展現出有正能量的模樣。從本質上講，**他想要鼓勵某些情緒，並阻止其他類型的情緒**[32]；因此，**如果把情緒的表現，與社會信用評分連結起來，可能是一種有效的脅迫方法**。我敢打賭，到二〇三八年，我們將在中國城市看到更多演技課程。

這種審查不僅敏感度越來越高，而且也越來越無所不在。中國的監控計畫「銳眼」（Sharp Eyes）於二〇一三年啟動，其最終目的為監控中國每一個公共空間。一些居民可以透過配有按鈕的特殊電視盒，來取得當地的安全影像，並按下該按鈕來檢舉非法活動，或任何看起來不正常的事情。[33]

許多西方人很排斥銳眼計畫的概念，認為這是政府的過度控制。在美國，有兩個主要城市——波士頓和舊金山——禁止警方在城市範圍內使用臉部監控技術，國際特赦組織則致力於將紐約市加入禁用臉部辨識系統的名單。[34]但這項技術在中國則有其支持者，北京的一個研究中心發現，雖然八〇%的受訪中國人擔心個人資訊的安全性，但有三分之二的人認為，這項技術使他們在公共場所感到更安全。[35]

這份調查來源的可靠性仍值得商榷，不過，我們可以看出，儘管臉部監控技術肯定有人權和隱私問題，但情感識別技術產業，卻仍每年增長三〇%。國際市場研究機構 Allied Market Research 預測，到二〇二三年，這項產品類別的市場價值將達到三百三十九億美元。[36]換句話說，在未來幾年內，我們之中有許多人必須在隱私和安全、自由和保護之間，做出相似的選擇。

中國政府的控制欲不僅限於監控，也不僅限於中國。二〇一九年，香港居民抗議一項將被告送往中國接受審判的引渡法案（按：指反送中事件），這些民主抗議活動導致超過一萬人被捕，也使得CCTV被架設在整個特別行政區內。[37]而中國政府最新的行動，是在學校安裝攝影機來監視教師。[38]

二〇二〇年，當一項國家安全法又定下四項新罪行時（促進中國境內的分離勢力、顛覆國家政權、恐怖主義、與外國勢力勾結），套住香港的繩子又進一步收緊。法律頒布後不久，親民主派的媒體大亨黎智英和他的兩個兒子，因被指控與外國勢力串通而被逮捕。[39] 隨後又有更多人被捕，包括五十五名反對派領袖，他們因展示橫幅或組織立法會席位的初選，而遭到指控。[40]

儘管政府在香港所採取的措施堪稱嚴格，但西部新疆地區的情況更為嚴峻。從二〇一七年開始，中國打著反恐的名號，全面鎮壓維吾爾族穆斯林。這個少數民族中，約有一百萬成員被關押在新疆再教育營中，拘留時間從數週到數年不等。

美國國務院宣布，中國對維吾爾人的行動構成種族滅絕，因此，美國禁止從新疆進口商品。[41] 由於該地區生產了世界二〇%的棉花，代表美國的舉動不僅是象徵性的抗議；[42] 然而，無論是時間還是大眾的怒視，都沒有軟化中國政府壓迫維吾爾人的決心。毛澤東聲稱眾生平等的信念，在當今中國似乎沒有任何意義。

即使是中國的有錢執行長，也無法免於被黨施壓。二〇二一年七月，《紐約時報》的頭條言簡意賅的指出：「中國對企業的期望是——完全投降。」

在習近平崛起的前十年，中國給了企業更多的自由，當時政府似乎對經濟擴張更感興趣，而非全面控制。然而，即使在習近平之前，與大多數國家相比，中國在如何監管企業方面，也存在著核心差異：中國領導人不僅像其他國家那樣，將保護消費者和經濟成長當成優先事項，還著重於強化共產黨的控制。

對中國政府而言，私營部門應該「堅決聽黨、跟著黨走」[43]，並支持民眾的繁榮生活。因此，中國實施許多措施，確保群眾不被排除在產業巨擘積累的財富之外。

在二〇一五年，習近平將二〇二〇年設定為消除中國極端貧困的最後期限。恰好，在二〇二〇年十一月，政府便宣布這一目標已經實現，約有九千三百萬名中國人，從貧困人口的名單中消失。[44]

世界銀行中國局局長馬丁・芮澤（Martin Raiser）在評論此一消息時同意，中國在農村地區消除「絕對貧困」的目標，可能已經成功，但是，考慮到達成目標所需的巨大資源——占年經濟產出的一％——他質疑這種做法是否能夠持續下去。[45]

中國的資源再分配計畫，可回溯至一九九〇年代，首次啟動的居民最低生活保障制度（按：簡稱低保，直接發給金錢的社會福利，資金由地方各級人民政府列入財政預算中），等同向農村窮人直接轉移現金。[46]

換句話說，中國在某種程度上，兌現了毛澤東（現在是習近平）對經濟繁榮的承諾。中國十四億人的人均收入中位數為一千七百八十六美元。世界上最大的民主國家印度，大約只有六百一十六美元，是中國的三分之一。[47] **一份穩定的工作、一間屋頂堅固的房子、一個儲備充足的廚房，只要能把這些事物結合在一起，中國人民就願意無視大量的壓迫和監督**。

對企業來說，成功（以及在最少的障礙下營運的能力）需要付出的代價，既包括財務因素，也與對忠誠的承諾有關。[48]

意識到習近平對於消除貧困有多重視後，科技產業和其他公司，會無所不用其極的討好政府，避免引起反彈。在政府對隨叫隨到的快遞巨頭美團發起反壟斷調查後，其董事長兼總裁，向自己的基金會捐贈二十三億美元，用於資助教育和科學研究。[49]製造家用電器的美的集團創始人，則捐贈約九．七五億美元，用於扶貧、醫療和文化專案；[50]騰訊則透過一年一度的「九九公益日」（按：公眾可捐款給平臺上其他有意參與公益的商業組織，而騰訊將支付民眾捐款的等額資金），為中國慈善機構募得並捐贈巨額資金。[51]僅在二〇一九年，該活動就籌集了約三．八四億美元。[52]

國內企業並不是唯一被迫走共產黨路線的企業，跨國公司也在軟化聲明、改變他們的行為。二〇一九年，NBA休士頓火箭隊總經理達雷爾．莫雷（Daryl Morey）在推特上寫下：「為自由而戰，與香港同在。」可想而知，他的發言引起軒然大波。莫雷雖為這條推文致歉，試圖收回該言論，但為時已晚；[53]中國企業和中國籃球協會終止了與火箭隊的關係。

對NBA來說更糟糕的是，聯盟的比賽被禁止在中國的電視頻道中播出一年，但中國其實是NBA最重要的國際市場，這是一個嚴厲的懲罰。[54]

也許，影響最大的是好萊塢，製片廠都開始自我審查，避免惹怒這個重要市場。二〇二〇年，《衛報》（*The Guardian*）報導了文學和人權組織美國筆會（Pen America）的一項研究，該研究中提到，電影製作人經常調整演員、情節、對話和場景，以避免惹惱中國官員。[55]

舉例來說，《星際爭霸戰：浩瀚無垠》（*Star Trek Beyond*）的製片人，刪除了LGBT相關內容；《奇異博士》（*Doctor Strange*）中的一個主要角色，從藏族改為凱爾特人（Celtic，西元前二〇〇〇年活動於西歐，血緣上屬於地中海人種的分支），以避免「與十億人疏遠」。[56]

密西根大學羅斯商學院（Ross School of Business）的實務助理教授艾瑞克・高登（Erik Gordon）指出，美國公司因中國而讓步，代表著一種變化：「我認為十年前，美國公司會無視中國的要求。但今天，他們會為五斗米折腰，且動作比任何人都快，也彎得比別人更低。」[57]

前美國國務卿康朵麗莎・萊斯（Condoleezza Rice），則稱中國對NBA總經理推文的回應，是對美國主權的侵犯。[58]

的確，中國具備製造業中心和巨大消費市場的重要性，讓許多國際企業別無選擇。如今，疫情又揭示了，原來有很多的重要商品，像處方藥和電子產品，甚至風力渦輪機、飛機引擎到電腦硬碟等產品需要的礦物——我們都必須依賴中國。

可以預期的是，美國和其他市場將投入恢復重要原料和商品的國內生產線。到了二〇三八年，我們會看到顯著的不同嗎？我認為，這是這幾十年來，頭一次看似可能發生的時機。

調查記者伊曼紐爾・基茲托（Emmanuel Kizito）在二〇二一年年度報告中談到，在他採訪的公司之中，有八三％的公司表示，他們「可能」或「極有可能」在不久的將來，將全部或部分產品回流上岸，代表將回到本國生產。[59]

這比二〇二〇年的五四％相比，明顯有上升。當然，這在很大程度上將取決於政府的獎勵措施，我們看到包括日本、英國和美國在內的更多國家，都在制定政策，鼓勵在中國營運的公司回國做生意。

誰能阻止中國支配全世界？

在中國，還一項轉變值得我們關注，就是地方主義（localism，基於自身社會的認同，有意識的防備文化、商品或人口的國際交流，以保護本土利益）的興起。

地方主義，涉及中國全新的世界地位。在所有曾經具有一定外國魅力的事物中，萌生出一股對本土的驕傲，中國人現在對他們獨特的品牌、媒體和平臺所形成的文化，越來越感到自豪。不出所料的是，這對消費者導向的外國公司也產生影響。

從百度和人民網研究院發布的二〇二一年報告能看出，由於消費者對國貨的購買傾向日益增加，在百度上搜索國內（而非海外）品牌的比例，從二〇〇九年的三八％上升到二〇一九年的七〇％。[60]尤其是年輕消費者，偏好中國品牌的人數特別多。[61]

在電影院中，也能看到這樣的趨勢。二〇一九年，作為全球最大的電影市場，中國只有三五·九%的票房來自外國電影，低於二〇一二年的五三%。[62]隨著中國國內電影製片廠實力的增強，好萊塢電影受到真正的衝擊。在某種程度上，這與中國的反美情緒上升有關。

美國電影製片、美國亞洲研究所（US-Asia Institute）董事克里斯·芬頓（Chris Fenton）表示：「中國消費者對任何美國產品的看法，都處於史上最低點。」[63]這種被稱為「國潮」（按：中國流行語，指帶有中國元素，並融入一些當下流行要素或將傳統文化轉變成流行時尚）的地方主義趨勢，正在引領國內製造商，將中國傳統符號和復古設計，融入其產品和包裝中。現在，中國製造反倒變成一個令人垂涎的標誌，象徵著人們增強的自我意識。

兩個世紀前，據說法蘭西皇帝拿破崙一世（Napoléon）曾說過：「中國是一個沉睡的巨人，讓它睡吧，因為當它醒來時，世界都會為之顫抖。」拿破崙是否真的說過這些話，還有待商榷，[64]但這句話本身就顯示出，他是有先見之明的。

從長遠的歷史角度來看，中國一直具有相當大的國力，只是不像歐洲國家一樣四處殖民。**與歐洲列強和美國不同，中國只對支配和控制近鄰感興趣。不過，這種情況已經發生變化，現在，這個曾經孤立的國家，竟成為影響各國政策的最大力量。**

在二〇二一年，拜登上任總統後的首次新聞發布會上，他談到這個新興的超級大國，並以「沒有將民主精神……深入他的骨髓裡」來評論習近平。[65]接著，拜登將未來十年描述為超越國家的競爭，是二十一世紀民主與專制政體之間，就治理成效進行的鬥爭。[66]

這場戰爭不會涉及軍事活動（至少希望如此），而會在技術和科學創新領域較量。拜登說，中國人將專制視為核心要素，相信民主將因為現代世界的複雜性，而退出世界舞臺。為了競爭，美國必須在基礎設施和研究方面，進行前所未有的投資，他說：「中國的確在投資方面大幅超越我們，因為他們堅信，自己會迎來那樣的未來。」[67]未來的擁有，起始於現代化，而現代化的範疇包括能源、技術和外交。安全研究員扎卡里・泰森・布朗（Zachery Tyson Brown）在美國新聞網站 Foreign Policy 上，描述了中國「令人印象深刻的依賴和影響體系」，手段包括收購港口的控股權、5G網路的連接、資助現代化國家的發展，以及遍布全球的大使館等外交代表機構（中國是外交代表機構最多的國家）。而與此同時，美國卻將自己的外交服務削減到最低。[68]

中國的做法取得了成效，在疫情帶來的經濟壓力下，中國成為二〇二〇年唯一一個取得正成長的主要經濟體。[69]有鑑於此，分析師也開始修正他們對中國將於何時超過美國、成為世界最大經濟體的預測。

日本金融控股公司野村集團與國際貨幣基金組織共同得出的結果是，這個里程碑將從二〇三〇年提前至二〇二六年[70]；其他經濟學家則認為，由於中國勞動人口結構腐蝕，美國將至少再保持十年的領先地位，[71]對此，我將在後面繼續探討。

無論經濟競賽的結果如何，亞洲協會（Asia Society，總部位於紐約的美國非營利性組織，創辦宗旨是向世界傳播亞洲文化）都將中國的崛起，視為「相當於地緣政治的極地冰冠融化，會突然產生戲劇性轉捩點的大規模漸進變化」[72]，並將中國國力的上升，指名為二十一世紀的決定性趨勢。而且，中國在世界舞臺上，有著巨大影響力，所以該國的趨勢，其實也暗示著未來全球的趨勢走向。

儘管中國已取得相當驚人的經濟進展和權力，但它通往主宰全球的康莊大道上，將出現不少障礙物。這些障礙物，由內外兩股力量形成：對內，年輕人要求政府兌現毛澤東所承諾的經濟平等；而在外部，他國也會更認真抵擋中國的影響和控制。

然而，**在中國支配全球的計畫中，最大的阻撓，可能既不會是內部動盪，也不會是國家間的競爭，而是人口統計**。現今，中國的老年人（六十歲以上）比十五歲以下的兒童還多。到了二〇五〇年，老年人的數量將增加近一倍，從今天的二．五四億，增加到將近五億。[73]

事態的發展也不會因出生率而減緩。在一九五〇年，中國約有四千六百萬嬰兒出生。[74]而到了二〇二〇年，只有一千兩百萬嬰兒出生，是六十年來的最低值。[75]

面對勞動力萎縮、無法養老的未來——美國和歐洲也同樣面臨的情況，儘管規模較小——共產黨領導人正在極力扭轉這一趨勢。

一九七九年，中國實施了著名的一胎化政策，鼓勵父母只生一個孩子。這項減少人口增長的行動，還擴大到大規模絕育，以及在婦女第一次分娩後，強制插入子宮節育器等行為[76]（據報導，也包括強迫墮胎，而這也是中國政府正使用於維吾爾人身上的絕育和避孕措施[77]）。

二〇一六年，隨著對人口老齡化的擔憂加劇，中國修改了政策，允許父母有兩個孩子。截至二〇二一年五月，已婚夫婦已被允許、甚至鼓勵生三個孩子。[78]政府還對該國產值一千億美元的私人教育產業（包括家教老師和線上課程），實施全面限制，因為擔心這筆費用，會使一些夫婦只想生一個孩子。[79]

中國進步之路上的另一個障礙，是氣候變遷。中國經濟實力的上升，帶來了巨大的生態成本；即使該國是二〇二〇年唯一成長的主要經濟體，但它也是唯一一個溫室氣體排放量增加的經濟體。目前，世上超過四分之一的氣候汙染，皆來自中國，[80]這凸顯了該國在減緩氣候變遷方面，將發揮的關鍵作用。[81]

二〇二〇年九月，習近平宣布，他的目標是在二〇六〇年前實現碳中和；雖然這是朝正確方向邁出的一步，但在頂尖科學家看來，步調還是太慢了。

聯合國政府間氣候變遷專門委員會（IPCC）於二〇一八年發布的一份報告中指出，要將全球氣溫的上升，限制在比工業化前高出攝氏一．五度的水準，此為《聯合國氣候變化綱要公約》（UNFCCC）第二十一屆締約方會議的目標，就是要求所有國家必須在二〇五〇年前，實現碳中和。[82]

加快行動的壓力，將落在中國身上，尤其是因為其公民正在經歷持續加劇的極端天氣災難。發生在中國的災情數據令人震驚，在二〇二一年七月的七十二小時內，中國中部河南省鄭州市便降下了相當於一年的水量，這場洪水造成近三百人死亡，一百五十萬人流離失所。[83]與世上其他地方一樣，中國的極端天氣是未來的關鍵風險因子。

美國和中國的全球霸權之爭，有兩條戰線，分別是經濟的主導地位，和地緣政治的影響力。新加坡外交官兼學者馬凱碩，在《中國贏了嗎？》（*Has China Won?*）一書中概述了這兩個超級大國，在爭權奪霸時的關鍵差異，包括**美國崇尚自由，中國重視「沒有混亂」的自由；美國重視戰略上的果斷性，中國則將耐心奉為圭臬**。[84]

外交博弈上的賭注非常大，緊張局勢持續加劇，其中也受到中國對太空的野心影響；中國已宣布，計畫在二〇三三年首次發送載人任務至火星。[85]

為了對抗中國的實力，各國將重新思考地緣政治的結盟與同盟，就像二〇二一年建立的AUKUS（澳英美聯盟，聯合宣布成立的軍事外交安全合作夥伴關係，首要目標是由英、美兩國，協助澳洲建造一支核子動力潛艦艦隊），激怒了法國，因為法國認為，自己與澳洲的另一項潛艇採購合約，因AUKUS而破裂。

全球關係非常棘手，而且國家越大，重塑權力平衡的國家協議達成時，產生的影響就越大。

總而言之，我們最後都會回到這句話：中國已經從長達幾個世紀的沉睡中完全甦醒，很多人認為有理由感到害怕。

在第一部，我確立了一些將塑造未來二十年的宏觀力量，包括我們對科技的日益依賴、氣候變遷、成為新常態的混亂，以及本世紀兩個主要權力中心——中國和美國發生在各自內部和兩者之間的重大轉變。

接下來，我會檢視對現在與未來產生影響的文化轉變，包括部落主義的新興形式、界限的模糊和強化、「小」的魅力，以及奢侈品的新面貌。

第二部

末日之鐘，正在倒數計時

時鐘滴答滴答的往前走，每過一秒鐘，地球上的人似乎就變得更加焦慮。二〇一七年，世界衛生組織的報告指出，有二・六四億的成年人患有焦慮症。[1]而至今，情況只變得更加嚴重。

二〇二〇年至二〇二一年的災難性事件，是否會成為一種重置鍵，使社會意識到，立即進行徹底變革的必要性？還是說，它們意味著一個退無可退的臨界點，表明全球情況是如此糟糕，我們再也不能指望解決它？這兩種結果，都有可能。

上網搜尋諮詢末日之鐘（Doomsday Clock），你就能獲得啟發，儘管上頭的結果並非總是令人欣慰。

《原子科學家公報》（*Bulletin of the Atomic Scientists*）在一九四七年構思了這個具隱喻性的裝置，是一個虛構的鐘面，描繪出我們與一場將終結人類的災難之間，有多靠近。今天，它由該組織的科學與安全委員會管理（該組織的贊助委員會包括十三位諾貝爾獎得主）。

在二〇二〇年一月之前的七十多年內，最接近午夜的末日之鐘出現於一九五三年，當時它被設定為晚上十一點五十八分，前一年，美國和蘇聯皆進行氫彈試爆[2]。一九九一年冷戰結束，完成簽署《削減戰略武器條約》（*Strategic Arms Reduction Treaty*，簡稱START）時，時鐘令人放心的調回十五分鐘前，來到晚上十一點四十三分。[3]

二〇二〇年一月二十三日，在新冠疫情和由此造成的經濟崩潰發生之前，時鐘比歷史上任何時候都更接近午夜。由於綜合了核武器、對氣候變遷缺乏作為，以及破壞整體社會的假新聞興起[4]等因素所形成的威脅，時鐘現在距離午夜只剩下一百秒。

我們可以做得更好，也必須做得更好，而且我真心相信，我們做得到。許多人心中最大的疑問是：「下一步是什麼？」而只要我們以堅定和理性的方式，解決人類面臨的無數挑戰，其實這個問題，並非無法回答。

目前最緊迫的問題，包括環境破壞、氣溫上升、根深柢固的經濟和種族不平等、威權主義超級大國崛起、民族主義和社會政治兩極分化加劇、網路世界中的網路恐怖主義，以及隨處可見、耗弱心神的現代焦慮。

上述每一個問題，政府都在處理，儘管處理得不夠充分，但世界公民，特別是富裕國家的公民會如何生活——優先考慮什麼、允許什麼，又為了什麼而奮鬥——將決定世界是否會在二〇三八年之前，朝更有希望的方向發展。

在接下來的章節，我將探討與部落主義有關的社會轉變、界線的模糊和加強、奢侈品的新定義，以及財富的惡性不平等。在大大小小的方面，我們的生活方式及對周遭人事物看法的改變，將決定我們是否能夠實現社會的「重置」，用以挽救局面。

第7章

送你一艘救生艇，你要找誰一起逃？

一九四四年，懸疑電影大師亞佛烈德．希區考克（Alfred Hitchcock）推出電影《救生艇》（*Lifeboat*），以二戰期間的大西洋為背景，其主要拍攝地點只有一個，就是在一艘小船上，船上載有一群原船隻被德國潛艇的魚雷擊中的倖存者。

這是對人性近乎完美的比喻，看這部電影時，你會心想，乘客會為了生存而忽視彼此的性格差異嗎？會出現領導者，還是他們會按民主制度做決定？當食物和水不足或有人生病時，他們會怎麼做？簡單來說，就是在問題無法被避免或掩飾的狀況下，體現出人類社會的所有問題和挑戰。

在那部電影中，只需要一個背景——好萊塢拍攝片場的水池——就足以為這些人物創造戲劇性和衝突。這是一個宏觀世界的縮影，以一部一九四四年上映的電影來說，角色多樣性非常驚人。

故事包含一名權勢顯赫、善於交際的女人、一個投機取巧的大亨、兩名溫順的女人，其中一位緊緊抱著自己毫無生氣的孩子。還有四名船員——其中一名是考克尼（Cockney，倫敦的工人階級），以及一名黑人。

最後，還有一個誰也不認識的德國人，他從冰冷的海水中被拉了出來。這個德國人其實就是U型潛艇的船長，但他否認了眾人的質疑；對於一部在戰爭結果仍然不明的情況下上映的電影來說，情節設定非常精彩。

電影中的美國人，都很無能為力，儘管水手有能力，但礙於其階級，他們不被視是領導者。至於德國人曾當過隊長，在救生艇上也順利發揮領袖才能。當其中一名男子需要截肢時，其他人都變得很神經質，只有那個德國人冷靜的處理傷勢。

但其實，他還對他們航行的路線撒謊，這艘救生艇的目的地並不是百慕達（以下有重要劇情，不想被劇透請跳過），而是德國控制的水域。最終，乘客們殺死了這位納粹船長，但並不是因為發現他改變了航向，而是得知他一直偷偷藏著一瓶水和乾糧。

《救生艇》成為風靡一時的熱門電影，而且其成功原因，不僅是因為導演創新的拍攝技巧；除了美學價值之外，這位U型潛艇船長，還傳達了一個強而有力的訊息：「我們要想生存，就必須有一個計畫。」

於二十一世紀，全世界都在上演集體和個人版的《救生艇》。無論你願不願意承認，這艘船都已經成為與所有人類相關的隱喻。

突然發現自己落入生死攸關的局面時，我們就會開始盤算自己的未來：當X發生時，我們該怎麼辦？我們為Y做好準備了嗎？最關鍵的是，誰能算作是「我們」？

這個關於「我們是誰」的問題，讓許多人感到不舒服。在這個生存遊戲中，誰值得占有一席之地？當命運的潮流對我們不利時，我們能指望誰？

你可能會認為，答案當然是血濃於水，家庭成員最重要了。但是，在這個時代，很多家庭會因為政治、文化議題，或是地理距離、單純不願保持聯繫等原因而變得疏遠。許多人甚至沒有家人，過著獨居生活。

二〇一五年的一項研究發現，一個至少有兩名成年子女、年紀落在六十五歲至七十五歲的美國女性，有一一%的機率，至少與一個孩子關係疏遠，亦有六二%的機率，每個月與孩子接觸不到一次。[1]

一項早期研究發現，儘管一九八〇年代初，超過七〇%的日本老年人和二〇%的美國老年人與孩子一起生活，但這些數字在一九九六年，分別下降到五二%和一二%。[2]

在日本，預計到了二〇四〇年，超過四〇%的六十五歲以上人口獨居。[3] 在美國，哈佛大學的住房研究聯合中心（Joint Center for Housing Studies）預估，七十五歲以上的獨居人口，將從二〇一五年的六百九十萬人，躍升至二〇三五年的一千三百四十萬人。[4]

我們可以得出的結論是，家庭關係正在消磨殆盡。

舊式家庭結構（多代同堂）已經向新的現實讓步，其特點包括沒有婚姻的同居關係、單親父母、同性伴侶、離婚與再婚、混合式家庭（blended family，配偶雙方或配偶之一，因再婚而重新組成的家庭，並且至少包含配偶之一的前妻或前夫所生的子女，或配偶雙方均帶著前次婚姻所生的子女）、隔代教養，以及人數較少的家庭。

考慮到人們多元的生活方式時，救生艇的算法就會變得更加複雜。幾年前，我受邀參加一頓美妙的感恩節大餐，嘉賓包括一對已婚夫婦、一位單身女性和她十幾歲的女兒、一位寡婦和她的侄子（他們甚至透過FaceTime，邀請侄子的捐精父親吃一塊虛擬的南瓜餡餅，好像這一切完全正常）。

今年，我將為二十二個人舉辦節日聚餐，包括我的兄弟姊妹、一個姊夫、一個姊姊最好的朋友、兩位侄女（一個會帶男朋友）、一對剛從倫敦搬到紐約市的印度夫婦、兩位荷蘭朋友，此外，我的伴侶吉姆的四個孩子中，有三個也會來，再加上他的一個侄女（一個不會參加的兄弟的女兒），還有吉姆的妹妹和她的兩個孩子（一個有帶女朋友一起來）。

雖然我把這稱為家庭聚餐，但是，這群人是在危急狀態，我會死命拉進救生艇裡的家庭嗎？當時我們在餐桌上，也聊了這個話題。

基因不等於身分，也不決定你屬於哪個團體

在神話和媒體中，有許多人曾經知道「我們」是誰。在美國，我們是《風雲人物》（*It's a Wonderful Life*）裡面，小鎮貝德福德瀑布（Bedford Falls）的居民（這是最受英國人歡迎的聖誕電影[5]，但對美國人來說，聖誕節必看的卻是《小鬼當家》〔*Home Alone*〕[6]，這個差異說明了什麼？）。

在貝德福版的現實裡，我們已經認識彼此一輩子，大家看起來都很相似，而且都是朋友，感覺又很像家人。雖然我們與貝德福牢靠的公民不一樣，並非擁有同樣的膚色、

種族或宗教信仰，但至少，我們屬於同一個階級：中產階級，至少我們假設彼此都是。在貝德福，救生艇大概會在不沉船的情況下，盡可能的容納鄰里居民，先到先上。

但在現實生活中，光是微小的分裂和分歧，就可能使情況變得非常不和諧。一個取消寡婦房子贖回權的銀行家，會被寡婦的兒子拉上船嗎？因輕微違規而丟了工作的機械師，會救出解僱他的女人嗎？又有多少定期做禮拜的基督徒，會為了鎮上激進的無神論者，而下水救人？

假設你的救生艇上有十個、二十個、五百個，甚至十億個位子，你會邀請誰，又會任誰自生自滅？在這種時候，最小的船反倒最難填滿。一個你心愛但年邁的奶奶，會比被你鄙視的兄弟的第三任妻子還優先嗎？如果她懷孕了呢？你願意和永遠爭吵不休的離異父母，一起被困在一個小空間裡嗎？如果不願意，你會優先考慮父親還是母親？你會讓你最好的朋友，跟你那恐同的叔叔處在同一個空間嗎？

同樣的，最大的船也會出現複雜的決定。你會根據什麼，來選擇能上救生艇的十億人？是年齡、種族、族群、宗教、吸引力、智力、原出生國、多樣性、BMI（身體質量指數），還是生存技能？如果你優先考慮那些在遺傳學上，與你關係最密切的人，你將如何辨別他們？因為，光靠膚色是行不通的。

一百年前，英國最古老的完整骨骼，在英格蘭西南部的一個洞穴中被發現。他被稱為「切達人」（Cheddar Man），取自他被發現的薩默塞特郡（Somerset）切達峽谷（Cheddar Gorge）。人們認為他在世時，應該有一對藍眼睛，至於已經確定的特徵是，他肯定有黝黑的皮膚和烏黑的捲髮。[7]那耶穌呢？身為真正的拿撒勒人（按：以色列北部城市，位於歷史上的加利利地區），耶穌不太可能長得像過去幾個世紀的宗教圖像，皮膚白皙得像是北歐人。作為一個猶太加利利人，耶穌極有可能擁有棕色的眼睛、深棕色偏黑的頭髮，以及橄欖棕色的皮膚。[8]在保守白人基督徒施捨的救生艇空位中，這樣的耶穌，對你來說算得上是「我們」嗎？

隨著世界變得不再安定，人們正在尋找與此隔絕的方法，並嘗試在熟悉的地方找到安全感。但**在我們擴展出的部落中，究竟有誰真正屬於那些部落？**

這幾年，家用DNA基因試劑盒非常流行，這也幫助我們理解自己究竟是誰。根據《麻省理工科技評論》（*MIT Technology Review*）的數據顯示，到二〇一九年初，已有超過兩千六百萬人提交DNA，供四個主要資料庫（Ancestry、23andMe、Family Tree DNA、MyHeritage）分析，並預計到了二〇二一年，這個數字將會成長四倍。[9]

我知道有人拜這項測試之賜，找到原本不知道存在的兄弟。網路上流傳著各式各樣的故事，還有人發現他們與自己其實沒有血緣關係。

此外，白人至上主義者克雷格·科布（Craig Cobb）的測試結果，顯示出其DNA中有一四%撒哈拉以南的非洲血統；[10]相反的，一直認為自己是黑人的西格麗德·強森（Sigrid Johnson），在檢測後不僅發現自己是領養的，而且只有不到三%的非洲血統，她的主要基因顯示，她有拉美裔、中東和歐洲血統。[11]

像科布和強森這樣的人，在接受DNA測試時感受到的震驚——儘管科布很快就生氣得把這些發現當成統計雜訊（statistical noise，數據樣本中無法解釋的變異）[12]——道出了人類身分的奧祕，以及部落從屬感背後的力量。

這些身分標誌透露的，不僅是種族和文化遺產的百分比，而是在最個人的層面上，我們究竟是誰。我們很常將一個人對酒的熱愛或詩意的靈魂，歸因於其愛爾蘭血統，並將脾氣暴躁歸咎於希臘或義大利血統，吝嗇則源自蘇格蘭基因，亦將出色的組織能力，歸因於瑞士背景，這些都是司空見慣的刻板印象。

如果這些與生俱來的「真理」，被證明是假的，會發生什麼事？原有的身分標誌被剝奪之後，我們會變成誰？

在平和富足的時代，大部分人都不會去想，究竟誰算是我們、誰又是他們。種族、相似性和忠誠的界線，有時候很模糊，人們可以在身分之間移動，無須介意他人的評斷。但在混亂和不確定的時代，事情就並非如此。

其實，只要散播不安全感或物資可能短缺的消息，就能夠打亂人類舒適的歸屬感；黑色星期五時，瘋狂購物者的暴行，或是疫情剛爆發時，爭奪衛生紙和消毒液的人們，就是最好的案例。又或是，只要政治機會主義者願意重新撕開舊怨留下的傷口，操弄彼此間的對立，並要求人們做出支持或反對的決定，就會讓人民感到焦躁不安。

因此，過去十年，隨著全球化、歐洲統一和難民危機發生，以及白人至上主義和極右翼民族主義飆升，使不同膚色、語言或宗教（多為基督教、天主教、伊斯蘭教）的人，更有可能另尋他處。

世上有一些地方，實行多元文化主義（multiculturalism，社會管理多元文化的公共政策，在國家內部推行不同文化之間的相互尊重和寬容），至少在理論上是這樣，但**移民的現實，往往比許多當地人想像的更階級化，也更難以適應。**

下一個現在

到二〇三八年，現代醫學採用的一體適用的方法，將被以DNA為基礎、更客製化的醫療方式取代。隨著營養基因組學（nutrigenomics，以基因為基礎，分析不同人對飲食的不同反應，並針對個人的基因設計增進健康的飲食及營養品）不斷進步，若哪天食品製造商在包裝上標示，該產品推薦給哪些「類型」的DNA，你也不用感到驚訝。

在土耳其之外，土耳其人最多的地方就是柏林，許多人在二十世紀下半葉，以外籍勞工的身分來到這裡。二〇〇一年初，一項研究發現，這些移民人口中有四二%被登記為失業，許多德國人都對此感到震驚。[13]但事實是，大多數德國人的生活，在很大程度上與移民是分開的，只有在異國餐館點餐或經過某些社區時，才看得到他們，[14]所以，他們對這些人的生活方式，沒有太大的理解。

在上個世紀，我們可以看見擁抱多元文化主義的狀況，許多人都願意進一步認識並欣賞文化差異。但是，**在二十一世紀，越來越多人開始質疑，多樣性是否侵蝕了國家的共同文化，所以對多樣性的擁護反倒逐漸衰退。**[15]

現在唯一存在的，是世代差異。例如，二〇一七年在德國進行的一項研究發現，多數二十五歲以下的受訪者，都希望看見主流文化和新移民文化相互匯集、融合；[16]相較之下，七十歲以上的受訪者之中，有三分之二希望移民捨棄自身文化、融入德國文化中。

隨著全球衝突、經濟困難和氣候變遷等因素，使更多人跨越國界時，關於多元文化主義與共同文化的爭論也會加劇。在每一個瞬間，都大約有八千兩百萬人在遷徙中，[17]這些難民，很可能待在真正的救生艇上，等待他人的援助，而在他們正在逃往的國家，那邊有數百萬人反對難民大規模湧入。那個國家的人民不斷質疑，你屬於哪裡、你是誰。

在最極端的情況下，這可說是一種排外主義（nativism），認為只有出生在該國家或來自悠久歷史族群的人，才有權在那裡生活。這深刻且令人不安的引發了關於歷史與祖先的探問，而現在，這類問題亦透過DNA的分析進一步明朗化（和複雜化）。

歷史、人類學和社會學，為我們提供了無數個群體內和群體外思維的案例，人們會在部落、社團、協會、政黨和其他集會中，團結在一起。對於一個社會性動物來說，這既正常、也有其必要。

但現在，數位科技使數百萬人能夠以新的方式劃分自己，像是按照意見分群，圍繞在共同興趣之上建立情感聯繫，有一些分組方式具有社會效益，其他則不具有正面意義。

下一個現在

到了二〇三八年，基於永續性、可負擔性和現代孤獨危機等各方面因素，以世代和興趣為基礎所形成的會眾式生活，將更加普遍；也就是說，現今，在大學校園裡一起生活、一起學習的社群概念相當受歡迎，且這個趨勢終將擴展至校園之外。

雖然保持社交距離，但我們仍走在一起

在二〇二〇年，使一半人類被困在家裡的新冠病毒，重新定義了許多人對社群的想法。在這段期間，人們會基於地理或情感聯繫，去關注最接近自己的人事物，我稱此為「放大」（zooming in）；與此同時，他們也開始注意到（也許是第一次注意到），那些與他們「不相似」的人，幫助他們度過了這段可怕的時光，我則將這個現象稱為「縮小」（zooming out）。

二〇二一年七月，紐約市舉辦了自二〇一九年以來首次「紙帶遊行」（ticker-tape parade，一種歡慶形式，人們從街邊兩側高樓向外拋撒紙屑，以此向遊行隊伍中取得成就的某人表達敬意）。

那些接受榮譽的人是誰？不是太空人、獲勝的體育隊伍，也不是政治名人，而是不可或缺的工作者，又名「家鄉英雄」（hometown heroes）——醫生、護士、消毒人員、公車司機，和其他冒著生命危險保護大眾的人。

這場疫情，讓人類的部落擴大了。**自二戰以來，疫情首次為全球帶來集體共同感受，一種在數位時代少見的團結感。**當時，我們有一個共同的敵人、焦點及恐懼，還有一個相同的目標：生存。這種共患難的經歷，不僅帶來了一種社群感，更有一份團結情誼。

「把『我們』放在『我』前面」（we before me），是奉行集體主義（collectivism）的社會默認的思維。這就是為什麼，早在新冠病毒爆發的很久之前，在日本多可看見人們在公共場合戴口罩。在日本文化中，如果你覺得自己快要感冒或生病，戴上口罩以保護周圍的人是種社會風俗，等於是常見的禮貌。

相比之下，在英國和美國文化中，堅定不移的個人主義占據了舞臺中心，人們一直信奉著「我先請」（me first）的教條。

問題是，在疫情期間，我們在保持社交距離的同時，卻又走在了一起，這種經歷，將如何影響人類未來的態度和行動？我們是否真正學會了如何合作，或者我們繼續將彼此視為競爭有限資源的對手？二〇一三年，我談到了「co」（共同）此一詞根的興起，引申出共同創造（co-create）、共同父母（co-parent）、共同創業伴侶（co-preneur）等詞彙，我當時認為，這可以當作一劑解藥，平息所有席捲世界的憤怒。

能夠在二〇二一年，再次看到驗證此趨勢的活動，如紐約市的紙帶遊行，以及疫情剛爆發的那幾個月，許多人無私的付出，我真的感到非常欣慰。還有一個極端例子是，紐約市雕塑家朗達・羅蘭・希勒（Rhonda Roland Shearer），為該城的醫護人員購買個人防護裝備，因此負債六十萬美元。[18]

與兩年前相比，有許多人更深刻的意識到，自己的決定會影響到他人，無論是關於接種疫苗的決定、我們應繳納的稅額，還是任由偶然的種族主義或性別歧視毒害社會。

在這個世界上，我們一直都陪伴在彼此身邊，但我們的感受或行為，並非一直如此。現在，有越來越多人認知到，所有人都坐在同一條船上，並發現，若想抵禦當今肆虐的疫情風暴，以及那些剛開始在地平線上形成的混亂，同心協力非常重要。

隨著我們花更多時間在 Zoom、Google Meet 和遠端教室上，便能想見合作關係在未來將扮演的角色。想想看，數位平臺連接的不僅是個人，還包含社群，像是迎合多代同堂家庭需求的合作住宅開發專案，以及集體的「幽靈廚房」（ghost kitchen），一種側重外賣和外送、而非餐廳內用餐的服務，為時間緊迫的人提供便利性，也為必須照顧孩子或處理其他緊迫家庭責任的準企業家，提供創建生意的機會。

此外，有些人認為幽靈廚房是一種反社會的趨勢，因為人們為了效率、隱私甚至隱匿性，而犧牲過去在餐廳一起品嚐美食的體驗，但在我看來，這種廚房對家庭聚餐和職業合作，都有鼓勵作用。

展望未來後，我發現，也許現在這個時期的優點，就是讓我們重新獲得真正的社群意識和共同責任感。我們的「我文化」（me culture），並沒有削弱這個正面意義。

適應混亂的一百種方法

二〇二〇年六月，在病毒已經肆虐全球的情況下，世界大部分地區都因為這個影片，再度團結在一起：在該影片中，明尼亞波利斯的警察，殘忍謀殺喬治．佛洛伊德。近年來，許多手無寸鐵的黑人男子（以及婦女和兒童）皆因為犯下「罪行」而被警察殺害，但這些「罪行」，竟包括穿越馬路、以二十美元假鈔付款（不管是有意或無意），以及在公園玩玩具槍。

是什麼讓佛洛伊德的死亡與眾不同？因為美國所經歷的，不只有病毒的肆虐，還有種族壓迫事件的流竄及爆發。因此，佛洛依德的死亡不只是一段影片，還是這場另類大流行的一部分。

除了佛洛伊德，還有有色人種菲蘭多．卡斯蒂爾（Philando Castile）、西恩．里德（Sean Reed）、艾瑞克．加納（Eric Garner）等人被殺的畫面。事實上，連續幾個月被關在屋裡，看到有色人種較高的新冠病毒感染率和死亡率，我們也越來越清楚的看見世界的不平等現象。[19]

還有一項事實是，我們更敏銳的意識到，我們之中比較幸運的人，選擇在適當地方避難時，那些黑人、棕色人種和低收入戶，仍持續工作著，維持這個國家的運轉。

在二〇一四年，我們有許多人對塔米爾．萊斯（Tamir Rice，一名報警人在電話中描述一名黑人男性在公園拿著手槍隨機瞄準行人，同時強調槍可能是假的，兩位警官到場後，射殺十二歲的萊斯）、麥克．布朗（Michael Brown，為非裔美國人，十八歲時在未攜帶武器的情況下，遭二十八歲的白人警員槍殺）和許多人的無辜死亡，感到心碎和憤怒。

但佛洛伊德事件，還讓人們感受到另一種情緒——一股高度的團結感。社會大眾總算都開始支持，這幾個世紀以來都承受著系統性種族主義和虐待的人們。

不過，同樣的，只要有人支持，就會出現一個排斥這種想法的團體。儘管如此，與疫情前相比，現在很少有人願意讓其他人獨自承擔修正系統的責任。人們開始走上街頭，不僅在明尼亞波利斯和美國他處，於日本、墨西哥、英國、保加利亞、百慕達、丹麥、冰島和世界各地，都可以見到這樣的景象。[20]

這種團結感，也影響了人們的忠誠度和歸屬感。現在，有更多盟友挺身而出，但這也引發了反作用力，有些美國人呼籲，必須在國內建造更高的牆。

努力應對新常態的混亂，以及集體喪失確定性和控制力時，人們都以自己獨特的個人方式做出反應。當時和我一同工作的一名男同事的妻子，在瑞士封城時，將為鄰居提供必需品視為自己的使命；而我也一樣，為遠在美國的家人做了同樣的事情，對我來說，在危機時刻，我更需要控制感，而我的控制感，來自於知道我愛的人衣食無虞。

我還想支援小型零售商，他們在封鎖期間，面臨嚴重的營運困難；此外，我知道有很多人都意識到，維持社交距離真的讓人生中的快樂減少許多，所以我希望能透過寄送驚喜甜點來鼓舞這些人。在二〇二〇年聖誕節期間，我沒有買送給家人的禮物，反而選擇與在地慈善機構 4-CT 合作，直接捐款給陷入困境的當地家庭。

相較之下，我有一個朋友的朋友，對混亂做出的反應和我截然不同。在社群意識和自我保護之間，他真的是位於自我保護的極端；這名男性住在洛杉磯的山區，持有少量槍支，他並不是一個暴力或好鬥的人，只覺得自己的行為比較務實，正如他在電子郵件中，向我們的共同朋友所解釋：

如果城市崩潰、發生饑荒，導致超市被洗劫一空，絕望的人會來這裡找食物。我有一把散彈槍，可以阻止他們靠近我的地盤。如果他們靠近，我可能不得不用步槍射他們。而且，如果不是他們死就是我亡，我還有一把手槍可以自救。他們想從我這裡得到的，不可能只有冰箱和冰櫃裡的東西，如果相信他們，那我就是傻瓜。

從上面這封電子郵件，我就能看出，這名男性的救生艇上，肯定會載著他的家人。那麼，你船上的會有誰？

假設你是《救生艇》中的主角，在這個版本中，你對現況摸不清頭緒、非常慌亂，不像洛杉磯山上的那個人，相信自己已為這一刻做好充分的準備，或至少比大多數人都準備得更充足。

你不是超級富豪，沒有私人小島或堅固的避難所。這時，你震驚的意識到，**如果公民社會崩潰的話，沒有任何一個政府官員會來拯救你，那麼，你能指望誰？當成群結隊**

的人來到前門時，誰會支援你？

在這段虛構的電影情節裡，我們被迫面對一個痛苦現實：在現實世界中，我們只會變得越來越孤單。不對，那我在過去幾十年，建立的那些虛擬社群呢？我在臉書或Instagram上，重拾聯繫的遠方朋友和熟人？LinkedIn（按：中譯名領英，專為商業人士設立，幫助開拓事業人脈的社群網路服務網站）上數百位聯絡人？沒錯，這一切都毫無意義，虛擬關係無法帶給我們安全感。

那麼，真正重要的到底是誰？我們不僅可以向他人提出這個問題，也可以向政府提問。誰值得搭上此國家的救生艇？誰又應該在地球的救生艇上，占有一席之地？

與我們都熟悉的另一場海上災難不同，我們在後疫情時代面臨的最大威脅，不是什麼在黑暗中隱約可見的冰山，準備在我們的船上撞出一個致命的大洞。相反的，冰山顯而易見——我們已經在一次慢動作的碰撞中碰觸到了，且某些地區比其他地方感受更強烈。毫不意外的是，這個冰山指的是日益混亂的氣候，包括導致每年都在刷新高溫紀錄的溫室效應、使海平面升高的融化冰層，以及驅使大火燒毀房屋和農作物的強風。

冰山同時也是社會分裂的隱喻。我們越來越無法冷靜、具建設性又文明的與那些被認為不像我們、不會被算進救生艇登陸人數的人溝通。這是一種持續不斷的不平等，給予一些人超出他們可能使用的量，卻剝奪他人最基本的需求。

在某些方面，我們與災難的碰撞過程也可能令人感到安慰。也許沒有個別的救生艇

——只有一艘大到可以容納整個星球的救生艇，容納我們所有八十億人。有些人會說，我們已經在救生艇上就定位了——又或者是依附在兩側。

離開這艘救生艇是不可能的，但我們確實可以做選擇。我們可以漂泊、感到恐懼，等待著下一個上頭條的悲劇。又或者，我們可以鼓起勇氣、運用智慧，去做所有必須做的事情，使人類的共生共存變得更有可能，優先考慮的不僅止於自己部落的成員，而是每個人。根據人類歷史上的韌性，我押注於後者。

我們所有人的所作所為，包括未來二十年的集體意圖和行動，都具重大意義，還會決定，我們是否會讓混亂占上風。如果連椋鳥都能把本能當成手段，進行如此大規模的協同行動，那我們當然可以團結起來，平息眾多危機對所有人造成的威脅。

第8章

身體、心理、性別、時間的界線正在消失

邊界持續在變化，從來沒有停止過，而且永遠都不會停歇，真正該問的是：速度有多快？有多遠？朝著哪個方向變動？想要體驗時間旅行的感覺，只要閱讀半個世紀前的檔案、期刊和圖片，並問問自己當時的界線在哪裡即可。在舊地圖上，你將看到不再存在的國家，以及在新的劃界出現之前，尚未存在的國家。

看看流行雜誌上的人物，你會隱約感覺到一些隱形的邊界，這些分界線決定了哪些人和群體，被視為「重要的」；而且，更重要的是，哪個類別的人——按種族、性別、地理等——被認為有記錄價值。現在，再回頭想想未來半個世紀後的地圖、期刊和其他文檔，可能會是什麼模樣，哪些界線會軟化或消失？又將會出現哪些新的界線？

世上存在著各式各樣的界線：身體、心理、社會、文化、智力、性別、時間……所有邊界都不斷變化。

我們已經進入雜合（hybridization）的時期，雜合的效應，會影響我們在哪裡工作、如何工作、如何穿衣、吃什麼、與誰結為連理、如何表達自己等。在一個世紀前，只要去醫院的嬰兒室，並依據性別、性取向、地理位置、宗教和家庭社經地位，就能描繪出這個襁褓嬰兒，未來將過上什麼樣的生活。

根據上述變數，我們也許還能大概得知，未來跟這個嬰兒結婚的人大致上會是什麼模樣。過去的界線，由魯莽的筆觸劃定，只有勇敢和意志堅強的人才能越過去。

現在想想，一個今天出生的嬰兒，我們甚至不能假設出生時的性別是準確的。明明光在一個世紀前，我們還可以對一名女嬰長大後會從事什麼職業，做出有根據的猜測，但現在，我們要如何著手猜測？根本不可能。**我們現在面對的，是更多選擇、更少界線，以及無從確認的情況。**

從歷史上看來，文化上的界線最為持久。基本上，在任何超過十人居住的社區中，都有邊界的存在。階級和種姓的悠久歷史告訴我們，這些邊界與埃及和利比亞（按：緊鄰埃及、位於北非的阿拉伯國家）、加拿大和美國之間的實際邊境一樣劃定整齊。

幾個世紀以來，這些不成文的界線，為喜劇演員、劇作家和小說家提供靈感。這不僅是因為社會邊界是一個容易的切入口，可以輕易帶觀眾進入人物故事裡、並迅速產生共鳴，更是因為，這些邊界在世上某些地區似乎是無法變動的。舉例來說，即使是在今日的英國，地主貴族仍處於社會的頂峰；貴族和傳統士紳，占據了該國超過三分之一的財產。[1]

當社會階級源自血統和可敬的財富時，被排除在外的人，也可能被刻上實際的烙印。英國經典作家查爾斯·狄更斯（Charles Dickens），就是一個典型的例子；當他的父親在債務人監獄服刑時，十二歲的狄更斯每天都要在一家鞋油工廠（blacking factory）工作十二個小時，才能養家糊口。後來，他成為英國最著名的作家之一，但他從來都不覺得自己身上的汗漬已經洗乾淨了。[2]

不僅是英國，印度的種姓制度、法國宮廷的等級制度、德國名字中的「von」

（按：在德語姓氏中，多用來展示貴族身分的助詞）……我們的ＤＮＡ中，似乎就渴求著社會邊界；我們和他們、高層和低層、受尊敬的和被詬病的人、肚子上有或沒有星星（按：美國著名兒童繪本作家蘇斯博士〔Dr. Seuss〕的作品中，有一個故事提到名為史尼奇〔Sneetch〕的生物，有的肚皮上有綠色星星、有的則沒有，前者藉此輕視後者，儘管兩者除此之外毫無差異）等。[3]

然而，美國明顯不是這麼回事，美國跟其他國家不一樣——至少，這是這個國家建國時的初衷。

一個如此年輕、擁有半塊未開發的土地的國家，對於勇於冒險、雄心勃勃的冒險家來說，是最吸引人的邀請。美國歷史學家弗雷德里克．傑克遜．特納（Frederick Jackson Turner）在論文《邊疆在美國歷史上的意義》（*The Significance of the Frontier in American History*）中指出，美國西部是民主最重要的孵化器。

他認為，從一八四〇年代開始，隨著定居者每向西移動一英里，他們都放下了一點歐洲的價值觀。

一八六八年，美國作家霍瑞修．愛爾傑（Horatio Alger）出版了《穿破衣服的迪克》（*Ragged Dick*）一書，這是一部寫給年輕人的小說，講述一個十幾歲的男孩，藉由美德和善行，擺脫其出生階級的限制。

這是一個引人入勝、鼓舞人心的主題，很容易被簡化成美國文化的一部分。雖然疆界隨著西進運動（Westward Movement，指美東居民向美西地區遷移和進行開發的群眾性運動），很快就被抹去，但關於社會流動和致富的神話卻留存下來。

在加州，只要你有智慧和野心，就可以完全改變自己的生活；即使你是猶太人，也能擁有一家電影製片廠。

到了二十世紀中葉，美國的界線似乎進一步消失。也許這始於甘迺迪總統的任期（一九六一年），以及自由主義的微風，帶走了一九五〇年代古板、穿灰色法蘭絨西裝的男人（按：源自一本一九五〇年代的小說，主題為該年代追尋美國夢的男性，此類穿搭則象徵當時的中產階級精神）的價值觀。

或許，一九六〇年代末的性、毒品、搖滾文化、民權和反戰運動、避孕藥、女性主義，以及跨出護理、教學等傳統職業的女性，是主要因素；但也可能是軟實力的崛起和其他新的影響造成的。

不管是什麼原因，我長大後，基本上已經感覺不到界線的束縛。人們開始自由旅行，賺錢的機會也更多了，你的工作，變得比家世帶來的權力更為重要。漸漸的，我們開始用純粹的心理學術語，來談論邊界。

到了一九九〇年代，那些去看心理諮商的女性，因為不希望在關係中持續受到壓迫，於是，她們學會如何創造（並執行）「健康的界線」。這可說是頭一次，由我們自己來設定界線，而不是強加在我們身上的東西。

隨著千禧年來臨，社會界線仍持續消失。網路的繁榮和金融業創造的財富，促成了更廣闊、更自由放任的風氣，同性婚姻逐漸合法、跨種族夫婦不再吸引人們的目光（至少在大都市裡，大家已經司空見慣），還有一名黑人成為美國總統。

接著，牛頓第三運動定律（反作用力），又再度產生效果。二〇一五年六月，川普乘著自動手扶梯下來，宣布參選美國總統，他的訊息很直接：「來到我們國家的墨西哥人，有很多問題，他們帶來了這些問題、帶來了毒品，也帶來了犯罪案件。他們是強姦犯。」他還補充道：「我猜有些人是好人。」[4]

反移民情緒在美國並不是什麼新鮮事，但川普的競選言論的不同之處在於，他使用的措辭非常直白，而且，身為一名全國性人物，卻坦言自己想要畫出一道不可逾越的界線。

他宣稱，他想建造一座牆，等於是在「我們」和「他們」之間，建立出一道物理邊界，這是一個非常巧妙的政治手段，因為這道界線將非常分明、高達十八到二十七英尺，而且將隱含這樣的涵義：白人，尤其是白人男性，才是「真正」的美國人，好像這些「真正的」美國人與生俱來的權利被別人騙走了，他們才是受害者。

當時的國務卿麥克·龐佩奧（Mike Pompeo），在川普離任前兩天譴責覺醒主義（wokeism，受近年反種族壓迫運動影響，該意識形態訴求人們應廣泛反思所有面向的社會正義）、多元文化主義，和所有高談主義的論調，他表示，這些理論不符合美國。[5]其實，這也恰如其分的點出川普政府要傳達的訊息。

事實上，這些意識形態，現在都是美國不可或缺的一部分。儘管有些人努力讓美國回歸至他們理想中的傳統，但一切都覆水難收。這個國家的種族和民族構成，已經永遠改變，對於種族平等、性與性別等一切的態度，也同樣產生了變化。性別的界線也變得模糊，現在，「她」或「他」，也可能是「他們」（按：指非二元性別〔non-binary gender〕，不完全是男性或女性的性別認同）。

隨著時間流逝，性別的界線變得越來越不明顯，取而代之的是**性別流動的文化**，在這種文化中，**探索性別角色，是發現真實自我的方式**。

接著，第二股力量也跟著出現，這次是由女性來劃定。幾十年來，與未成年女孩發生性關係，竟然和寫出文學經典有關聯，弗拉基米爾·納博科夫（Vladimir Nabokov）的代表作《蘿莉塔》（*Lolita*）就證明了這一點。

此外，熱門電影《風流教師霹靂妹》（*Election*）和《美國心玫瑰情》（*American Beauty*），亦建立於這個主題之上。在喜劇電影《曼哈頓》（*Manhattan*）中，伍迪·艾倫（Woody Allen）飾演一位四十二歲的作家，卻和一名十七歲的高中生約會；電影評論家第一次看到這部電影時，很少注意到許多觀眾在這段關係中看到的掠奪性，這反倒被視為伍迪·艾倫極為出色的電影之一。

然後，傑佛瑞·艾普斯汀（Jeffrey Epstein，美國億萬富豪，在二〇〇二年至二〇〇五年間，至少性侵數十名未成年少女，年紀最輕僅十四歲）和哈維・溫斯坦（Harvey Weinstein，贏得多座奧斯卡獎的美國電影監製，在二〇一八年因性侵指控而被逮捕，於二〇二〇年判定，五項指控中有兩項罪名成立）摧毀了厭女症的貶抑性質，使其成為一種可被接受的態度，讓不少人認為，性暴力只不過是「男人本來的樣子」。

溫斯坦曾被視為有品味但專橫的藝術電影製作人，大家沒想到的是，他的黑暗面竟比典型的肉體交易還要黑暗許多。

數年來，關於溫斯坦的流言蜚語廣為流傳，卻都沒登上頭條；接著，隨著 #MeToo 運動崛起，一切都變了，在十年前未曾有過的社會支持之下，獲得勇氣的受害者們，一一分享自己的經歷。電影製作人、製片廠主管、廣告公司主管等人，像骨牌一樣接連公開真相。

相較之下，美國政治人物艾爾・法蘭肯（Al Franken）最嚴重的罪行是性騷擾，最後他從美國參議院辭職。

至於伍迪・艾倫，在五十六歲時與前女友二十一歲的女兒交往[6]，最後丟了拍片合約。前紐約州州長安德魯・古莫（Andrew Cuomo），過去看似所向披靡，但他已喪失了政治基礎（按：涉嫌性騷擾至少十一名女性），最終也丟了飯碗。那些在過去十年被忽視的行為，現在可能會讓一個男人，被驅逐出權力中心，甚至陷入牢獄之災。

隨著許多與性別、社會地位有關的文化界線不斷消失，又有新的界線出現，而有些邊界，由曾經被視為受害者的那群人所定義。

英國脫歐，導致勞動工作缺乏人力

除了社會界線之外，政治界線也被重新應用。在二〇一〇年至二〇二〇年間，出現了個人自由消失和僵化意識形態重建等情況，土耳其、北韓、俄羅斯和中國的獨裁者鎮壓異議分子；右翼分子呼籲社會武裝起義、謀殺民選官員，並將國家元首轉變為實質上的獨裁者。

也許，最令人驚訝的發展是歐洲邊界的重新劃定。英國退出歐盟，相當於將英吉利海峽變成川普口中的那道高牆。英國脫歐的公投活動，向選民許下對明亮未來的承諾[7]，但同時也用了大量的不實宣傳。[8]

根據大多數人的說法，現實與承諾已相去甚遠。[9]同一群渴望在不列顛群島看到更少黑人和棕色人種的人，現在嚐到了大量移民移出造成的後果。根據經濟數據中心ESCoE的數據，光在倫敦，二〇二〇年就有近七十萬名外國出生的居民離開，使首都人口下降了八%。[10]

在全國，他們的離開導致約一百二十萬的人手短缺，其中包括人力需求高的卡車司機。[11]商品短缺後，導致貨架空無一物，並引發排隊人龍和恐慌性購買。[12]軍隊也被配置到全國各地發放燃料。

蘇格蘭的漁業已經遭到嚴重摧毀，過去漁民們常在漁獲後的第二天，將新鮮的小龍蝦和干貝運往歐洲市場。

但因為英國脫歐，健康證明、海關申報和其他文書工作使漁民的支出增加，並減緩了送貨速度。一個貿易團體建議停止捕撈出口用魚群。[13]

一位英國葡萄酒商人向《衛報》抱怨，因英國脫歐後的海關規定，導致他無法從歐盟進口葡萄酒。他說：「英國脫歐之前，我們是一家相當不錯的小企業，過去生意一直都很好。雖然我們一直都知道脫歐會造成很大的傷害，但沒想到會像一場連環車禍，損傷如此慘重。」[14]

據報導，在海峽的另一邊，二〇二一年一月一日英國脫歐規則生效後，荷蘭港口官員沒收了許多物品，包括雞肉片、美國飲料公司純品康納（Tropicana）的柳橙汁、西班牙的橘子，甚至原味燕麥，那些官員警告：「你不能這樣子從英國帶食物過來。」[15]

當然，真正的問題不在於麥片、雞肉片或葡萄酒。真正的問題，關乎國家層級的向內縮小，以及誰應該在救生艇上占有一席之地。

儘管英國移民流失，導致供應鏈和關鍵職位人力短缺的問題，但經濟的動盪，可能反倒會強化起初支持脫歐的民族主義意識。世界日益全球化，但我們大多數人都希望，那些屬於「我們」的東西，仍然神聖且不可侵犯。

我的文化不是你的扮裝

另一個關於界線逐漸從模糊變得固定的例子，是萬聖節。這個深受兒童喜愛的節日，如今成為充斥著文化挪用（cultural appropriation，指多數族群以帶有剝削且輕視的方式，採用少數族群的文化元素，往往會強化前者對後者的刻板印象）和缺乏文化敏感度之怒罵聲的場合。

萬聖節起源於古代凱爾特人的節日——薩溫節（Samhain），透過薩溫節，人們每年都有一天，能模糊這個世界和下一個世界之間的界線。這一天的初衷，被新世界的人（new-worlder，從最初歐洲移民到美洲並定居於此的人口，以所謂的新世界對比歐洲大陸所代表的舊世界）詮釋得面目全非。

到了一九〇〇年代初，美國人開始扮裝，將自己描繪成不同文化和種族的人，像是將臉塗成黑色、模仿非裔美國人，或是戴上頭巾等，能夠象徵「遠東」（Far East，西方國家對亞洲使用的地理概念）、給人異國情調的飾品。[16]

於本世紀中葉，興起的裝扮是牛仔和印第安人，後者模仿了美洲原住民儀式用的裝束。[17]仔細想想，確實，用這種慶賀或紀念蠻荒西部（Wild West，十九世紀初白人發起西進運動時，與印第安人展開的衝突，是一種無政府、野蠻的牛仔時代），確實有點弔詭。

說來慚愧，我小時候沒有想過，打扮成印第安酋長或藝妓，是會冒犯到他人的行為。**多虧了像「我的文化不是你的扮裝」（We're a Culture, Not a Costume）這樣的運動，現在的年輕人對這方面有了更多理解，至少他們應該知道更多。**

他們更可能意識到，宣揚刻板印象，其實等同於文明倒退，會影響到所描繪群體的成員。我認為在性方面，將原住民婦女物化的服裝尤其有害，因為這些女性就是性暴力的主要受害者。

寫下《從扮黑臉到黑人推特》（*From Blackface to Black Twitter*）一書的新聞學教授蜜雅・穆迪－拉米瑞茲（Mia Moody-Ramirez），告訴《華盛頓郵報》（*The Washington Post*）：

> 人們需要考慮到，文化被他人代表的社群，可能會如何看待這些服裝……必須問問自己，**你所模仿的文化是否有被壓迫的歷史？你是否從文化挪用中受益？**你對某樣東西感到厭倦後，是否可以直接丟棄，並回歸至特權文化裡，留下其他無能為力的人？[18]

隨著環繞在文化挪用的爭論越演越烈，越來越多公眾人物正在為此付出代價。例如，雜誌《美食》（*Bon Appetit*）的主編亞當・雷派波特（Adam Rapoport），在一次萬聖節派對上，臉塗成棕色、打扮成波多黎各人的照片被翻出後，便被迫辭職。[19]

雖然在要如何劃分欣賞和挪用，眾人的意見分歧，但這歸根究柢，是對於文化的知識和尊重。演員千黛亞（Zendaya）對這種區別的解釋是：「有些東西在文化上，真的很神聖、很重要，所以在採用這些文化之前，你必須先意識到這些東西在政治上的意義。」[20]

女演員阿曼德拉·斯坦伯格（Amandla Stenberg）解釋：「當挪用者沒有意識到他們所參與的文化，擁有何種深層意義時，就會發生挪用的情況。」[21] 正如她在 YouTube 影片中所標明：「不要消費我的髒辮。」[22]

文化融合這件事之中，有許多大量不明確的空間。所以，在文化相互混合的時候，人們要在哪裡劃清界線？

與文化相關的邊界變化，在食物中也能發現。在美食領域，文化欣賞和文化挪用之間的界線非常主觀。

自稱雕塑家、漫畫家兼赫夫帕夫（Hufflepuff，《哈利波特》〔Harry Pctter〕中霍格華茲的四大學院之一）的許欣盈（Shing Yin Khor，馬來西亞華裔，移民美國多年），創作了一部名為《儘管吃吧》（*Just Eat It*）的漫畫，其主旨為解決人們輕易將「民族風味」美食當成自己的佳餚，一邊痴迷於食物「真實性」的傾向。他的建議是：

吃，但不要指望你無畏的饕客精神，能獲得一顆獎勵性的星星；吃，但不要假裝食物能賜予你文化洞察力，去了解我們那富有「異國情調」的方式；吃，但要知道我們也一直在吃，**我們賴以維生的食物不是你的冒險故事**。你就儘管吃吧。[23]

隨著人們在這些日益棘手的社會叢林中航行，肯定會繼續出現失誤，並遭致大眾的譴責。重要的是，決定規則的人，不再僅限於權力階層。

至於員工層面，則存在著不同的邊界問題。每個在流行疫情中倖存下來的白領階級，都熟悉這三個字母：WFH（work from home），也就是在家工作的意思。對某些人來說，有一些不人性化的僱主和管理人，認為不再需要尊重員工的夜晚、週末和假日時間，所以，上下班之間的界線被抹去了。

然而，制式的工作天逐漸消失，其實仍帶來一個好消息。既然現在疫情已經顛覆了傳統的工作模式，越來越多員工在工作天發揮了能動性，不再認為自己受制於工業時鐘的運轉，朝九晚五只是一種選擇。雖然，諷刺的是，朝九晚五的起源，起初是公司對員工工會的讓步，最初由福特汽車（Ford）制定，目的是保護工人免受剝削，並確保他們能享有足夠的家庭時光。[24]

現在的時鐘變得不一樣了，分鐘、小時和日子仍在流逝，但有更多人開始努力把握時間。疫情的肆虐，教會我們品味時間的簡單藝術。

對於可以這樣做的人來說，還代表你可以挑一本書，沉浸在閱讀的世界之中，或是與家人一起度過美好時光，還可以拋下筆記型電腦（毫不內疚的），去散步、游泳、泡澡或聆聽 Spotify，享受各種充電行程。

瑞典語中有一個字 lagom，意思是「恰到好處的量」。**這個單詞鼓勵我們細細品味片刻，比如早晨的第一杯咖啡，或鑽進晒過的棉被之中**。我們體會到，擁有時間，就能擁有最單純的樂趣，有許多人甚至根本沒有意識到，就擁抱了 lagom 的生活。

當然，疫情後的世界很難預測。我們是否會回到舊的運作模式，再次急忙的把孩子趕出家門、不耐煩的購買必需品、抱怨缺乏屬於自己的時間、因不斷奔波而感到疲憊不堪，並往自己的嘴裡，倒進一杯又一杯的咖啡？我希望不會。在我看來，能由自己掌握的時間所擁有的影響力，是一股無法忽視的強大力量。

除了 lagom 一字之外，瑞典人還懂得一個我們不懂的道理——逃離。世上許多人都缺乏假期，或是儘管有假可請，也不好好利用，例如，在二〇一九年，金融服務公司 Bankrate 的調查發現，由於花費過於高昂，超過四成的美國人在二〇一八年，選擇不去度假。[25]

瑞典則和美國形成強烈對比，有五分之一的瑞典人擁有一棟夏季別墅，而且超過五〇%人口的夏季別墅，都是度假小屋。[26]在天氣溫暖時，他們會去那裡度假，而且不會只待幾天。正如老師安娜．維克倫德（Anna Wiklund）所解釋：

它可以幫助你擺脫家中的日常義務，因為在這裡待了很長一段時間，你會覺得很像自己真的住在這裡。如果是出國旅行兩週的話，總會有很多事情可以做、可以體驗，不一定會好好放鬆。但在這裡待了一、兩個星期後，我開始放慢腳步，我想，我在尋找的東西，就是這個：逐漸平靜下來。[27]

在我們的想像中，我們都是瑞典人，渴望在工作和家務之間建立界線，並從現代生活的瘋狂節奏中，找到喘息的機會。用美國眾議院議員瑪克辛．沃特斯（Maxine Waters）的話來說就是：我們都想要「重拾」自己的時間。

而且，我們越來越想透過建立界線，來阻止惡意行為，同時打破那些對人貼標籤、加以束縛的限制，控制打轉在我們周圍的混亂。

我們馴服混亂的另一種方法，將是透過將世界分解成更小的部分，來降低複雜性；拒絕龐大和廣無邊際的事物，轉而偏好那種貼近個人、各自獨立的感受。

第9章

世界太複雜，我只想掌握用胳膊就能控制的東西

文森．梵谷（Vincent van Gogh）宣稱：「偉大的事情，是由一系列小事情匯集在一起完成。」從這句話可以看出，梵谷理解，若要減少複雜度，反而要專注在一項挑戰的個別要素中。

在這個充滿動盪又紊亂的現代世界中，人類會選擇逃避，或用某種方法，使事情變得更容易控制，如我們每天都為自己做計畫、專注於超地方行動主義（hyperlocal activism，為了避免在面對大環境課題時產生的無力感，此意識形態鼓勵人們將焦點放在自身社群上，並將想法付諸實行），以及在通往更好的生活道路上，邁出微小的步伐，而不是試圖一口氣解決大範圍的變化等，是一種幫助我們保持理智的機制。

心理學家貝瑞．史瓦茲（Barry Schwartz）在二〇〇〇年代初，創造了「選擇的弔詭」（paradox of choice）一詞，描述當人類面臨太多選擇時，會發生的事情：他們容易感到焦慮和不快樂，最終則因為太無力而無法做出決定。

史瓦茲認為，雖然缺乏選擇讓人無法忍受，但選擇太多反而導致負荷過重，他警告：「選擇不再使人自由，而是讓人衰弱，甚至可說是一種暴政。」[1]

我們會在心中切割，將選項簡化成兩個，藉此抗衡選擇過多所造成的感受。如果你在HGTV（居家樂活頻道）上看過無數季的《獵訪名宅》（*House Hunters*），就會知道每一集的套路都是：購屋者經考慮後，剔除三個選項中的一個，然後在剩下的兩個房屋之間作抉擇。這不僅是一種拍攝手法，也是人類大腦偏好的運作方式。

同樣的，在衝突時期，我們習慣將注意力集中在能夠帶來安慰，或可以控制的事物上。舉例來說，我可能無法阻止全球氣溫上升，但我至少可以購買電動汽車或永續時尚；在封鎖期間，即使無法擁抱遠在別處的家人，但至少可以透過寄送烘焙食品給他們，來表達我的愛。

在疫情期間，我們注意到，人們的注意力都集中在觀照自身需求上，如為家裡增添設備，好讓生活變得更舒適，Zoom 的背景也要看起來更專業，科技產品也變得更複雜。當然，這不僅關乎舒適性、便利性和性能，也是在世界分崩離析時，維護你的控制感的方法。

「小」，是現在的重頭戲，而且這道潮流將延續幾十年。我們在生活中的小事裡獲得安慰，從擁抱在地、真實、個人的事物來取得寬慰。但是，我們能如何定義「小」？「小」是主觀的，而且和你的感受有關，而非實際的體積。

在一九八〇年代末，一個非常富有的年輕人認為，自己不需要兩幅亨利．馬諦斯（Henri Matisse，法國野獸派畫家）的畫，所以他以一千八百萬美元的價格賣掉了一幅。有了這筆錢，年輕人購入十幾箱柏圖斯紅酒（Petrus），與朋友一同分享，柏圖斯紅酒限定由生長於法國西南部城市波爾多僅二十八英畝的葡萄園釀造而成。在一九八〇年代末，當他買下一九七三年的紅酒時，每瓶售價不到一百美元，對於如此備受推崇的紅酒品牌來說，這是一筆划算的買賣。

他送給每個朋友三瓶，有些人馬上就喝掉，有些人則收起來，讓歲月繼續醞釀其卓越口感。當我的一個朋友，向我展示他酒櫃裡的酒瓶時，他說這件禮物有可能比他的年紀還大，令人難以想像。

幾年前，他離婚了，而且離婚的代價高昂。為了補償損失，他以一千美元的價格，將他的柏圖斯紅酒賣給了一名酒商，他不明白為什麼商人不過問這四十五年來的儲藏狀況。後來他上網搜索，並發現了答案：香港有一家小販，以每瓶一千八百美元的價格，出售一九七三年的柏圖斯紅酒。

怎麼會這樣？對一九八八年這位富有的年輕美國人來說，馬諦斯的畫只是一件小事，對他的淨資產甚至不成影響。因此，送紅酒作為禮物更是不足掛齒的小事。大多數收到禮物的人都很有錢，所以他們收到柏圖斯紅酒，只覺得這是個微小但周到的舉動。

對酒商而言，這次買賣也只是一筆小生意，在他買下我朋友的酒之前，他可能早已找好一個香港買家；而對香港買家來說，站在能跟宏偉夢想相稱的角度，花在柏圖斯紅酒上的可能只是筆小錢，又或者，這位買家是一名成功人士，但他仍想在朋友面前誇耀，如此一來，購買柏圖斯紅酒對他來說就是個豪邁的舉動。

至於我的朋友，在這個情況下，他似乎是個異類。對他來說，這瓶紅酒不是一件小事，而是奢華的象徵。這瓶酒不僅昂貴，還一年比一年值錢，對他來說，這同時是個巨大且難忘的禮物，等同是一份大禮，甚至可能是一個負擔。

事物的重要性，取決於你是誰、你擁有什麼、你在人生中的階段，以及你對這一切的感受，而這些比較方式都是相對的。

想想看，我們的宇宙如此浩瀚，確切來說究竟有多大？在英國杜倫大學（Durham University）的天文學家彼特・愛德華茲（Pete Edwards）看來，這幾乎不值得去探究，他說：「不要想到那裡……人類的心智不可能真正理解宇宙的浩瀚。」[2]**想了解如此巨大的東西，是不可能的。相較之下，我所說的「小」，指的是人類能丈量、理解、可以用胳膊環繞或控制的東西。**不過，為什麼我們現在不追求浩大的東西，反而追求人類可丈量的事物？

這個趨勢，就像許多其他趨勢一樣，萌生於重新界定許多界線的新冠疫情。較小的範圍、更小的抱負、更低的支出……疫情迫使我們專注於內部，以至於我們的住宅彷彿變成了整個銀河系。對許多人來說，外出意味著在附近散步，而不是開車去其他地方，也不會聯想到酒吧、餐廳、體育或其他文化活動。

這種心態上的向內移動，確實在我們對於比例的概念上——我們周圍事物的相對價值——產生影響。二〇二〇年，美國居家用品的銷售額增長了五一・八%，這並非巧合。[3]在全球，以歐洲地區的成長為主，居家裝飾的線上市場預計將在二〇二〇年至二〇四〇年間增長近一三%。[4]在疫情期間，那些經濟上負擔得起的人，開始將注意力轉移到物品上，以提升封鎖時期，微型世界中的生活品質。

隨著人們將消費支出用於療癒身心、分散注意力、提升自身技能，並投入於想嘗試、卻一直被擱置的待辦事項之中，許多人開始從事園藝活動、修理東西，並購買他們通常不會考慮的物品。在二〇二〇年春季的幾個星期裡，社群媒體上滿滿都是新鮮出爐的發酵麵包照片，難怪當時要弄到一包乾酵母，難如登天。[5]

然而，這種小而個人的趨勢，早在流行疫情之前已經開始。即使Instagram展示了有錢人和名人奢侈的生活方式（以及那些渴望被視為富人和名人的修圖照），但在過去的二十年間，社會逐漸發現，其實人們很排斥炫富行為。

我敢肯定，我不是唯一一個喜歡建築評論家凱特．華格納（Kate Wagner）的人，她會在部落格「偽豪宅地獄」（McMansion Hell，專門批評在市郊或開發區占地廣大、卻缺乏細緻美感的房屋）上，激烈批評建築設計和裝潢。[6]

但當然，這些社會上的反彈，並沒有阻止那些少數尖端人口，累積起令人頭暈目眩的財富，而且其財力之雄厚，就像宇宙有多大一樣，超出大多數人的想像。二〇二一年，《富比士》（*Forbes*）億萬富翁榜單激增至前所未有的兩千七百五十五位，比二〇二〇年多了六百六十位。[7]

他們用這些錢做了什麼？世上最著名的三位億萬富翁——亞馬遜創始人貝佐斯、維珍集團（Virgin Group）創辦人理查．布蘭森（Richard Branson）、特斯拉（Tesla）執行長伊隆．馬斯克（Elon Musk）——已經為太空競賽，貢獻了很大的改變。二〇二一年七月十二日，布蘭森成為那場三人競賽的勝者，乘坐維珍銀河團結號太空船，來到離地八十五公里的高空。[8]

貝佐斯緊隨其後，於二〇二一年七月二十日，乘坐自家航太公司藍色起源（Blue Origin）創造的新雪帕德火箭（New Shepard）前往太空。當時，請願網站 Change.org 上有一個請願要求：不允許貝佐斯回到地球，甚至獲得近二十萬人連署。[9]

早期，我們讚揚企業家的成功，因為自力更生，是能引起跨文化共鳴的美國夢。但現在，對財富不平等的敏感度提升，導致反對過多個人財富的罵聲越來越多，這也是貝佐斯宣布辭去亞馬遜執行長一職的原因之一。[10]

在馬斯克主持綜藝節目《週六夜現場》（*Saturday Night Live*）之前，節目製作人洛恩．麥克斯（Lorne Michaels）向公眾保證，他不會強迫任何演員與馬斯克合作。[11] 但即使是馬斯克，似乎也對一些財富的象徵感到猶豫不決。據報導，他放棄了自己的豪宅，改住在一個小型組合屋裡，[12] 並接受在美國廣為流行的「減法生活」（living with less）概念。

根據富達國民金融（Fidelity National Financial）的子公司在二〇二〇年底進行的一項民意調查顯示，儘管許多人在疫情爆發的頭幾個月，已經關在家裡很長一段時間，仍有五六%的美國人會考慮住在較小的空間裡。[13]

在某些方面，歐洲人對社會天平過於失衡的批評，已形成一股趨勢，而美國人正試圖迎頭趕上。美國跨國綜合企業奇異公司（General Electric）和 AT&T 的董事會，正式投票否決執行長的巨額薪資方案，為以下這兩件事開創先例：對一列失控火車的剎車施加輕微的壓力，並且讓董事會對這些小手段，抱持多一點信心。[14]

當然，這一切都必須用存疑中帶點珍惜的眼光來思考，目前在美國看到的財富不平等程度，比美國歷史上任何時候都更為嚴重。[15]

小，變成一種受歡迎的力量

人類喜歡規模大且宏偉的事物，所以各國才會不斷建造最高的建築[16]，比較誰的砂石車最大臺[17]；然而，卻是小的事物贏走了我們的心。我們似乎天生就覺得小小的生物很可愛，像是嬰兒、小狗、小貓等[18]，也對微型繪畫、迷你玩具屋和米粒上刻畫出詩句的工藝感到驚嘆。

現在，在一個一切都膨脹到巨大、以百萬和數兆為單位來計算（人口、像素、位元組、債務等）的世界裡，「小」變得更加吸引人。**小的概念，使生活和世界不那麼具有壓迫性，或許還變得更好管理**，最後，小變成一種受歡迎的力量，使人得以抗衡任何會膨脹和蔓生的事物。

我們尤其能在娛樂產業中觀察到這一點。現在，有不少規模較小、較親民的節目，像是電視頻道 Food Network 在全球播出的烹飪節目《先鋒女廚師》（*The Pioneer Woman*），來自奧克拉荷馬州帕胡斯卡鎮的芮・德藍蒙（Ree Drummond），在廚房裡創造出一個傑出的角色：一個頂級網紅。

從節目中，我們得知她是拉德（Ladd）的妻子，也是艾力克斯（Alex）、珮吉（Paige）、布萊斯（Bryce）和陶德（Todd）的母親。而我眼中的她，是一位當我在瑞士深夜無法入睡時，不斷陪伴我的人，即使我知道不太可能和她像朋友一樣吃飯，但她是觀眾都能產生共鳴的人。

德藍蒙是「微小是新的巨大」（small is the new big）此一趨勢的體現，是竄升到人氣排行榜榜首的非典型名人。她代表了那些看似尋常、卻能創造出不同風格的普通人，因為她擁有出色的技能，還能優秀的完成每天的任務。

此外，還有其他與家庭和生活風格領域相關的名人，像是奇普・蓋恩斯（Chip Gaines）和喬安娜・蓋恩斯（Joanna Gaines）夫婦及其零售公司 Magnolia、英國受歡迎的園藝主持人艾倫・蒂施馬奇（Alan Titchmarsh），以及相對來說算是新人的HGTV節目《家鄉》（*Home Town*）主持人愛琳・納皮爾（Erin Napier）和班・納皮爾（Ben Napier），他們的民俗感顯然很受大眾歡迎。

同時，我們也能看見大眾對於「小」的渴望，人人都想獲得真實又親密的感受，而這樣的渴望，體現在 Etsy、Artfire、Aftcra 和 Folksy 等購物網站的受歡迎程度上。Etsy

是數百萬工匠兜售商品的網站，據報導，在疫情期間，購物者和銷售額皆大幅增加。二〇二〇年，約有六千一百萬名新會員和帳戶沉寂已久的舊會員，在Etsy上消費。不包括口罩和其他臉部遮蓋物，Etsy 的獨立賣家在十月至十二月之間，售出價值三十三億美元的商品。[19] 這個金額意味著，此網站售出許多香氛蠟燭、手作珠寶和其他小玩意兒。

當然，對許多消費者來說，他們購買的動機在於，這些物品不是在遙遠的工廠裡，用塑膠和其他人造材料大量生產製成的，而是由工匠或某領域的職人，花時間專注在該作品上，用精湛的手藝製造出來的。而且，許多消費者在花了錢之後，會有一種為自己「加分」的感覺，因為我們抵抗了無處不在的商品化（commodification，原不屬於買賣流通的事物，在市場經濟條件下，轉化或變異為可以買賣的，也有人稱此現象為中國化〔Chinafication〕）。

在手作網站上購物的吸引力，不僅在於購買的產品，消費者對於購買過程的感受，也非常重要。當人們支持小商家時，他們會對自己產生良好的感受，如果這些商家陷入困境的話更是如此。

我最近讀到關於瑪麗．奧哈洛蘭（Mary O'Halloran）的故事，她是紐約市一間酒吧的老闆，在疫情期間，一邊照顧六個孩子、生意又倒閉，丈夫還因為封城，被困在阿留申群島（按：位於白令海與北太平洋之間）九個月，共同為生存而苦苦掙扎。

紐約人（Humans of New York）臉書頁面上報導指出，奧哈洛蘭餬口的方法之一，是出售她按照愛爾蘭母親的食譜自製的愛爾蘭司康。紐約人的創作者布蘭登・史丹頓（Brandon Stanton），說服奧哈洛蘭以高價推出限量版包裝：六個自製司康、手工製作的黑莓果醬，搭配金凱利牌（Kerrygold）愛爾蘭奶油，以及她最小的孩子、八歲的愛琳（Erinn）的原創畫作——總共售價三十美元。

我有一個朋友覺得，買一份三十美元的司康來支持奧哈洛蘭一家人，只不過是舉手之勞，所以她下了訂單。最後，事實證明，她不是唯一一個這麼想的人，一整個晚上，她賣出的金額竟達到一百萬美元。[20]

雖然商業人士似乎總是內化「大即是好」的心態，但也存在著例外。在一九五〇年代，當時奉成長為信條、「大」為目標，出生於瑞士的歐內斯特・巴德（Ernest Bader）卻反其道而行，在英國創立了化學公司 Scott Bader 的三十年後，便放棄了該公司。

他把公司給了誰？Scott Bader 聯邦，一個按貴格會（Quaker，基督教新教的一個教派）原則創立的託管機構，其信念為：一個對社會負責的企業，不能僅為自身利益而存在。[21] 當然，巴德明白營利的必要性，但他同樣重視員工、社區和社會服務。如果必須做出選擇，巴德會把人當成優先事項，不認為員工應該被剝削，反倒認為他們是有價值的個體，在協作文化中，能夠發展各自的個人潛力。

想像看看，這在一九五一年是多麼激進的信念。當巴德將公司轉為託管制後，公司的語言溫度完全變了，變得充滿公益性。現在，領導才能建立在同意而非命令之上。[22] 領導人和一百三十一名工人相互負責，每個人都被鼓勵參與慈善事業，所有利潤的四分之一可用於獎金，另外再分四分之一用於慈善事業。

基於新的公司組織架構，Scott Bader 不能被接管。[23] 將資產出售給大公司，或能將資產奪走的私人股權投機客的可能性或誘惑，都藉此排除了。

按照其標準，Scott Bader 協會相對成功，每年的利潤約八百萬美元。[24] 若以創始人的標準來看，甚至更為成功，因為 Scott Bader 與他的慈善精神仍然契合。當巴德於一九八二年，以九十一歲高齡辭世時，他沒有積累任何個人財富——沒有個人商業資產、私人住宅，甚至連一輛汽車都沒有。[25]

於一九七七年過世的經濟學家修馬克（E. F. Schumacher），知道 Scott Bader 協會是如何優良的良心企業，肯定會高興的喝采。[26] 在修馬克一九七三年的論文集《小即是美》（*Small Is Beautiful*）中，他反對資本主義一心一意關注成長、利潤，以及新興的「全球化」福音。他的作品相當暢銷，成為經典；一九九五年，《泰晤士報文學副刊》（*Times Literary Supplement*）的文學副刊將《小即是美》列為二十世紀前半出版的百大最具影響力書籍之一。

修馬克的思想與此後幾十年出現的「貪婪是好的」、「股東價值最大化」等價值觀相去甚遠，但現在，在人們從小的事物中獲得安慰的時代，修馬克反倒引起大眾的共鳴。他教導人們，**企業的正確規模，應是能「尊重個人」的規模，而工作，不是一連串去人性化的任務。**

工作不是什麼可以為了最大化利潤，而資遣員工、使他們「成為冗員」，來加以消除的東西。相反，工作是自我實現的計畫，應該要帶來滿足感、知識甚至快樂。簡而言之，企業和工人的使命應是相同的——公正的生活來源。[27] 在修馬克看來，精神健康和物質幸福不是敵人，而是天然的盟友，[28] 企業的目標應該是透過最小的消費，獲得最大的幸福感。[29]

修馬克認知中的大都市，是五十萬人口的都市。在這樣的都市中，生態很重要，鄰里就是社區。他理解渴望擁有越來越多的欲念，但他更支持古羅馬詩人維吉爾（Virgil）的理念：「對一個大葡萄園予以欣賞，但埋頭在一個小葡萄園辛勤耕種。」這句古老的格言，呼應了「十五分鐘城市」（15-Minute City）的概念，而這個概念，正實施於二十一世紀一些最龐大的都市中。[30]

十五分鐘城市的概念是，都市規畫的原則應是其居民能在離家步行或騎自行車的範圍內，滿足他們大部分的需求。即使對歐洲古老城市與城鎮來說，這也是一個很大的轉折，更遑論在市中心規畫開闢多線道高速公路，以安撫資本主義和商業支持者的國家。

巴黎市長安妮．伊達戈（Anne Hidalgo）受法裔哥倫比亞科學家卡洛斯．莫雷諾

（Carlos Moreno）啟發，推廣十五分鐘城市的概念。在大西洋彼岸，有越來越多領導者和具影響力的人物，主張都市發展要更人性化，而在這些人當中，前紐約市交通運輸局長珍妮特．薩迪可罕（Janette Sadik-Khan），是最引人注目的一位。[31]首爾甚至比紐約和巴黎更有野心，計畫在舊工業用地上建造一座高科技的十分鐘城市。[32]這種都市的創造理念，和「花童」（flower child，對嬉皮的一種稱呼，因嬉皮提倡以花朵的力量為世界帶來和平）的理想主義或舊時代的古雅情懷無關，而是為生活在其中的每個人，發展出適合居住的都市，也就是更安全、健康且具包容性的都會地區。

一個人的狂歡，也很好

隨著人類越來越渴望「可丈量」的事物，有些地方可以使我們汲取寶貴的觀點。由於地理塑造出人們的認知，那些生活在國土更小、人口更稠密國家的人們生活空間緊密，其程度如同高爾夫的 chip 打法（按：在靠近果嶺處使用的輕擊短切打法，球飛行的距離較短），對那樣的人們來說「人類尺度」思維是更加自然的事情。

歐洲和美國的國土大小大致相同，但歐洲的人口是美國兩倍多，此外，歐洲和美國還有什麼差異？[33]

地理上，位於美國中南部的德州比法國還大，但前者的人口數有兩千九百一十萬人，而後者為六千三百五十萬。歐洲較高的人口密度及語言和文化多樣性，施加在社會行為上的影響也很有效，更不用說在許多科學家和城市人看來，這也形成了一種比郊區蔓延（suburban sprawl，隨著都市化及交通工具便利性增加，都市邊緣地區往往未經審慎利用，而淪為住宅雜亂、缺乏開放空間與交通混亂的地方）更有益的發展方式。

與北美不同，在歐洲，一個宗教派別或其他團體，不可能像十九世紀初美國的摩門教徒一樣遷居別處，前往人煙稀少的地區，過上自給自足的生活。歐洲空間過於壅塞，而且大多占地都已經有了主人。經過幾個世紀的致命衝突後，歐洲人在過去七十年內，設法在和平與相互寬容中，找到分享擁擠空間的方法，但巴爾幹半島（按：歐洲東南隅，位於亞得里亞海和黑海之間的陸地）和北愛爾蘭則是明顯的例外。

在歐洲，沒有任何國家比荷蘭更懂得營造出寬容的文化，而其國家大小，絕對是其中一個要因。排除摩納哥、梵蒂岡和馬爾他（按：地中海中心的島國）等小國之外，荷蘭每平方英里有一千三百一十六名居民，是歐洲人口密度最高的國家。[34]

這比美國任何一個州都要密集，由於該國的面積僅為一萬六千平方英里（按：約為紐澤西州面積的兩倍、臺灣的一二五％），你可以在不到四個小時內，騎腳踏車往返於兩個人口最多的城市——阿姆斯特丹和鹿特丹。而且，阿姆斯特丹的面積只有紐約市的三分之一、倫敦的八分之一。以人類可丈量尺度來說，怎麼樣？

荷蘭在我心中，占有特殊的地位，因為我在一九九〇年代中期，曾在那裡生活並工作。離開充滿壓力的紐約市之後，身為美國人，我實在不相信荷蘭會如此不同（半夜竟能騎自行車去酒吧？），結合了人類學家的好奇心，我前往阿姆斯特丹。

在荷蘭生活過之後，我了解到，為了使社會穩定，荷蘭有兩個核心原則：第一個是 verzuiling（柱狀化），也就是建立在如筒倉（silo，由於每個穀倉各自獨立，用以比喻社會或公司單位彼此各自為政）之上的社會秩序。

每個宗教和政黨都有自己的機構：獨立的廣播電臺、報社、工會、體育俱樂部，甚至麵包店。這麼一來，沒有人會落入缺乏代表的處境。儘管如此，這個國家過於稠密，文化也過於務實，以至於人們無法待在他們的同溫層之中。

於是，第二個關鍵原則就是 Gezelligheid（舒適或歡樂），Gezelligheid 打通了這些穀倉。在荷蘭咖啡館裡坐幾分鐘，保證會有人和你搭話，因為此精神認為，如果無法愛你的鄰居，至少要去了解他們。[35]

由此可見，寬容是所有重大問題的解決之道。荷蘭是第一個紀念在二戰中，被殺害和迫害之同性戀者的國家。[36]二〇〇一年，荷蘭也是第一個將同性婚姻合法化的國家，[37]而現在安樂死也合法了。[38]而且，早在一九七六年，荷蘭議會就將持有少量大麻（少於五克）除罪化。[39]

這種寬容文化，聽起來是不是好得令人難以置信？我也這麼覺得。荷蘭人喜歡發牢騷，尤其是抱怨關於天氣的問題；早在氣候危機達到一位荷蘭官員所說的「紅色警戒」

（按：若不充分減少溫室氣體排放量，到本世紀末，荷蘭這個低窪國家將面臨近四英尺的海平面上升）之前，他們就很愛抱怨。[40]

日本甚至比荷蘭更擁擠，因為日本大部分都是山區。東京是世上人口最多的城市，其平均住宅面積為七百一十平方英尺，這邊的數據指的是一棟房子的住宅面積，住在公寓中則更小。東京四分之一的人口，居住在不超過兩百二十平方英尺的空間內。相較之下，在美國，浴室面積達一百二十平方英尺也不罕見。[41]

難怪日本人對盆景——成年樹木精心修剪過後的微型版本——很感興趣，而有超過四〇%的東京人口獨居，也不稀奇了。[42]而且因此，日本人感受到的孤獨也比其他人更為強烈。

日本在傳統上奉行集體主義文化，重視團體勝過個人。一位日本經濟研究員評論道：「我們需要專注於和諧的生活，這就是為什麼同儕壓力一直很高。」[43]

而最近，有一種趨勢與這種傾向互相抗衡，被稱為「ohitorisama」，大致可翻譯為「一個人的狂歡」。[44]雖然荷蘭人找到相互容忍的方法，但日本人尋求孤獨作為避難所，遠離他們擁擠的住所。在十年前，想獨自用餐的人，可能會選擇「廁所午餐」（按：嘲諷因沒有朋友，必須躲進廁所隔間吃飯的人）[45]；這種趨勢始於社交尷尬的高中生，和剛進入職場的大學生。但現在，**有越來越多餐廳歡迎獨自用餐和飲酒的客人，並宣揚獨自一人並不是什麼可恥的事**。

接著，還有被空間和與世隔絕所孕育出的文化態度。當我們重新調整人類可丈量的事物時，我們也可以從那些地方學習。

芬蘭每平方英里只有四十九名居民，是人口第三稀少的歐洲國家，僅次於冰島和挪威。在芬蘭，如果你想知道一個人的工資，只要打電話給稅務局即可，因為這是公開資訊。[46] 沒有其他國家有同樣的情況，然而，內斂寡言是芬蘭文化的核心。芬蘭人一般注重隱私，而且出了名的不愛講話。[47]

在人們的刻板印象中，芬蘭人在社交場合反倒容易退縮，與其他人相處的時間越長，就越渴望個人空間。漫畫《芬蘭人的惡夢》（*Finnish Nightmares*）[48] 就記錄芬蘭人對這種邊界的偏好，創造出一種新的風格——芬蘭喜劇。

舉例來說：「一個內向的芬蘭人，在和你說話時會看著自己的鞋子，一個外向的芬蘭人則看著你的鞋子。」如果有一個芬蘭人想離開公寓，卻發現鄰居站在走廊上，或是去等公車的路上，發現有人也在候車亭，又或是必須發表演講、被迫和一個很吵鬧的人共處一室等，這些都是芬蘭人的噩夢。

我敢打賭，在後疫情時期，會有更多人能理解芬蘭人的社交文化。即使是外向的朋友，也向我吐露了他們對恢復群體生活的猶豫不決，這既是出自新發掘的社交焦慮或羞澀情緒，也源自對病毒的恐懼。我們的社交技能，現在都變得生疏。

同樣受到低人口密度影響的還有紐西蘭人，紐西蘭實際面積大於英國，但人口僅有五百萬，相較之下，英國約為六千八百萬。在紐西蘭，羊與人的數量是九比一，是世上羊隻對人口比例最高的國家。[49]

對許多美國人來說，紐西蘭就是樂觀版的美國，一個由勤奮、思想獨立的人們居住的地方，大家都自給自足的生活，同時被令人驚歎的自然美景包圍。除了更完美、很遙遠之外，這其實是美國人認為他們曾經擁有的美國。這充分說明了美國人對紐西蘭的幻想，以至於在二〇二〇年美國總統大選之夜，谷歌上搜尋「如何搬到紐西蘭」的數量飆升。[50]

這些搜尋量，可能出自那群想移民到符合其價值觀之國家的人們，這群人是新部落主義（new tribalism）的一分子，這個意識形態意味著與自己的「同類」聚在一起，並與那些不像自己的人保持距離。

PayPal 聯合創始人之一的彼得．泰爾（Peter Thiel），是川普二〇一六年過渡團隊（按：新任美國總統未正式上任時，負責協助交接的團隊）的成員；他在二〇一一年被授予紐西蘭公民身分。後來，他買下一座豪宅，然後，在二〇一五年，他在湖邊又買下另一座價值一千萬美元的別墅。[51]想搬到那裡嗎？你太遲了。

泰爾和無數名認為災難即將降臨的人，搬到了正在發生巨大變化的紐西蘭。紐西蘭的歐洲人正在減少，毛利人預計將增長二五％，很快的，亞裔將增加七〇％。[52]紐西蘭仍是一個小國家，但與此同時，它又充滿了文化多樣性。

超大別墅落伍，現在流行袖珍社區

我們對於尺度的看法，也受到地理和都市密度影響，正如我們將荷蘭和日本拿來和芬蘭與紐西蘭對比一樣；但同時，人類可丈量的大小，也和抱負和成功的觀點有關。

我們可以在人們對修馬克一九七三年散文集褒貶不一的評價中，看到相互競爭的觀點。對於他所說的「巨人症」（gigantism，在此非指生理疾病，而是資本主義下的產業，藉由過度消費達到巨大規模），修馬克的抵制被一些人稱讚為有遠見的，但在業界，仍有一群不怎麼贊同的觀眾。

也許是因為在美國，二戰後的繁榮，導致許多人堅信「要不放手一搏，不然乾脆不要做」的信念。

在二〇〇〇年，修馬克的「小即是美」概念，雖然受到一些非主流人士青睞，但在很大程度上仍被普羅大眾忽視。不過，他的書很受進步人士喜愛，是大學指定讀本中的熱門經典，只是，等到「在地消費」和「公平貿易」這兩項口號為眾人所知時，修馬克才闖出更大的名號。

在過去的幾十年裡，一些大公司採用了修馬克的小即是美理念，其中包括英國化妝品保養品牌美體小舖（The Body Shop）和美國生產冰淇淋的班傑利公司（Ben & Jerry's）。

但是，在功成名就的時刻，兩家公司都獲得一個難以拒絕的價格，並且被併購至承諾不修改其本質的大公司之下。美體小舖被萊雅（L'Oréal）收購（隨後轉售給巴西的Natura & Co.），班傑利公司則被聯合利華併購。

大多數公司秉持著「大不僅更好，更是最好」的信念，只要所謂的「大」，指的是利潤而非員工總數就好。同樣的，投資銀行玩著會計的把戲，而企業員工淪為「顧問」，以降低養老金和健康福利成本。但機器人可以執行複雜的任務嗎？無人機可以取代送貨司機嗎？

不要期盼大公司自願縮小規模，但我們可以期待公司對員工的健康，並在某種程度上，為生活與工作的平衡，做出更堅定的承諾。在疫情之前，工作場所是許多員工的宇宙中心，但現在這種態度地位不保，因為許多員工透過肢體和情感上的距離，獲得了全

下一個現在

公司可能不會變得更小，但會變得越來越透明，無論公司領導人是否喜歡此發展。到了二〇三八年，我們將更容易獲得薪資水準的資料，方便進行比較，但也增加了主管階層解決不平等問題的壓力。

新觀點。

「越大越好」是美國前兩個世紀盛行的精神，但歷史從來都不是一條直線。在二十世紀後期，資本主義逐漸不受管制的表面下，存在著使人們能夠以更溫暖、更柔軟的生活方式對話的網路世界。在一九八〇年代，居住在華盛頓州惠德比島一千人小鎮的建築師羅斯．查賓（Ross Chapin），開始思考一種更以人為本的生活方式。

正如他所寫的那樣，他的解決方案並不新鮮：

> 人類是群居動物，我們喜歡和別人住在一起，對個人空間的渴望，或許也是一種需求。然而，在上一代的某個時候，人們著迷於擁有自己的房子，以至於大眾對隱私的渴望過於膨脹，讓我們受困在茫茫房海中，自己的私人島嶼上……我的腦海中，開始描繪出一幅像俄羅斯娃娃的畫面：袖珍社區（pocket neighborhood）。[53]

一九九六年，查賓建造了他的第一個袖珍社區。你可能會想，一個袖珍社區，就是帶有 Scott Bader 協會面向的修馬克型社區。有的是零星的住宅，不是迷你偽豪宅，而是一層半的小屋，大多數約六百五十平方英尺，閣樓高達兩百平方英尺。具備十九世紀房屋的特徵：帶有低欄杆的前廊，方便路過的人停下來聊天。

對於任何夢想生活在法國村莊或義大利山城的人來說，這個位於西雅圖通勤距離內的島嶼社區，具有強大的吸引力。

在新千年的第一個十年內，即便是人們最為狂放的夢想，也難以觸及商業利潤現今成長到的水準。但大多數人有著不同的經歷，尤其是經歷了二〇〇八年金融危機時他們的收入、房屋淨值和儲蓄紛紛遭到摧毀。

越來越多美國人想要縮小規模，有些人則不得不如此：郊區土地價格飆升，都市的價格甚至更加膨脹。從二〇一〇年到二〇二〇年，美國新出租公寓的規模縮小超過五%，套房則平均比二〇〇八年小了一〇%。[54]

在羅德島州首府普洛威頓斯，美國第一間關閉的購物中心西敏商城（Westminster Arcade，約於一八二八年建立）被改造成「微型公寓套房」的集合式住宅後，煥然重生，這種公寓大多都小於三百平方英尺。[55]

空間之所以狹小，不僅跟剛起步的千禧世代有關，已婚人口在通往高級住房的階梯上停滯不前，此外，壽命延長的嬰兒潮一代，僅能依靠資金不足的401k計畫（按：美國實施的退休儲蓄計畫，藉此提供國民養老基金）和社會保障福利，才能讓他們度過難關。

在俄勒岡州尤金市，「科內斯托家式的篷車小屋」（Conestoga Huts）為該市的一些無家可歸者提供庇護。每間小屋只有六十平方英尺，只需十萬美元（相當於一棟小房子的成本），一個社區團體就可以建造八個小屋。而且六十平方英尺就能為未來奠定基礎，一位居民說：「當你有一個地方，能保護你的財產不受風吹雨打，而不是拖著它們四處走動時，那就可以讓你的生活穩定下來，弄清楚你的下一步是什麼。」[56]

小的趨勢，就像在人行道裂縫之間生長的小草，找到了一條出路。住房的新興趨勢也是如此。迷你房屋變得具有移動性，一些長途卡車司機，在駕駛座後面的車廂，安裝了馬桶、淋浴、廚房和電視。[57]

對大多數人而言，在漢普頓（按：位於紐約州長島東部的海灘度假勝地，遍布著高檔飯店與渡假村）度過週末，是一項非常昂貴的事情。相較之下，在一棟小房子裡度過一個週末，對大眾來說更平易近人。

珍娜．哈里斯（Janna Harris）在德州拉魯（LaRue）附近一個樹木繁茂的林區裡，租了一棟五百平方英尺的房子。她的新房東是公司 Getaway House，該公司經營多間小

下一個現在

偏遠、脫離電網地區的小房子，對許多都市和郊區居民而言，將成為新的「鄉村住宅」；這類住宅不僅提供自然環境、在現代社會中的喘息機會，還是躲避自然災害、內亂或傳染病的好去處。

型租賃住宅，距離十一個主要城市不到兩個小時的車程，[58] 該公司於二〇二〇年疫情期間的入住率，從未低於九六%。

這些房屋是安全的，並與社會保持距離：沒有鑰匙門、沒有公共空間。在設計時尚的房子裡，只有廚房、私人浴室、戶外火坑和無線網路，價格從每晚九十九美元起跳。哈里斯說：「我在那裡，都沒有遇到過另一位客人，沒有比那裡更安全、更能保持社交距離的地方了。」[59]

其他人則在疫情期間，將小房子送到自己身邊。俄勒岡州的 Room + Wheel 服務，讓你不用邀請朋友或親戚住在主屋裡，而是租一個移動式的小房子，在他們擁有的土地上放置幾天或幾週，這允許人們在保持社交距離的情況下社交。[60]

對於醫療人員與其他不想冒險，將病毒傳染給親人的勞工而言，這也是一個聰明的解決辦法。

直到最近，小一直是可愛的代名詞。再不然，也有人會聯想到強制裁員、地位下降等現象。不過，現在事情不再如此。

Timex 是新一代的勞力士（按：因其價格平民，且有勞力士替代品的特質）。特斯拉則計畫在二〇二四年前，生產一款價值兩萬五千美元的小尺寸掀背車。[61]

新冠疫情導致許多人重新考慮，他們究竟需要多少東西。俄勒岡州波特蘭市的平面設計師伊莉莎白・柴（Elizabeth Chai）決定，與其購買新的物品，她要修理或借用東西，並處理掉擁有的雜物，目標是出售、捐贈或扔掉兩千零二十件物品。最後，她成功實現了自己的目標。[62]

近一個世紀，「巨大」、「大量」等概念席捲全球，但現在我們將開拓一條新的道路，在獲取規模化利益的同時，滿足我們對小的渴望。

企業家兼紐約大學（New York University）教授史考特・蓋洛威（Scott Galloway）將此稱為「大離散」（The Great Dispersion）的一部分，[63]也就是：「繞過守門人，也減去不必要的摩擦和成本，在最需要的地方和時間，將產品和服務分配到更廣泛的區域。」[64]

在未來幾十年內，很可能會出現更嚴重的疫情，因為我們至今仍不確定，科學家是否找到及早遏止大規模感染的方法。部分基於這種不確定性，**我觀察到人類對於「小」的品味正在盛行**。

因此，我們能期待出現更多辦公艙（working pod，以注重個人隱私為發想的辦公室設計，尺寸與容量以個人需求為主），而不是大型辦公室。此外，還能想見小城市的蓬勃發展、結合「少而小」與前端科技的新一代簡約生活，以及人們致力於減少環境足跡的努力。

最重要的是，不用再預設人們將詢問這個老問題：「規模能擴大嗎？」相反的，我們將探問：「這是適合人類的大小嗎？」

第10章

新奢侈品：時間、健康、幸福和正念

Rising Sun，是一艘長達四．五四英尺、價值五．九億美元的遊艇，由夢工廠動畫（DreamWorks Animation）聯合創始人大衛．葛芬（David Geffen）所有，可容納十八位客人，由四十五名員工服侍。

多年來，遊艇上出現過的嘉賓多是大名鼎鼎的人物，包括主持人歐普拉．溫芙蕾（Oprah Winfrey）、演員布萊德利．庫柏（Bradley Cooper）和奧蘭多．布魯（Orlando Bloom）、歌手凱蒂．佩芮（Katy Perry）、喜劇演員克里斯．洛克（Chris Rock）、歌手布魯斯．史普林斯汀（Bruce Springsteen）和瑪麗亞．凱莉（Mariah Carey）、演員李奧納多．狄卡皮歐（Leonardo DiCaprio）、貝佐斯、歐巴馬夫婦，以及連續兩屆的奧斯卡影帝湯姆．漢克斯（Tom Hanks）等。

你可能從未看過這些名人——或任何其他人——在那艘船上的照片，但我們都知道這艘遊艇的存在。二〇二〇年三月下旬，當我們在新冠疫情的頭幾週，困在家裡並陷入恐慌時，葛芬與他的八萬七千名 Instagram 粉絲，分享了一張很可能是用無人機拍下的遊艇照片，隨文寫下：「昨晚的日落，將自己隔離在格瑞納丁（按：加勒比海的群島之一）以避免病毒，我希望每個人都能保持安全。」[1]

葛芬更新貼文當日，美國有超過十八萬九千個新冠病毒確診病例，和超過三千九百人死亡；[2] 全球通報死亡人數則超過三萬九千五百人。[3] 過不了多久，貼文便引起大眾喧嘩，推特上有人發文表示：「有人對葛芬發布如此脫節的照片感到震驚嗎？他還不如拍一張對著全美國的人比中指的照片。」[4]

《富比士》雜誌估計，葛芬的財富高達一百億美元，這使他成為娛樂界最富有的人。[5]這艘超大遊艇，換句話說，正好符合《大亨小傳》（*The Great Gatsby*）的主人翁傑．蓋茨比（Jay Gatsby）所代表的美國傳統：「你所擁有的，就炫耀給眾人看。」但是，這種傳統是否已經過時了？

有人說：「奢華，就像美貌一樣，每個人都有一套自己的審美觀。」[6]在一場備受矚目的公開拍賣會上，花一億美元買一幅畫，表現出的不僅是一個人對藝術的熱愛；身為一名普通人，讀到這則令人窒息的新聞，只會覺得又被提醒，某些人有一億美元的閒錢可以花。

按照這種邏輯，擁有一輛價值十六萬八千美元的賓利（Bentley）運動休旅車，你所獲得的快樂，很大一部分來自——你開車經過時，人們臉上的表情。當你走進一家餐廳，手裡拿著價值六萬八千美元的鱷魚柏金包（Birkin）時肯定會有人轉過頭來，餐廳經理還會把它放在椅子旁邊的矮凳上，這樣手提包才不會碰到地板。

然後，突然之間，一切都變了，就像二〇二〇年和二〇二一年的很多事情一樣，我們長期以來對奢侈品的假設被顛覆了。階級怨恨的情緒高漲，「吃掉富人」（Eat the rich）成為社群媒體上盛行的宣傳口號；相較之下，富人們則變得稍加低調，減輕愛炫富的習慣。

那輛賓利？現在停在一個耗資三千萬美元、設有門禁的東漢普頓「小屋」的五車位車庫裡；那個柏金包？在和紐約某些公寓一樣大的衣櫃裡頭，躺在專用天鵝絨套裡沉睡著；那葛芬呢？貼文引起巨大反彈後，他刪除了 Instagram 帳號。[7]

奢侈的意義遠遠超出物品本身。情緒不斷騷動人心，在二〇二〇年，商店尚未關閉、窗戶仍未封上木板的時候，一位女士告訴我：「對我來說，大手一揮就將白金卡扔在蒂芙尼（Tiffany）的櫃檯上，然後拎著那個裝有奢侈品的獨特藍盒子走出去，沒有什麼比這更令人感到心滿意足了。」

即使我不一定認同，但我明白她所說的感受，因為很多人都會這樣。這名消費者透過購買物品，獲得了一種近乎不得體的快樂；因為，當她才華洋溢、功成名就，但在她的生活裡，愛卻變成一種短缺品時，她便需要一個具地位的物品作為慰藉。她的快感轉瞬即逝。她明白、我們也明白，她很快就會再去下一家昂貴的精品店，買一些她不需要的東西，簡直可說是高端零售治療法。

然而，以後疫情的新思維來看，蒂芙尼的小首飾已經不符合奢侈品的購買資格了。她一時衝動買的商品，可能比你在暢貨商店裡買到的東西還好，但她那個中價位的蒂芙尼珍品，事實上只搆到了奢侈品的邊。

長期以來，中檔價格區一直是高檔品牌的最佳選擇，因為這些產品並非大規模生產，但也不需要經驗豐富的工匠長時間製作。這些昂貴但不獨特的商品，讓購物者體驗到超高端產品提供的排他感。

接著，這些商品會刺激出更多欲望，要是又獲得升遷，她很可能會為了下一個昂貴精品，將信用卡扔在櫃檯上。

對大多數人來說，這一切都結束了。奢侈品已經發生了變化，即使是那些曾經習慣在天鵝絨私人包廂中一邊啜飲香檳、一邊端詳私人採購員（personal shopper，一種服務型態，專為高端客戶完成指定衣物款式的挑選、陳列或給予專業時尚建議）所挑之商品的人來說也是一樣，而在年輕一代中尤其如此。

現在，所謂的奢侈品，不再與地位有關，反而關乎真實性和感覺。正如瑞士安全性軟體品牌 EHS Insights 所表示：「健康、幸福和正念等更多內省的概念，正迅速成為新的奢侈品。」[8]

使消費者越來越能感受到意義的，是一種更加個人化的奢侈品，它比舒適消費主義（comfort consumerism，主張在繁忙與精神壓力大的現代社會，消費者重視的是結合奢華與幸福感的商品）更深入，並融合了幸福的感受。**在這個創造了大量財富的時代，奢侈品已經從事物轉向體驗。**

美國企業家伊恩・薛格（Ian Schrager）以「54俱樂部」（Studio 54）的聯合創作者而聞名，54俱樂部是曼哈頓傳奇迪斯可舞廳，透過將一群人拒之門外、並塞入另一群人的篩選制度，而蓬勃發展。

後來，他建立酒店，重新定義眾人對奢華的期望，有時候，奢華是監獄牢房裡附有水槽的小浴室；又有時候，奢侈是床鋪上方的藝術明信片。[9] 二〇一七年，他轉換方向，創設了公眾酒店（PUBLIC），以「人人皆享有奢華」（luxury for all）為其經營理念。

薛格的解釋是：「儘管古老、過時的奢侈品概念，由你有多富有、住在哪裡、開什麼車、穿什麼品牌來定義，但新的奢侈品，是時間上的自由。」[10]

在薛格的新世界觀中，奢侈品的核心是舒適、輕鬆、便利性，再加上遠離干擾與麻煩。[11] 沒有什麼服務或設施是毫無意義的，像是一張舒適的床，據他所言，舒適與否和紗數無關；好咖啡用的咖啡豆，最好充滿著優良的道德觀（如公平貿易、黑人經營）；能夠享有的互動既簡單又不拖泥帶水，同時也讓人看得見成效。

就像《金髮女孩與三隻熊》（*Goldilocks and the Three Bears*）中的小熊一樣，新的奢侈品消費者，追求「恰到好處」（按：該故事中的女孩認為，不冷不熱的粥最好吃，故事又衍生出在天文、經濟領域的發展，應恰到好處的原則，又稱為金髮姑娘原則）。

這是一個非常重大的轉變。無論年紀為何，人們都習慣相信，奢侈品是由富有、地位高的人所定義；這意味著豪宅、精美的藝術品、雅緻的傢俱、無可挑剔的剪裁、精英學校、高級社區、排他性的俱樂部……這一切都鮮明的體現出保守與傳統價值觀，也就是以歐洲為中心的價值觀。

在那個世界裡，奢侈品是非賣品。它是經過買賣交易或繼承而來的。該商品沒有公開性行銷，存在於一條看不見的天鵝絨繩路障後面，只有超諳世道的人才看得到。過去的決定性考驗就像這樣：如果你必須開口問價，那東西真的不適合你。

現在，有許多奢侈品都能輕易買到，對於那些可自由支配花用的人來說，也是可靠金錢獲得的。Peloton，是一種受歡迎的增強型健身自行車，曾經是要價一千九百九十美元的高端產品；現在，它在電視上打的廣告宣稱「每月只需三十九美元」。[12]

當然，隨著利息的累積，「每月只需三十九美元」合計起來，金額可能很可觀；這很可能也解釋了，為何平均而言，X世代背負著超過七千美元的卡債。[13]

在疫情期間，數百萬人學會了烘焙，並發現他們的麵包與專業麵包師做出來的一樣美味。而擅長園藝的郊區居民，他們種植出華麗和營養豐富的蔬菜，與高檔商店出售的不相上下。至於家庭劇院中的電影，看起來也沒有比液晶電視好到哪去。

的確，仍然有一些高價的奢侈品，但現在它們更容易被視為珍貴的收藏品，可以用於參觀衣櫃的時候展示，而不是拿到馬路上炫耀；舉例來說，只要揹著柏金包，就宣示了你的精英地位。

此外，還有一個相對罕見的案例：愛馬仕（Hermès）每年生產不超過一萬個價值一萬一千美元以上的包包。直到最近，這個名牌包仍很難買到。如果你不是愛馬仕的重要客戶，那你的名字就會被列入等候名單，可能需要長達兩年的時間，才能輪到你，此時，無論這個奢侈品牌願意賣給你什麼，你都會入手。

你可能認為，疫情會導致柏金包銷量大幅下降，因為如果無法拿出來炫耀，那擁有柏金包有什麼意義？這其實是過去的奢侈思維。**現在的心態，是收購、品味、保護甚至管理奢侈品，以作為投資。**

近年來，**比起黃金或股票，柏金包成了一項更好的投資**。二〇一九年，柏金包的回報率是所有奢侈品投資中最高的，全年上漲了一三％。[14] 二〇二〇年，柏金包作為一項投資標的，其吸金力給予一家名為 Rally 的公司靈感，讓那些買不起包包的人參與這項賺錢計畫：Rally 將二十個柏金包拆成兩千股股票，以每股二六・二五美元的價格賣出，且沒有最低投資額。[15]

這註定是一項值得的投資。二〇二〇年七月，英國藝術品及奢侈品拍賣行佳士得（Christie's），線上拍賣復古手提包的收入為兩百二十六萬六千七百五十美元，其中包括要價三十萬美元的鱷魚皮愛馬仕鑽石喜馬拉雅二十五公分柏金包。[16]

如果你現在買了一個柏金包，你會把它放在盒子裡，並存放在陰涼乾燥的地方。這是個很法式的應對方式，法國人的理論是：「低調，反而最引人注目。」他們對自己的財富輕描淡寫，除非你跟一個富裕的法國家庭很熟，否則你永遠不會被邀請進入他們的家中。

不過，法國人之所以如此謹慎，理由也很充分。在法國大革命期間，貴族被送上斷頭臺，並根據外表的富有程度來計算稅收，包括家裡的門窗數量。[17]這持續影響著人們對於炫富的態度。正如《紐約時報》指出：「巴黎人很少穿戴在紐約某些街區必備的巨大鑽石，到處趴趴走。」[18]

在二〇二〇年，越來越多人開始將奢侈品視為明智的投資，而不是用來展現和炫耀的商品（況且，誰有地方可以炫？），此外，他們也發現了更有價值的東西：隱私和與世隔絕。現在，生活無虞的人選擇把自己安頓好，遠離過去被視作不潔的下層平民；儘管你我都清楚，群眾們在疫情期間，都已抹上大量手部清潔液。

富人已經有了隱私及跟現實世界之間的緩衝空間，他們只是沒有意識到，這是多麼珍貴的事情。等到世界變成一部恐怖電影，他們才轉換住所，從都市遷至被精心打理的大自然環境包圍的鄉下宅邸。

一般人都在沙發上度過疫情，刷串流平臺上的電視劇，我們冒險出門時，必須戴上口罩，擔心與未戴口罩的人近距離接觸。

與此同時，富人呼吸著新鮮空氣，在最先進的家庭健身房鍛煉身體。富人的生活中，沒有救護車鳴笛聲當背景音效，反而享受著寂靜的美好。其他人的孩子們都上Zoom，在虛擬學校上課；富人則聘請私人家教，跟廚師和保母一樣，經常住在家中。

在醫院工作人員穿戴著垃圾袋抵禦病毒時，富人投資了最好的奢侈品：健康。特約醫生（concierge doctor），向那些覺得有必要排在每條隊伍前緣的客戶，每年收取高達兩萬美元的費用，而且這是十年前的故事。

二〇二一年的最新消息是，富人可以插隊、優先施打疫苗。在紐澤西州，當只有一線醫護人員和長期護理機構的居民有資格施打疫苗時，亨特頓醫療中心（Hunterdon Medical Center）在無法確立合格接種者、又不願浪費疫苗劑量的情況下，讓醫院兩名長期捐助者，及醫療主任、管理師和主管的至少七名配偶和兩名成年子女（有些只有二十多歲）接種了疫苗[19]。這個情況，也發生在三個南佛羅里達的醫院中。

而在紐約呢？你可能會認為，有錢人肯定不僅在曼哈頓和漢普頓兩個地方插隊，而且受惠其慈善事業的受贈醫院，還為他們提供了在家接種疫苗的服務；但是，為什麼實際上沒有發生這種情況？因為當時的州長古莫警告，要對醫生、護士、緊急護理提供者，和其他不道德的提供疫苗的人，實施高達一百萬美元的制裁（並撤銷執業權）。如果有人認為他在虛張聲勢的話，他提出一項法律，把任何試圖搶在醫護人員之前接種疫苗的人視為刑事犯罪。但在報導裡，我們也看到了有趣的打臉現場：古莫的家人在疫情爆發初期、新冠篩劑供應不足的時候便接受過篩檢，且當時通常由紐約州州府人員在古莫家中執行。[20]

在疫情早期，我們都被提醒了身體健康的價值所在，但我們也意識到時間的寶貴。在這個狂熱的時代，薛格稱時間為終極奢侈品是正確的。二〇〇五年，蘋果創辦人史蒂夫・賈伯斯（Steve Jobs）在史丹佛大學（Stanford University）發表的傳奇畢業典禮致辭中，告誡畢業生要好好利用時間：「你的時間是有限的，所以不要浪費時間過別人的生活。」[21]

現在，**時間不僅寶貴，還是一種特權**。年輕女性冷凍卵子，是為了購買更長的生育窗口（fertility window）；老年人去休養生息、練習氣功以恢復靈活性、家戶利用「自動再次快遞」（automatic redeliver，利用過去的訂單，自動重新下單並運送到府）的功能購買雜貨、送兒女參加一年精英研究生計畫，以推遲大學錄取，好在競爭中占據優勢的父母……這些人，都在爭取時間，而他們都理解時間的價值。

購買奢侈品的主要客群，從歐洲轉移至亞洲

現今的奢侈品會變得不一樣，一部分也是因為購買奢侈品的人口結構出現變化。

在過去的幾年，奢侈品市場的重心，從歐洲轉移到了中國和其他亞洲地區，那裡每天都有新的百萬富翁誕生。二〇〇〇年，中國買家僅占高價奢侈品購買量的一%。根據管理諮詢公司貝恩（Bain & Company）的報告顯示，到了二〇一九年，這個數字已躍升至三三%。[22] 但管理諮詢公司麥肯錫（McKinsey）的數據指出，[23] 其中大部分（約七〇%）都在海外進行，通常是在短程的歐洲旅行期間。

如果你看過《瘋狂亞洲富豪》（*Crazy Rich Asians*）——有史以來票房第六高的浪

漫喜劇[24]——你可能對亞洲奢侈品市場有些許了解。這部電影以新加坡為背景，講述富有的亞洲人對炫耀性消費和高端名牌的喜愛。

此電影透過巧妙結合了國際知名品牌（包括普拉達〔Prada〕、寶緹嘉〔Bottega Veneta〕、迪奧〔DIOR〕）與東南亞設計師（包括馬來西亞設計師王克勇〔Carven Ong〕、菲律賓設計師麥克·辛科〔Michael Cinco〕、馬來西亞男裝品牌LORD's 1974），建構出本片的時代背景。

在二〇三〇年前，歐洲奢侈品公司希望購物狂熱，能從巴黎轉移到上海，讓他們繼續出售高價商品，唯一改變的是銷售地點離他們著名的設計室有一段距離。從短期來看，這可能會提高獲利，因路易威登（Louis Vuitton）、古馳（Gucci）等品牌，同樣的產品在中國的價格比歐洲高上三分之一。

在美國，奢侈品的走向趨於低調，設計師款基本上都很單調，因為只有內行的人才認得出來，這樣更能彰顯地位。普拉達設計師繆西亞·普拉達（Miuccia Prada）便曾說：「現在是截然不同時代。一切都是相反的。」[25]

目前的趨勢，是奢侈品的準民主化。一件復古的香奈兒T恤，可以賣到兩千美元；[26]在專售奢侈品的百貨公司尼曼馬庫斯（Neiman Marcus）中，巴黎世家（Balenciaga）的T恤價格為四百九十五美元，但同一個品牌的手提包，要價兩千美元——順帶一提，這款手提包的外觀，跟一美元的宜家家居（IKEA）藍色購物袋很像，簡直就是親戚。[27]

你也可以在餐飲中找到這樣的例子。義大利裔的米其林星級餐廳廚師卡洛・克拉科（Carlo Cracco），便在他的料理中使用市售薯片。

這並不是在說，富人變得謙和了，而是他們滿足虛榮心的方式有所改變。一些人委託代筆者，製作自行出版的回憶錄，在家人和朋友中傳閱；此外，也有人開拍私人紀錄片，尤其現在生活中的不確定性增加，這項計畫或許顯得更吸引人。

在英國，電影製作人安德魯・蓋梅爾（Andrew Gemmell）創立了一間專門執行這類型業務的公司。他採訪了客戶的朋友和家人，為其描繪出一幅討人喜歡的模樣。客戶為一部紀錄片，支付高達五萬美元，若出外景拍攝新片段，成本便可高達十萬美元。[28]

由於極端的財富往往是承襲的，所以比起永遠不會失去價值的投資帳戶，其實，**謹慎的維護自己家庭的地位，會為人們帶來更多財富**。

例如，有些人沒有意識到，正如二〇一九年美國大學招生醜聞所揭示，富人對教育的重視程度有多高。富人對教育領域的用途，知道得可多了。

他們明白，優質教育的最大優勢是批判性思維，讓人能夠區分對錯，並揭開真相。他們透過自己的經驗明白這一點，這也是他們賺錢的方式，所以，有錢人才希望自己的孩子去上頂尖大學，在那裡結識其他頂尖家庭的孩子，並建立出畢業後他們還能互相受惠的人脈。

但是，隨著大學優先考慮多樣性和公平性，這個計畫再也行不通。二〇二一年，阿默斯特學院（Amherst College，位於美國東北部的麻薩諸塞州，是麻薩諸塞第三古老的高等教育機構，也是全美排名最高的文理學院之一）連同約翰霍普金斯大學（Johns Hopkins University，位於馬里蘭州巴爾的摩的研究型私立大學）、麻省理工學院（MIT）及其他頂尖學校一起，禁止優先錄取校友子女。

在二〇一四年至二〇一九年，哈佛大學三分之一的「傳統」申請人被錄取，而相較之下，總體錄取率僅為六％，[29]是一個重大的改變。

美國第三位總統湯瑪斯．傑佛遜（Thomas Jefferson）寫道：「知識就是力量，知識就是安全，知識就是幸福。」[30]要致富，就必須投資這個主張。

而財富賦予的另一種奢侈品，在一些最關鍵生活領域內，你擁有的選擇餘地。舉例來說，有能力獨立生活的女性，可以選擇不踏入婚姻；在南韓，「敗犬」變成了「黃金剩女」。

另一種選擇的機會，則是為人父母。我一位年輕的朋友宣布，他的妻子在疫情初懷孕了，和他們認識的另外六對夫婦，都是一樣的月分。他們有什麼共同點？答案是，他們的家庭都很富裕。

在這樣的同溫層之外，疫情並沒有引發嬰兒潮。儘管辦公室禁止進入，許多對伴侶都在家一起工作，但美國著名智庫布魯金斯學會（Brookings Institution）預測，疫情將在美國造成大規模且持久的嬰兒荒（baby bust），僅在二〇二〇年，出生人數就下降了三十萬。

在實施居家限令的九個月後，醫院公布的出生率與二〇一九年相比之下較低，俄亥俄州下降了七％，佛羅里達州下降了八％，亞利桑那州則下降了八％。[31]

所謂疫情教會我們放慢腳步、向內看，挖掘我們的「真實性」……這種話已經被寫得像是陳腔濫調。我想，非常富有的人，可能已經做到了這一切，但更重要的是，他們開始接受奢侈品在現今社會上的意義，並思考要如何善用此知識，來確保自己的主導地位。

現在奢侈品身上發生的事情，反映了人們對物質主義態度的轉變，以及**一些有錢人**

下一個現在

當疫情導致邊境關閉時，順勢攪亂了妊娠代孕的生意，且父母們發現，他們的親生孩子被困在很遠的地方。到二〇三八年，會看到這個行業變得更被廣泛接受、受到規範和在地化。目前在澳洲、義大利和英國，已經出現將商業代孕合法化的呼籲聲。

希望保護孩子免於患上的「富裕疾病」，又被稱為「富流感」（affluenza）——一種對過度消費的成癮，且與幸福呈負相關。

這個詞已經存在了一段時間，但在二〇一三年，一個名叫伊森・庫奇（Ethan Couch）的年輕人，酒駕殺死四人後，被判緩刑而非監禁，因此，富流感一詞便在大眾的意識之中烙下印記。一位心理學家在辯護中作證說，當時這位年僅十六歲的年輕人，不應該對自己的行為負全責，他說：「因為庫奇是富流感的受害者，這是生活富裕、權貴父母的產物，他們從不為他設下限制。」[32]

當然，與富裕產生關聯的，往往是生活的不滿，而不是車禍致死事件。正如《雪梨晨鋒報》（*The Sydney Morning Herald*）幾年前報導的那樣：「雖然擁有的比過去幾代人都還要多——偽豪宅、雙車位車庫、廚房裡的歐洲電器用品，和由設計師專門設計出的狗項圈——我們仍對自己的處境感到不滿意。」[33]

我們對生活的不滿，使購買並享受時間，成為我們這個時代珍貴的「聖杯」，需要付出一定努力才能獲得。對千禧世代和Z世代來說尤其如此，他們拒絕父母和祖父母堅信的過時觀點：「誰離世時擁有最多玩具，誰就贏了。」（He who dies with the most toys wins，一種鼓勵人們在生前擁有越多物質越好的觀念）。

由於許多Z世代具有反物質主義傾向，全球品牌策略公司 Équité 的總裁丹尼爾・蘭格（Daniel Langer）預測，在二〇二一年營運的奢侈品牌之中，將有多達五〇%無法在十年內生存下來。[34] 對越來越多的年輕人而言，時間帶來的自由價值，遠超過任何高價時裝。

然而，**像所有奢侈品一樣，時間並不是每個人都能負擔得起的**，正如我們接下來要探討的那樣。**如果你正在辛苦的維持生計，你是無法爭取到時間的。**

第11章

窮人想成為富人，富人想成為國王

奢侈只是財富的面向之一，無論是財產、自由，還是享受美好體驗的閒暇時刻，都是富人展現自己擁有什麼的表達方式之一。財富的另一個面向，則具有更深遠的影響，代表著不平等。

當我們審視過去二十年，是如何塑成今日人類如何生活、思考和體驗的力量及趨勢時，當然不能忽視貧富差距、特權與非特權之間的鴻溝，日益擴大之下的影響。

自千禧年以來，儘管有一些發展中國家的中產階級也開始壯大，但不平等現象和我們對不平等現象的認識，也都持續加深。雖然富人在馬爾地夫印度洋海平面下五公尺處的伊薩海底餐廳（Ithaca Undersea Restaurant），大啖奧西特拉鱘魚子醬（Oscietra Caviar）、鵝肝和松露餃子，但超過十億人每天的生活費少於二．五美元，其中八億人沒有足夠的食物。[1]

當有錢人在自己的第二、第三棟房子休養生息時，全世界有十六億人，生活在不適當的住房條件下，且無家可歸者多達數百萬人。[2] 雖然在疫情期間，許多人的投資帳目大漲，但世上約有十七億公民，既沒有銀行帳戶，也無法獲得基本的金融服務。[3]

全球乃至社群內部資源分配的嚴重失衡，從我們出生的那一刻起，直到嚥下最後一口氣，都在不同程度上影響著每個人。

我們經常把不平等，說成一種具有挑戰性的狀況，是眼下深刻存在的問題。但為了要設想出未來會發生什麼事情，舉凡財富、資源、乾淨空氣和水、教育、機會上的不平等，很可能就是決定未來的最大因素。

經濟差距一直是一種文化常態，其根源可以追溯到人類歷史的開端。在本世紀，它開始引起更多關注，而原因很簡單：不平等不再那麼容易隱藏，並且呈倍數級成長，甚至幾乎沒有跡象表明這種模式會改變。

在我們開始觸及這個議題之前，我們首先必須問，什麼是財富？

財富很難定義，你可以想想看，在你居住的地方，怎樣算是富有？又或者，在你的家人和朋友之間呢？在農村地區的工廠工人之間呢？住在高級地段的人們之間，又是什麼樣子？

《牛津英語詞典》（*Oxford English Dictionary*）將財富定義為「珍貴財產或金錢的豐富度」。但什麼能構成這邊所說的「豐富」？根據旁觀者（和資產持有人）的不同，看來是有不同見地的，並受到一系列因素的影響，包括社會經濟背景、收入來源、年齡和生活方式。

簡單來說，一百萬美元的多寡和實際價值，取決於那個人居住的社區，以及他在哪個圈子打滾。正如德州石油商尼爾遜・邦克・亨特（Nelson Bunker Hunt），在蒙受巨大損失後，廣為人知的聳了聳肩，說道：「十億美元已經不是過去的樣子了。」[4]

對我而言，像許多人一樣，財富是以它能提供的安全感和自由來衡量，也就是可以應付生活問題（至少在財務上的問題）的安全感，以及做自己覺得有成就感的事情的自由。我認為，美國作家亨利．大衛．梭羅（Henry David Thoreau）對財富的定義是正確的，他說，財富是充分體驗生活的能力。

財富的對立面，貧困，則可以被更精準的衡量。衡量貧困的普遍標準，是國際貧窮線（international poverty line，簡稱IPL）。截至二〇一五年，根據世界上十五個最貧窮國家的平均貧窮線，貧困被設定為每日靠一．九美元過活。[5]

國家越富裕，貧窮線就越高。二〇二一年，在美國，滿足基本人類需求所需的最低資源水準，設定為四十八個相鄰州內，兩名成人和兩名兒童的年收入為兩萬六千五百美元[6]（阿拉斯加和夏威夷的門檻較高，因為這些社區的生活成本較高）。

下一個現在

臺灣的貧窮線算法，為「全家每月經濟收入／全家人數」；若此數字未達「最低生活費×一．五」，等同符合中低收入戶的申請標準之一。

於二〇二〇年貧窮線上調後，臺北市的貧窮線為一萬七千六百六十八元（等於每人月收入低於兩萬五千兩百四十一元，即符合中低收入戶）、新北市為一萬五千六百元、臺南市為一萬三千三百零四元。

想理解財富，從它跟貧困的關係來看比較容易，因為這種對比很驚人。根據《富比士》的數據顯示，二〇二一年，世界上有兩千七百五十五名億萬富翁，[7]他們的總資產為十三．一兆美元，高於二〇二〇年的八兆美元。在這些億萬富翁中，超過四分之一（七百二十四人）居住在美國，為所有國家中最多，但是，擁有六百九十八名億萬富翁的中國，正在迅速趕上。[8]

如果美國億萬富翁的激增，充分反映出美國人民工作勤奮、想法創新、經濟健康及國泰民安，那是一回事。但**這些財富中，有大部分是靠繼承取得的**，這一點可以從名單上有一些叫沃爾頓（Walton，沃爾瑪創始人山姆．沃爾頓〔Samuel Walton〕家族的人）和瑪氏（Mars，家庭企業瑪氏食品〔Mars, Incorporated〕的家族成員）的人證實；同時，他們也受益於利於富人的稅法。

畢竟，擁有大筆資金的人，可以花大錢來支援友好的政客。[9]而這些稅法由弱肉強食、逆羅賓漢（從劫富濟貧變成劫貧濟富）的倫理所推動，且可說是美國是最為極端的倫理。

拜優惠性稅收政策之賜，最富有的二〇％美國人，已經攫取了美國九〇％的財富。[10]自一九七〇年以來，富人中排名前一％的那些人，平均實際年收入增加了兩倍多；排名前〇．〇一％的人，收入增長了近七倍。[11]你看出其中規律了嗎？與此同時，收入位於中下位圈的美國人，平均稅前收入幾乎沒有變化。[12]

其他國家也存在著同樣、甚至更為嚴重的財富不均。在荷蘭，最富有的一〇%，控制著該國六〇%的淨資產；[13] 於俄羅斯，最富有的一〇%，握有八七%的財富。[14] 根據英國非政府組織樂施會（Oxfam）的數據顯示，在巴西，最富有的六個人——都是男性——所積累的財富，相當於一·一三億人口中，最貧窮的五〇%人口的總和；同時，最富有的五%人口，其收入相當於其餘九五%的收入。[15] 在亞洲，二十個最富裕的家庭，難以置信的支配著四千六百三十億美元的財產。[16]

疫情使現有的差距變得更加嚴重。過去的經濟衰退時期，億萬富翁會和我們其他人一同受到衝擊；二〇〇八年美國經濟衰退後，《富比士》最富有的四百個人，花了三年的時間修復他們的損失。**但在新冠疫情期間——這是自一九三〇年代經濟大蕭條以來，最嚴重的經濟危機——美國億萬富翁的財富並沒有下降，而是成長了三分之一**。[17]

同樣一場經濟危機，那些坐擁大部分財富的人似乎對負面影響免疫，而其他人卻被迫在食物銀行排隊，並列入失業名單之中，這說明了什麼？當數百萬人正拚了命為他們的孩子提供三餐溫飽，或冒著感染致命傳染病的風險，來賺取最低工資的同時，那些處於上層的人，則坐看他們的財富像氣球般膨脹。

在這些疫情時期，特別令人擔憂的是，**收入不平等變成了健康不平等**。在疫情完全發威之前，美國和英國發布的一項研究發現，**較富裕的人比最貧窮的公民，壽命多上大約九年，部分原因在於不公平的照護標準**。[18] 耐人尋味的是，我感到意外的，其實是差距比想像中還小。

我親眼目睹了醫療保健方面的差異，即使在同一醫療機構中也是如此。舉例來說，私人會客室的患者被安置在獨立病房，配有更多人手，以及可與頂級客房服務相媲美的客製化菜單；此外，富人有到府服務的內科醫生，窮人則在人手不足的醫院急診等候區，苦等好幾個小時。

更多證據表明，醫療保健及其他生活方面的不平等影響，像是二〇一八年至二〇二〇年間，美國的平均預期壽命下降了一・八年，主因為疫情；然而，非洲裔美國人和拉美裔美國人的情況並非如此，他們的預期壽命分別下降了三・三年和三・九年。[19]

想致富，繼承最快

這些數字，以經濟和衛生相關統計數據為形式呈現的是一種現實。夢想、抱負、富足感與安全感是另一回事。在一九六二年的一部電影中，貓王艾維斯・普里斯萊（Elvis Presley）吟唱了這句歌詞：「窮人想成為富人／富人想成為國王」。[20]

十六年後，歌手史普林斯汀錄製的熱門歌曲〈荒地〉（*Badlands*）中，也出現過這幾句歌詞，還添加了第三句：「而一個國王不會滿足／除非他統治了一切」。[21]

想要更多，似乎是人性的特性之一。美國小說家馬克・吐溫（Mark Twain）相信，人類貪婪的本性，是我們與其他動物不同的地方，在他的文章〈最低等的動物〉（*The Lowest Animal*）中，他寫下一個實驗：

我意識到，許多積累數百萬卻用也用不完的人，狂熱的渴望擁有更多，並毫不猶豫的從無知且無助的人們手中，騙取他們微薄的分量，只為了稍微滿足這種胃口。我為上百種不同種類的野生動物與馴化動物提供機會，讓牠們累積大量的食物，但是牠們沒有一隻會這樣做……這些實驗使我確信，人類和高等動物之間存在這種差異：人貪婪且吝嗇，而動物並非如此。[22]

普林斯頓大學（Princeton University）分析師丹尼爾．康納曼（Daniel Kahneman）和安格斯．迪頓（Angus Deaton），將財務甜蜜點（即財務的最佳狀況），定義為人均年收入七萬五千美元。[23] 他們的研究表明，在那一點之後，幸福感趨於平穩。不過，即使知道這一點，如果有機會賺更多的錢，大多數人會拒絕嗎？你會嗎？

世上大部分地方對財富的概念，都來自流行文化，利用電影、電視節目和書籍，人們被帶到他們平常沒有機會體驗的世界。這些進入他人世界的窗口，讓我們以前幾世紀所沒有的方式，了解自己在啄食順序理論（wealth pecking order，群居動物透過鬥爭取得社會地位，最終形成階層化的社會樣態）上的位置，也許前幾代人沒有這種管道，是一件好事。

無知可能是幸福的，但傳統或新興媒體促成的無知，更可能造成痛苦。今天，過度行為的證據無處不在，凸顯了我們的不足，如泰迪．羅斯福（Teddy Roosevelt，美國前總統老羅斯福）機智的指出：「比較是快樂的竊賊。」

美國小說家史考特．費茲傑羅（F. Scott Fitzgerald）寫道，富人與你我不同[24]。他說得沒錯，我自己在常春藤盟校的學習經歷，加深了我對這種差距的理解。雖然富人、中產階級和窮人一起學習，在校園裡共享伙食，但上普通高中的人與參加大學先修課程的人之間，仍存在著差距。

我們之中有些人會在城市或城鎮的游泳池裡消暑，另一些人則在漢普頓、阿第倫達克山脈（Adirondacks，位於紐約州東北部）或瑪莎葡萄園島（按：麻薩諸塞州外海一島嶼）度過夏天。

我們有一些人認為的夏季小屋，跟另一群人的認知完全不同，後者的腦海會浮現出羅德島州南部紐波特或緬因州巴爾港（Bar Harbor），有一萬平方英尺人的第二棟住宅。而我們這些出身普通的人，光是看到一大筆資金，都會瞬間腦袋一片空白。曾經在談話中一度被迴避的財富和經驗差距，現已成為文化性交談的一部分。

二〇一九年，華特．迪士尼（Walt Disney）的侄女阿比蓋爾．迪士尼（Abigail Disney），在《華盛頓郵報》的一篇評論文章中，公開反對赤裸裸的家族貪婪，而她所指責的家庭，也包括她自己的。

她哀悼美國已成為一個不平衡的國家，大多數人幾乎什麼都沒有，她說：「超級富豪在政客、政策和社會資訊上傾注了大量資金，增強他們已經極為不合理的優勢。」[25]本世紀富人的生活究竟有何不同？讓我們來看看所謂「世界前一%」的兩個案例：

- 二〇〇九年貝佐斯的財產：六十八億美元。[26]
二〇二〇年貝佐斯的財產：一千八百七十億美元。[27]
- 二〇〇九年馬克・祖克柏（Mark Zuckerberg）的財產：二十億美元。[28]
二〇二〇年祖克柏的財產：一千零十五億美元。[29]

如果你要將十億美元，兌換為一美元的鈔票並堆疊起來，你必須往上爬六十七・九英里才能看到頂部。坐在地球表面，這一疊紙鈔將延伸到對流層的下半部。[30]現在，再將這個高度乘上一百八十七（貝佐斯）或一百零二（祖克柏）……你就明白了，他們的財富，已經到了難以想像的程度。

可能你會想，用這些錢能做什麼？你一天只能吃這麼多美食、睡在這麼多張床上、收購這麼多間公司、擁有這麼多遊艇和飛機。你不能為一天購買額外的時間，也不能僥倖避開死亡（如賈伯斯在生前最後幾個月，對我們做出的深切提醒）。

而且，正如艾比尼澤・史古治（Ebenezer Scrooge，狄更斯的作品《小氣財神》〔*A Christmas Carol*〕中，反映社會世俗的角色）所發現的那樣，你不會只因為富有，而獲得榮譽。在某種程度上，世界記住的，是你如何藉由花錢的方式，來為自己擁有這些錢做出合理的辯解。

到二〇二〇年，當全球大部分人口苦於支付租金、確保餐桌上還有食物的時候，美國最富有的人累積了約一兆美元。美國前勞工部長、倡導財富平等的羅伯・芮奇（Robert Reich）指出，在疫情期間，美國富有的精英，其實可以送給美國每個人三千美元，而不會對他們自己的財富狀況造成絲毫影響。[31]

食物鏈下游的人，沒分享到經濟發展後的戰利品，還必須為富人的行為付出代價。例如，英國慈善機構樂施會的一項研究發現，全世界最富有的一〇％人口，占所有碳排放量的一半，平均碳足跡比最貧窮的一〇％人口高出六十倍。[32]然而，首當其衝承受氣候變遷衝擊的，是最貧窮的人，甚至會害他們淪為氣候難民，因為他們必須逃離家園，以尋求安全和生計。

在格拉斯哥（按：蘇格蘭最大城市）舉行的第二十六屆締約方會議的氣候會議上，法國總統伊曼紐爾・馬克宏（Emmanuel Macron）承認，受氣候變遷影響最大的人，並沒有從導致氣候變遷的發展模式中受益。他說：「小島嶼、脆弱的領土和原住民，是氣候紊亂的第一批受害者。」[33]

塞席爾（按：坦尚尼亞以東、印度洋中西部的一個群島國家）總統韋弗爾·拉姆卡拉萬（Wavel Ramkalawan）毫不吝嗇的指出：「我們已經為生存而喘不過氣，明天不在選項之中，因為為時已晚。」[34]

窮人因富人而付出代價，並不是什麼新鮮事。在八世紀，印度哲學家兼詩人寂天（Shantideva）為這種情況直白的總結：「所有世間樂，悉從利他生；一切世間苦，咸由自利成。」[35]或者，正如美國饒舌歌手饒舌者錢斯（Chance the Rapper）所表達的：「有些人很窮，窮得只剩下錢。」[36]

一個大哉問是：怎樣才能善加利用錢財？如何將它們遍布各處，改善那些收入微薄者的命運？令人欣慰的是，我們正在尋找答案——至少在某種程度上是這樣。正如企業被施壓去追求利潤之外的目標一樣，最富有的工商業巨頭，也被哄勸要回饋人類和地球。

本著這種精神，比爾·蓋茲和股神華倫·巴菲特（Warren Buffett）在二〇一〇年發起了「捐贈誓約」（Giving Pledge）[37]，承諾在他們有生之年或在遺囑中，會捐出一半以上的財產。而祖克柏、布蘭森和馬斯克都已經簽署。

你會注意到，這些億萬富翁慈善家之間的共同點是，他們都是白人。這並不是說黑人億萬富翁不慷慨，而是代表黑人億萬富翁真的太少了。

長期以來，人們一直說要用錢滾錢。一八九〇年代，約翰·D·洛克菲勒（John D.

Rockefeller）聘請牧師弗雷德里克・蓋茨（Frederick Gates）來指導他的慈善事業。評估過僱主的資產後，蓋茨警告這位石油大亨：「洛克菲勒先生，您的財富像雪崩一樣滾滾而來！您必須以快於它成長的速度，將它分配出去！如果您不這樣做，它就會壓垮您和您的孩子，以及您的子子孫孫！」[38]

財富迅速增長的「問題」，主要僅限於白人，因為財富從根本上與權力交織在一起，不但跟影響力有關，也關乎握有權力者，以及能結合權力與投資組合的人。

越來越明顯的是，儘管肯定有人會持相反的觀點，但美國一直系統性的阻止非白人美國人獲得權力，從而使他們無法成為享有好幾代財富的大家族、累積財富。這會導致持久的影響，美國聯邦準備委員會研究人員發現，**預測兒童未來收入的指標，是財產繼承，其重要性超過孩子的智商、性格和教育等的綜合效果。**[39]

疫情與遠距教學，影響了學生的未來收入

俗話說，資本主義是冷血的，但其實，這段話總是有例外，甚至還有承襲社會主義思想的千禧世代，試圖透過拋下錢財，以實踐自己的價值觀。[40]

然後，還有麥肯琪・史考特（MacKenzie Scott），她在二〇一九年之前，一直是貝佐斯的太太。[41]她帶著亞馬遜四％的流通股，即一千九百七十萬股，離開了這段婚

姻，其股票價值為三百八十三億美元。

一年後，主要是得益於疫情期間線上購物的激增，股票價值上漲至六百二十億美元。雖然她現在的持股量減少了，但那是因為在二〇二〇年十二月時，她已經捐出了四十二億美元。[42]

在捐款時，她不徵求任何申請。相反的，她與一個顧問團隊合作，識別出有潛在支持價值的組織，進行審慎調查，而且她挑出的受贈者，在大多數情況下都感到驚喜萬分。她將大部分的錢捐給專注於基本需求的組織，如食物銀行（按：她向佛蒙特州最大的反飢餓組織「佛蒙特州食物銀行」〔Vermont Foodbank〕，捐款九百萬美元，是其歷史上最大的捐贈[43]）和 Meals on Wheels（按：為無法購買或準備自己用餐的家庭提供膳食的計畫）。

而摩根州立大學（Morgan State University）是巴爾的摩一所歷史悠久的黑人大學，它收到了四千萬美元，也是其歷史上最大的私人捐贈。[44] 私立研究型大學霍華德大學（Howard University），則收到了一份具有「變革性」的禮物。[45]

或許，更令人驚嘆的是，根據追蹤組織 Candid 的數據，史考特擔起了二〇二〇年，全球與新冠病毒相關慈善基金捐贈的二〇%。[46]

美國智庫政策研究所（Institute for Policy Studies）的慈善改革倡議主任查克・柯林斯（Chuck Collins）表示，與其創立一個最終仰賴她的後代分配資金的私人基金會，史考特選擇迅速採取行動，柯林斯指出：「她的做法，打亂了億萬富翁原有的慈善事業規範。」[47]

史考特無視樂捐之下的官僚作派，從而攪亂了慈善事業，等同移除了往往強化財富權力機制的面紗。過去的慈善家，施予資金以支持藝術、餵養窮人，但通常還有一堆附加條件，最後再看著他們的名字被刻在建築物裡、或為建築物命名。

不過，史考特的做法不同，她利用前夫積累的財富來賦予他人權力，包括個人和組織。她的饋贈是無限制的，使收受者能夠按自己的判斷靈活使用，這是一種更激進的慈善形式，用意在於匡正不公、消滅貧困和不平等。

貧富之間的鴻溝，可能是一個抽象的概念，但在封鎖期間，當一部分人口掙扎求生，而另一部分的美國人驚歎於401k計畫的利潤增長，此時的鴻溝便很難被忽視。

發表在權威期刊《自然食品》（*Nature Food*）上的一項研究發現，全球超過三分之一的人，因新冠病毒而面臨營養不良。[48] 社會底層人士所承擔的流行病代價，可能在往後的很多年都難以察覺。處於貧困環境中的兒童，在教育上已經處於不利地位，而且，不僅是因為學校不符合標準。

一九九五年，一項具有里程碑意義的研究發現，從事專業職業的父母，其子女每小時平均接觸兩千一百五十三個單字，幾乎是普通工人階級兒童聽到的兩倍（一千兩百五十一個）。

至於領取福利金的普通兒童，每小時只有六百一十六個單字。這件事很重要，因為學齡前期的詞彙發展，與後來在閱讀和學術上的成功，有很大的關聯。[49] 新冠病毒及隨之而來的停工、轉向遠距教學，都將加劇這個缺陷。到二〇三八年，由於數百萬名成年人在十五年前，失去了一至兩年的關鍵學習期，這將對勞動力及整體社會產生什麼影響？

根據保險控股公司霍勒斯曼恩（Horace Mann Educators Corporation）的報告顯示，大多數公立學校教師表示，疫情導致學生在知識方面的損失慘重。這種影響既體現在學業上，在社會和情感進步方面皆然，特別是最弱勢的那群人。[50]

例如，在數學方面，麥肯錫在二〇二〇年十二月的分析估計，有色人種學生將失去六到十二個月的學習時間，而白人學生僅損失了四到八個月的學習時間。[51]「雖然所有學生都在受苦，」該報告的作者總結道：「但那些疫情期間擁有最少學習機會的學生，很可能基於最大的學習損失，而退出競爭。」[52]

麥肯錫於二〇二〇年六月發布的一項早期研究發現，即使所有美國學生在二〇二一年一月之前，都回到了教室（實際上並沒有），但由於損失了課堂時間，未來四十年的收入下降程度將是：黑人減少八萬七千四百四十四美元、拉美裔減少七萬兩千三百六十美元，白人則損失五萬三千九百二十美元。[53]

這代表著，差距只會進一步擴大。

解決經濟不平等的唯一辦法：全民基本收入

生活在不同地方，使我獲得全新視角，去審視美國的貧富差距。畢竟，身為生長於河畔鎮的舒適中產階級，我原本幾乎沒有意識到有這些不同視角。我主要在瑞士沃州生活和工作，但直到最近，我和家人還在兩個家鄉之間移動，分別是靠近墨西哥邊境的亞利桑那州圖森，以及康乃狄克州的新迦南鎮。這兩個地方非常不同。

儘管在美國外出生的居民人數相似，圖森為一五％，新迦南為一三％，但圖森感覺像是墨西哥的延伸，是一個非常拉美化的城市；至於新迦南的外觀、感覺和運作方式，則像是 J.Crew（按：美國的服飾品牌，主打都市流行風格）目錄的街拍場景。人口普查局於二〇一五年到二〇一九年的數據顯示，圖森的家庭收入中位數為四萬三千四百二十五美元（依二〇一九年美元的幣值計算），其中二二．五％的人口生活在貧困中。

與此形成鮮明對比的是，新迦南的家庭收入中位數為十萬九千兩百七十七美元，只有三．二％的居民生活在貧困線以下。[54]

這兩個地方之間的真正差異，不在人口統計的細部組成，而是居民的期望和夢想。

他們冀望著什麼，以及要付出多少成本，才能使這些夢想有實現的可能性。

娥蘇拉．勒瑰恩（Ursula K. Le Guin，一位備受推崇的小說家，以科幻小說最為敬重）的經典之作中，有一篇名為《離開奧美拉城的人》（*The Ones Who Walk Away from Omelas*）的短篇小說，將這類問題以戲劇性的方式呈現。[55]

故事中的小鎮，是一個非常快樂的地方，但它的幸福建立在一個人的痛苦之上：一個孩子被囚禁在一個陰暗溼冷且骯髒的房間裡，房間大小和一個掃帚櫃差不多。這個性別不確定的孩子看起來大約六歲，勒瑰恩寫道：「但實際上，他已經快十歲了。他智能低下，也許生來就有缺陷，或由於恐懼、營養不良和漠視，他變得極為蠢笨。」

鎮民會進來給孩子送食物，但他們從不開口說話。當小囚犯說「請讓我出去，我會很乖！」的時候，他們也沒有反應。

為什麼這種殘酷現象持續存在？因為每個人都明白：「他們的幸福、城市的美好、友誼的親密、孩子的健康、學者的智慧、製造者的技能，甚至豐收的農穫和好天氣，完完全全仰賴這個孩子十分難受的苦痛。」

鎮民們對此感到難過嗎？當然，但難過不會威脅到他們舒適的生活。他們明白，如果他們把孩子帶到陽光下並妥善照顧他，奧美拉的所有繁榮、美麗和喜悅，都將枯萎並毀滅，所以孩子仍被留在原地。

用誇張的話來說，這就是現代經濟體系的困境。財富，傳統上一向被視為一種緩衝和安慰，卻在本世紀卻造成了巨大的隔閡，漠視不幸者的富人和中產階級，造就了這個現實。正如英國人在英國脫歐後才發現，工資過低的移民和外籍勞工不再駕駛卡車和收割莊稼時，這個系統開始分崩離析。然而，有多少人努力讓移民與外籍勞工留下來？

在這個世界上，購買以超低價格出售的服裝和商品，已成為我們的習慣，而這之所以成為可能，仰賴勉強度日的工人，在不安全的條件下工作。

二〇一九年，一名六歲的英國女孩寫著要寄給同學的聖誕賀卡，使用的是她父母以一．五英鎊（按：全書英鎊兌新臺幣之匯率，皆以臺灣銀行在二〇二二年九月公告之均價三四．九元為準，約新臺幣五十二元）的價格，從一家大型雜貨連鎖店購買的一包賀卡。

不過，這名女孩發現，一張卡片已經被寫上東西，用英語寫著：「我們是中國上海青浦監獄的外國囚犯，被迫違背我們的意願工作，請幫助我們，並通知人權組織。」[56]這家零售商宣布，如果發現這家卡片供應商使用監獄勞工，它會將其除名，但我們都知道，新興市場的許多工人，無論是不是被關押的囚犯，都被要求犧牲他們的生活品質，藉此提高我們的生活水準。

距離是造成問題的原因，其中包含物理距離，因為我們再也不能隨意走到街上，去觀察我們的商品是如何製造的；此外，還有情感上的距離，因為富人和窮人的生活之間，存在著巨大的差距。

二〇一一年，美國總統大選即將到來，《紐約時報》請那些沒有參政或有權威評論的人描述，如果他們成為總統，將如何領導這個國家。哈佛大學政治哲學教授邁可．桑德爾（Michael J. Sandel）提出一個建議，尤其針對越來越孤立的富人生活：

> 我會領導一場反對美國生活「空中包廂化」（skyboxification）的運動。不久前，棒球場是企業總裁和收發室職員並排坐在一起的地方，下雨時每個人都同等的被淋溼。如今，大多數體育場館都設有企業空中包廂，這些包廂寵溺的將特權人士安置在空調套房中，離下面的人群遠遠的。類似的事情也在我們的社會裡發生過，富裕階級撤離公立學校、軍隊和其他公共機構，使階級混雜的場所越來越少。富人和窮人，過著越來越不同的生活。[57]

據我所知，沒有一位政治家挺身而出，迎面接下此一挑戰。如果說有什麼不同的話，那就是其中一些對《離開奧美拉城的人》表示讚賞的政治家，仍然沒有任何行動；而他們的漠不關心，似乎又多了幾絲刻意的殘忍。

在二〇二〇年疫情期間，Goop（按：主打無毒美妝保養品的品牌）的紅外線電熱毯（要價五百美元）和寶石熱療墊（要價一千零五十美元）的銷售額創下新紀錄。[58]在邁阿密，有富人為了有地方停放遊艇，就買下一棟海濱房屋。[59]但還是有些有錢人對自己的生活感到不滿，一名聖地牙哥的女人就抱怨道：「在德爾馬（按：加州太平洋沿岸城市），幾乎預約不到高爾夫球的時段了（按：指對高爾夫有興趣的富人越來越多）。」[60]

越來越多富人生活在泡泡之中。桑德爾認為，當這種情況發生時，金錢就不再只是一種貨幣，而是一種文化。

通常，我會避免無限制的樂觀主義，但我承認，二〇二〇年的大停頓帶來的結果，是我懷抱希望的理由。即使是世上最繁忙的地方，也停下腳步，我們許多人都有機會放慢腳步，以一種過去很少被允准的方式，反思我們瘋狂的生活方式。對許多人來說，這種反思包括更深入思考系統性的種族歧視、不平等、特權等棘手問題。

在疫情期間，不平等變得更難忽視。隨著封鎖生效，有幸待在家裡的人應該都有發現，許多被視為「必要」被迫到工作場所報到的，都是有色人種和領最低薪資的工人。

許多人開始以一種他們從未有過的方式關注這些工人，更加意識到他們的艱難與需求。我們開始更仔細的思考，雜貨店店員、送貨司機、倉庫工人和醫院員工，該如何被補償；人們亦花心思留意，隨著病毒的傳播，哪些僱主願意為店內員工加薪。突然之間，我們變得更懂得感恩，更善於體察他人，人們開始增加給付送餐人員和店員的小費，比幾週前都要慷慨得多。

正如《大西洋》所報導，據數位支付公司 Square 的數據顯示，二〇二一年八月的平均小費仍遠高於疫情前的平均水準。[61] 在封鎖期間，我們也變得更傾向於向群眾募資捐款，以幫助有需要的人。在二〇二〇年的六個月內，眾籌平臺 GoFundMe 的使用者為一線員工和其他受疫情影響的人，捐贈了至少六．二五億美元。[62]

某些人特別難忽視有關醫療保健、醫療設施獲取，甚至傳播率和死亡率等方面的不公消息。簡單來說，在美國，若你是少數民族或弱勢群體的一員，那你感染並死於新冠病毒的風險更高。[63]

放眼全球，就會發現這種差異非常明顯。聯合國的一份報告顯示，二〇二一年將生產足夠的疫苗來覆蓋世界七〇％的人口。[64]而與此背道而馳的是，截至二〇二一年十一月中旬，我們看到有六八．八％的澳洲人、六八．四％的英國人和五八．六％的美國人，完全接種疫苗，而相較之下印度只有二五．八％，伊拉克為八．九％，奈及利亞為一．五％，查德則是〇．四九％。[65]

在美國及其他地區，佛洛依德的謀殺和「黑人的命也是命」運動，還有二〇二一年十一月凱爾．里滕豪斯（Kyle Rittenhouse）持槍一案的審判結果（按：里滕豪斯在示威中充當義警維持治安，與「黑人的命也是命」的示威者發生衝突，造成兩名試圖奪槍的示威者死亡；最後審判結果為所有指控不成立，里滕豪斯被無罪釋放），所帶來的種族主義大清算，進一步鞏固了我們的感受——即目前的不平等是不被允許的，且必須立即得到解決。

許多人不再願意將目光從種族和經濟不平等上移開，而是尋找機會來面對、甚至解決它。

從現在起，到二〇三八年，這些全新的感受與優先事項，將如何發揮作用？首先，全民基本收入的激進色彩將變得越來越淡。

當企業家楊安澤在二〇一七年宣布角逐美國總統大選時，他利用二〇二〇年的初選流程，向許多美國人介紹了全民基本收入的概念。他的政綱能脫穎而出，都要歸功於他所謂的「自由紅利」（Freedom Dividend）——保證每月向每個十八歲以上的美國人支付一千美元。

在楊安澤退出競選不久後，包括亞特蘭大、洛杉磯、薛夫波特和聖保羅在內的二十五個美國城市，其領導人組建了保證收入市長聯盟，旨在解決新冠病毒和結構性種族主義形成的「雙重流行病」。

全民基本收入試點專案也在其他城市建立，包括康乃狄克州首府哈特福特、加州南部城市長灘、科羅拉多州丹佛市，和佛羅里達州北部大城甘茲維爾。在極短的時間內，**有保障的基本收入已經從邊緣的極左翼幻想，化身為許多人常理判斷下，解決收入不平等的最佳方案**。

探索出的新經濟意識，還具有另一層持久影響，就是明顯過度的行為受到抑制，雖然還是有許多例外。

我之前興致盎然的讀了一篇關於《慾望城市》（*Sex and the City*）重新回歸串流平臺 HBO Max 的文章。作者指出，主角凱莉（Carrie）的包包再次成為頭條新聞，只是這一次，引起注意的既不是愛馬仕也不是凡迪（FENDI），而是美國全國公共廣播電臺（National Public Radio）旗下紐約公共電臺（WNYC）的托特包。[66] 她在二〇二一年選擇的包，沒有反映出一九九八年左右的炫耀性消費，而是標誌著資訊與知識優先，以及在經濟上支持公共廣播的意願。

我不會天真到認為，紅外電熱毯、寶石熱療墊的風潮，和億萬富翁的太空競賽不會再出現。但是，我們能生活得安逸，其實就是讓世上某一個孩子在黑暗中受苦，為我們付出代價，你能忽略這點嗎？

接下來發生的事情——我們集體選擇做什麼、優先考慮什麼、允許什麼——將為未來奠定基礎。社會如何解決全球和地方不平等的迫切難題，會決定我們將成為什麼樣的人。而我們將會成為什麼樣的人，在很大程度上，又受到加速轉變的性別角色與性別認同影響。

第三部

你，妳，他，她，都可以

第12章

女力當道？不會，但也不會是男性

在一九九〇年代中期，坎蒂絲．布希奈兒（Candace Bushnell）在《紐約觀察家報》（*The New York Observer*）上發表《慾望城市》專欄，而我也是該專欄的狂熱讀者。對我這一代女性而言，她代表了野心和焦慮，也是女性對事業、情場皆得意的渴望。所以，當她的專欄被改編成電視劇時，我幾乎每一集都有看。

《慾望城市》裡的凱莉、莎曼珊（Samantha）、夏洛特（Charlotte）和米蘭達（Miranda），都是白人，皆享有特權，不符合任何女性主義裡的理想。她們是為罪惡快感而製成的活廣告：酒精、西班牙時裝設計師莫羅．伯拉尼克（Manolo Blahnik）的高跟鞋，還有性愛。

然而，這四人組也體現了世紀之交女性賦權的美德：在事業上取得進步，支持自己的朋友，獲得一個戰利品丈夫（trophy husband，除了長相英俊，還能支持伴侶的丈夫，並在伴侶有工作需要時表示理解，即使有所犧牲也無妨）。

我承認，她們的許多抱負其實很膚淺，但她們卻給人有說服力的模樣，甚至有種熟悉感。這些女性，就像我這個年齡階段的許多人一樣，努力在男性的世界中，打造一個公平的競爭環境。

藝術家，包括電視節目的創作者，都是人類的觸角。他們聽到遠處火車的隆隆聲，看到了道路上的轉彎處，便與觀眾分享他們領會的意念與模糊的印象。

正是透過流行文化，我這一代的許多人，被引入偉大的思想和另類的現實及願望之中，而那些願望，包括女性主義和女性平等。

從在美國情境喜劇《那個女孩》（*That Girl*）擔綱主演、獨挑大梁的瑪洛・托馬斯（Marlo Thomas），到《瑪麗・泰勒・摩爾秀》（*The Mary Tyler Moore Show*）衍生出的瑪麗和朗達（Mary and Rhoda）、《茱莉亞》（*Julia*）的蒂亞韓・凱洛（Diahann Carroll），和《莫德》（*Maude*）的碧翠絲・亞瑟（Bea Arthur）。投射到電視螢幕上的畫面，向我介紹了一個充滿可能性的世界，這個世界比我在紐澤西長大時，在客廳窗外目睹的要豐富太多了。

在《慾望城市》首次亮相的那一年，我在曼哈頓廣告界的生活，比我小時候想像的更加瘋狂、煩亂及充實。我剛從荷蘭搬回紐約市，終於嘗試扮演領導者的角色，這讓我難以搞懂商界的女性，更不用說曼哈頓區高級商圈麥迪遜大道上的女性，到底是如何同時散發出自信與力量的氣場了。

時代在變，但規則是不言而喻的，也被選擇性的應用著，且永遠不停的變動。

那年春天，我陷入了一個困境，當時我在一次高層領導會議上告訴以男性為主的聽眾，他們就要追不上流行了，因為我預測出一個世界：如果你不能打字，你就無法使用電腦；如果你不能使用電腦，你就無法競爭。但這項觀察結果沒有獲得迴響，如同氣球灌鉛後，重重摔落一樣的尷尬。沒有人願意想像一個所有人都將依附鍵盤的世界。

社會在一九九〇年代後期即將迎來一場技術變革，而女性的變革也是如此。我感覺到後者的轉變，可以追溯到當我還在念小學時，女孩們終於獲得了在寒冷的日子穿褲子上學的權利。一九七一年，晚年獲得諾貝爾獎的短篇小說家艾麗絲．孟若（Alice Munro）這樣總結時代精神：

我認為女孩和婦女的生活即將發生改變，沒錯。但是，這一目標的實現與否，取決於我們自身的努力。到目前為止，女性所擁有的一切全都圍繞在男性身上。[1]

到二〇〇〇年，進展的跡象無處不在。舉例來說，二〇〇〇年是女性主義鬥士葛羅莉亞．史坦能（Gloria Steinem）結婚的那一年，這年，女性主義的初步目標，似乎實現了（按：由於史坦能長年反對婚姻關係中的不對等，因此當她結婚時，她表示自己對女性主義的信仰沒有改變，改變的是婚姻變得更為平等與公平），而下一個目標，是消除性別刻板印象，並將出擊範圍擴大至有色人種女性。

但當時，想慶祝還為時過早。在新千年，女性的進步雖然可觀，卻無法繼續突破，數字就說明了一切。[2]

從積極面來說，自一九七八年以來，美國女性獲得的大學學位比男性多。在消極面，擁有高中學位的女性，每年收入仍比男性少了八千美元；擁有大學學位的女性收入少了一萬兩千美元；擁有專業學位的女性收入少了三萬五千美元。在家庭以外就業的女性中，有七二%從事文書工作、行政和管理支援或服務工作者。這就解釋了為什麼看起來是一項進展的數據——五七%的女性在工作中使用電腦，比男性多了一三%——無法呈現真實的樣貌。這些女性不是主管，她們為高薪男性執行行政職責。

然而，孟若是對的。雖說我們還無法聽見全球各地普遍吹起變革的號角，但變革仍然是現在進行式。且這項變革不只是關於教育和職業，更包含了女性正在做出不同的人生選擇。

在美國，二〇〇〇年，近五分之一的四十至四十四歲女性沒有子女，高於一九七六年的十分之一。從一九九〇年到二〇一〇年，在其他國家，該年齡層女性的無子女率也有類似的增長，包括澳洲、奧地利、芬蘭、義大利和英國。[3]

結婚的女性也越來越少。二〇〇〇年，在三十至三十四歲的美國女性中，有二二%從未結婚，而一九七〇年這一比例僅為六%。如果你覺得這種趨勢會逆轉的話，可以這樣想想：倫敦經濟學院行為科學教授、幸福問題著名專家保羅．多倫（Paul Dolan）在二〇一九年進行的研究表明：「最健康、最幸福的人口群體，是從未結婚或生過孩子的女性。」[4]

在我的生活中，從學術界開始，我看見女性的選擇明顯變得寬廣。當我在一九七六年秋天申請大學時，因為我是一名女性，所以連向哈佛提出申請的機會也沒有。後來我轉而申請了它的姊妹校瑞克里夫學院（Radcliffe College），如果當時我真的上了，我會獲得來自哈佛—瑞克里夫（Harvard-Radcliffe）學院頒發的文憑。

如今，瑞克里夫學院已被併入哈佛，而哈佛大學有五一％的大學部學生是女性。我當年成功申請上的學校布朗大學，在一九七一年便將其姊妹校彭布羅克學院（Pembroke College）併入其中（按：由於布朗大學和哈佛大學等常春藤名校過去僅招收男性，由所謂的姊妹院校受理女學生的大學申請，後來常春藤盟校與各自的姊妹校紛紛透過合併的方式，達成男女合校）；而我懷疑我的性別，與其說是種障礙，不如說是當年美國女性平權運動下的一種優勢。

我這個年紀的女孩，正處於男女同校崛起的轉型期。我上國中時，普林斯頓大學考慮從一九七三年那屆開始招收女學生。其他招生辦公室、校友和在校生都為此感到震驚。正如南希・維爾斯・馬基爾（Nancy Weiss Malkiel）在《別讓該死的女人進來》（*Keep the Damn Women Out*）一書中所言：「一名男大生告訴《普林斯頓日報》（*The Daily Princetonian*）：『和女孩競爭讓我感到噁心。如果我原本就想和女生一起上課的話，我早就去史丹佛大學了。』」[5]

此外，大學裡的管理階層也好不到哪裡去：

> 紐約州北部全男性的霍巴特學院（Hobart College）招生主任說：「至少你的辦公室，會因為甜美的年輕女性和她們的短裙而明亮起來。」……才剛招收女大生的北卡羅

來納大學（University of North Carolina）人員則表示：「我只能向你默哀，我覺得女性比男性更難相處。」[6]

在過去五十年內，大學生和行政人員都不得不習慣校園裡有女性的存在。在二〇二〇年的美國，女性在大學入學率、畢業率和學位取得方面的表現都超過男性。[7]女學生崛起的故事在全世界都有，儘管不是無處不在。在中國，女性占大學生的五一・七%；[8]在義大利，女性接受高等教育的可能性明顯高於男性。[9]然而，由於文化規範、貧窮和暴力等因素，非洲、南亞和中東地區的高等教育，仍存在巨大的性別差距。[10]

衝破玻璃天花板之後，等待著職業婦女的陷阱

儘管在二十一世紀之交左右，發達經濟體向女性敞開了大門，但相對的，有一個統計數字則維持不變：女性在企業管理層級的比例。[11]即使越來越多女性在一九七〇年代進入勞動市場，惡名昭彰的玻璃天花板（glass ceiling），也使她們無法進入公司高層。新千年時，更出現了新的花招——玻璃懸崖（glass cliff，當女性衝破玻璃天花板、晉升至高級職位時，很多人卻發現自己正站在懸崖邊，因為公司往往在面臨困境時，才

把女性提升到管理職）。

艾琳・卡蘭（Erin Callan）就是這種殘酷詭計的著名受害者。作為紐約市警探的女兒，她從紐約長島的一所公立高中躍升到哈佛大學。後來，在華爾街迅速晉升，還發表了主題演講。為此，女性們皆齊聲歡呼。

卡蘭完全沒有意識到，很快的，她就會落入一個騙局之中。損人利己的主管們知道，自己的企業正在崩潰，於是想出了一個妙計，將一個棋子、一個好騙的人——一個毫無戒心的女性——提升到領導職位。[12] 他們不在乎她是否有足夠的經驗或資源，來完成這項工作，重點是她的能見度。當公司迎來末日，他們能迴避眾人的責備，而她則會萬劫不復。

二〇〇七年，當雷曼兄弟開始提拔女性、同性戀和少數族裔時，其主管辦公室內的有識之士都感覺得出來，麻煩即將降臨到華爾街。同年十二月，卡蘭被任命為財務總監。書寫一本關於雷曼兄弟破產的書的作者薇琪・沃德（Vicky Ward）回憶道：「他們提拔了一個遠遠不夠格的人，還為此做了許多『行動』。她甚至連基本的會計學位都沒有。」事實上，他們只是想讓一個女人來承擔責任。[13]

但卡蘭欣然的走到鎂光燈下，在接受《華爾街日報》採訪時，她透露自己僱用了波道夫・古德曼（Bergdorf Goodman，美國高檔精品百貨）的私人採購員，幫助她打理時尚精品。而她在辦公室裡被拍到的照片，按華爾街的標準來說，打扮得過於講究。

在二〇〇八年，她被《紐約郵報》（*New York Post*）選為「紐約市五十位最具影響力的女性」第三名，僅次於希拉蕊和安娜・溫圖（Anna Wintour，美國《時尚》〔Vogue〕雜誌主編）。[14]

她沐浴在光芒之下的時刻，並沒有持續太久。記者多明尼克・艾略特（Dominic Elliott）於商業頻道CNBC的網站文章中提到，卡蘭為導正公司所做的努力，被男性的聲東擊西之計擊落，這些人在工作場所中，很少被迫要想出下策。[15]她發現自己被人們批評，因為和成員全是男性的雷曼執行委員會共事時，她顯得好鬥又令人反感，而且還說她「挑逗」的穿著，分散了同事的注意力。[16]

卡蘭於二〇〇八年春天離開了雷曼兄弟。三個月後，該公司宣布破產，華爾街大吃一驚：這間公司怎麼沒有注意到危險訊號？破產法庭一份長達兩千兩百頁的報告給出了這樣的解釋：該銀行一直在使用會計技巧，在資產負債表上掩蓋將近五百億美元。作為財務總監，卡蘭應該已經意識到這些欺騙行為。

雷曼公司中，有四名主管因無視爭議性交易裡的巨大警訊而被點名，而卡蘭就是其中一位。[17]

艾希特大學（University of Exeter）心理學副教授蜜雪兒・萊恩（Michelle Ryan）認為卡蘭的興衰，是玻璃懸崖的經典案例。她說：「在危險時期，女性傾向擔起危險的領導職務；而當事情進展順利時，通常由男性擔任這些角色。」[18]

於二〇〇八年，也就是卡蘭遭公眾鞭撻的那一年，支持女企業家的非營利組織 Catalyst 的報告顯示，在經濟衰退期間，女性主管失業的可能性，相較於男性高了三倍之多。[19]

卡蘭的故事投下了一道長長的陰影。這麼多年過去了，主張女性不應該被提升到最終裁決地位的人們，仍然視她為最佳反例。二〇一六年，卡蘭在經歷了多年「從地球上摔落」（按她的原話來說）之後，出版了一本回憶錄《圓滿》（*Full Circle*）。

在書中，她描述自己的職業生涯因缺乏基礎而搖搖欲墜。身為過去華爾街備受關注的女人，她的坦白值得佩服。另外，這也說明了，許多女性與 Meta 營運長雪柔·桑德柏格（Sheryl Sandberg，預計於二〇二二年秋季卸任）所謂的「挺身而進」的概念之間，有著錯綜複雜的關係。

雖然有些人認為，這是鼓勵用勇氣和信心來堅定自己，但其他人則認為這項女性主義建議存在著漏洞，因為它仰賴人們天真的相信一個不存在的精英制世界。就連桑德柏格本人也在丈夫四十七歲去世之後，收回了她那令人精神抖擻的建議。在二〇一六年母親節臉書上的貼文中，她承認，當她寫下《挺身而進》（*Lean In*）時，她「並沒有完全弄明白」。[20]

她說：「我不了解自己在家裡不堪重負時，還想在工作中取得成功，會有多難。」以及實際上，許多單身母親和寡婦面臨的經濟負擔程度，大概落在哪裡。《挺身而進》

出版三年後，她呼籲大眾重新思考公共和工作場所的政策，好為單親父母和陷入困境的家庭提供更多支援。

妳不只要能幹，還得討人喜歡

想理解某個文化，其中一種方式是去衡量它認為重要的東西。從歷史上看，在世界各地，女性受性騷擾一事一直被輕視、無視，或被充作笑話素材。

有兩起美國訴訟案，為我們揭示了這一點在過去二十年發生了多大的變化。二〇〇〇年，明尼阿波利斯電視臺WCCO-TV，和其他五家網路電視臺的兩百名女技術人員，起訴CBS性別歧視。[21]她們聲稱，該公司不允許她們升遷、給予男性更高薪的工作，還縱容造成不友善工作環境的始作俑者。在和解協議中，CBS同意做出改變，而它所花費的成本是八百萬美元，又或者說，是每名女性四萬美元。

第二個案子，是二〇一六年福斯新聞頻道（Fox News）備受推崇的主播格蕾琴．卡爾森（Gretchen Carlson），對當時的福斯新聞董事長兼總裁羅傑．艾爾斯（Roger Ailes）提出性騷擾訴訟。[22]福斯新聞迅速達成和解，向卡爾森支付兩千萬美元，並且公開致歉。

卡爾森的訴訟及其驚人的結果，有助於#MeToo運動的發起；而且，在和解之後，有許多女性同樣對媒體主管提出指控，使後者如保齡球瓶般被擊落。

這起案件表明，媒體的地位和力量都在強化，女性也是如此。如果我們能從卡爾森的和解金中，看出什麼線索，就是萬一她真的公開詳述自己的故事，以卡爾森在福斯新聞的聲望，與她所能觸及到的觀眾，她將會為公司帶來極其危險的情況。

很快的，#MeToo 運動開始在世界各地引起迴響，這個標籤也引申出多種語言的版本。以荷蘭為例，《荷蘭觀點》（*DutchReview*）報導了導演兼製片人喬伯．高斯喬克（Job Gosschalk）的二十多起不當性行為事件。高斯喬克身為荷蘭電影界最具影響力的人物之一，據稱曾強迫演員在性方面「滿足他」。[23]

另外二十名男女，指控一位小有名氣的荷蘭視覺藝術家朱利安．安德韋格（Julian Andeweg）強暴和性騷擾，最早的指控可追溯至十四年前，[24] 而該國幾家主要的藝術機構，則被指責掩蓋了他的不良行為。[25]

然而，在許多其他國家，這場運動則有始無終。在義大利，#MeToo 對應的標籤 #quellavoltache（#那時候）未能獲得響應；但當然，不是因為文化中不存在性騷擾，據《紐約時報》報導，原因是義大利女性擔心說出來的後果。[26] 如果美國和荷蘭可以作為一個先例的話，那麼，義大利女性的時代也終將到來。

卡爾森的和解，以及那些曾羞辱過女性、有權有勢的男人所承受的譴責，皆發生在日益分化的這十年中。在這種氛圍下，政治遠遠超出了政府範圍。

二〇一六年，希拉蕊贏得了民主黨總統候選人提名，成為第一位領導主要政黨的女性候選人。很少人預料到川普會戰勝她，怎麼會發生這種事？傳統觀點認為，希拉蕊失去了關鍵的中西部州選票，原因是她未能在那裡積極競選，也因為她「不討人喜歡」。

讓我們考慮一下希拉蕊失敗的另一個可能因素。在兩人的第一次辯論中，希拉蕊站在中心舞臺上發言，此時川普離開了他的講臺，走到她的身後。他身高約一百九十公分、體型不小，儼然是一個埋伏在後的雄性領袖，入侵著她的空間，只為建立他的支配地位。

希拉蕊的回應方式，跟她這一代許多女性被社會化後的做法一樣：選擇忽視。如果她轉向川普並命令他回到講臺上，會發生什麼事？又假設他拒絕，她平心靜氣的要求主持人命令他回去呢？在這種情況下，希拉蕊可能被視為占主導地位的候選人，將川普塑造出惡霸的形象。

這麼做，她可能會贏得更多白人女性的選票（最後，川普獲得了四七％白人女性的選票，希拉蕊則為四五％）；[27] 然而，她怎麼可能成功的做到這一點，同時向世界展示她「討人喜歡」——一個不會被放在男性候選人身上的期待？

對霸凌者的恭敬態度——以禮貌、專業和沉著的態度來應對挑釁——可能幫助你在國中不被停學，或是在職場上不被人資部訓話。但在這個世紀，這麼做不一定能贏得選舉，也不一定能賦予你在工作上充分發揮自我才能的自由。

隨著川普的勝利降臨，美國的父權制展示其實力，但女性對於這種侵犯行為的應對也出現了變化。想想看，在二〇二〇年副總統辯論中，當美國前副總統麥克・彭斯（Mike Pence）打斷現任副總統賀錦麗（Kamala Harris）時，這位X世代的女性，嚴詞厲色的說道：「副總統先生，我正在說話。」

艾美・艾克頓（Amy Acton）短暫擔任俄亥俄州衛生部長的故事，也提醒人們，女性權利經常淪為男性強權的犧牲品。當州長麥克・德文（Mike Dewine）於二〇一九年二月，任命艾克頓擔任該州的最高醫療衛生職位，當時她是一名執照內科醫生，擁有公共衛生碩士學位，並在醫學、醫療保健政策和宣傳、社區服務、數據分析等方面，擁有三十多年的經驗。[28]

俄亥俄州首例新冠病毒死亡病例，使於二〇二〇年三月初。一週後，州長下令關閉酒吧和餐館。艾克頓建立起一條通往俄州人民民意與心聲的溝通橋梁，經常舉行開誠布公的新聞發布會，而這些新聞發布會很受人們歡迎，在女孩和婦女之中更是如此。

一位紀錄片導演，將她新聞發布會的片段剪輯成一部六分鐘的電影，主張其他領導人應該關注艾克頓在脆弱性、賦權和「直接了當的坦承」等概念上的有效發揮[29]。很快的，YouTube上出現向艾克頓致敬的影片，[30]市面上也流通著艾克頓的搖頭公仔，她的臉書也有十三萬個粉絲。

然而，該州的封鎖措施並不得人心，抗議活動也不斷進行，人們在艾克頓的新聞發布會外呼喊口號；反猶太主義者（anti-Semitic）大聲誹謗她；手持槍枝、戴著MAGA帽子（按：Make American Great Again，意即使美國再次偉大，為川普二〇一六年的競選口號），揮舞著川普旗幟的男人，則聚集在她的家門外。

共和黨議員提議剝奪她的權力，州長本來要否決該法案，但在法案完成審議期間，艾克頓選擇不再駐留於該職位。二〇二〇年六月，她辭職下臺；一個月後，州長任命了一位新的衛生部長——瓊·杜維（Joan Duwve），她在同意這個職位後幾個小時內便辭職。據她所言，這份工作會為她的家人帶來風險。[31]

艾克頓算不上是一個無足輕重的人。作為六個孩子的母親，她忍受了父母的離異、貧困、無家可歸和性虐待，這些都發生在她還是個孩子的時候。她從這些經歷中學到，憤怒和反對不是解決問題的方法。從政府職位上卸任後，她擔任了Kind Columbus的董事，這是一個非營利組織，宗旨為傳播善意的言行，作為該地區的決定性價值。[32]

在另一州，密西根州長格雷琴·惠特梅爾（Gretchen Whitmer）因規定保持社交距離、穿戴口罩而受到霸淩，情況甚至比艾克頓更嚴重。二〇二〇年五月，一大群抗議者（其中一些人手持步槍）衝進州議會大廈，而且似乎沒有遭警方抵制，便在那裡敲著他們認定是惠特梅爾辦公室的門，要求結束封鎖。

雖然沒有人受傷，但幾個月後，極端主義組織「金剛狼守望者」（Wolverine Watchmen）的十三名成員被捕，他們遭指控策劃國內恐怖陰謀，計畫綁架惠特梅爾並推翻州政府。[33]

在得知此陰謀後，惠特梅爾回應：「我知道這份工作會很艱難。但老實說，我從來沒想過會有種事情發生。」[34]

作家兼編輯凱薩琳．沃爾什（Kathleen Walsh）將這些事件，稱為了解美國厭女症的窗口。她在《週刊》（*The Week*）雜誌上撰文，描述了一名密西根州議會的共和黨議員候選人，用繩索將一個酷似州長的赤裸人體模型吊起，以及數則以毆打、私刑甚至斬首為主題的貼文，以煽動對州長的暴力行為。值得注意的是，這些威脅皆充斥著厭女情緒。沃爾什指出：「她被比作一個更年期老師、專橫的母親，和一個暴虐的婊子。」[35]

作家安娜．諾茲（Anna North）則在新聞網站 VOX 上寫道，她同意州長的性別，是她在疫情下所採取的限制措施被強烈反對的核心因素。她說，從歷史上看來，世界各地的女性領導人和候選人，經常被描繪成背信棄義、虛偽、腐敗或渴望權力的人。[36]

她還指出，婊子一詞，在美國通過第十九次修正案、賦予了女性投票權後，開始常常被人們使用。諾茲表示：「當像惠特梅爾這樣的女性，試圖限制人們傳播致命病毒的能力時，她們反而侵犯了男性作為男性的自由。」[37]

截至二〇二一年一月，在聯合國承認的近兩百個國家中，只有二十二個國家有過女性國家元首或政府首腦。儘管如此，目前的趨勢仍然是在治理方面實現平等的性別平衡，即使聯合國估計還需要一百三十年，性別平等才能在政治與商業領域取得成果。[38]

在我們等待那一天到來的同時，證據正在浮現，向我們呈現此種更公平的權力結構可能會是什麼模樣。在新冠病毒疫情的早期階段，展示了一種更加「女性化」（即更具協作性、以人為本）之治理方法的潛力。

媒體頻道充滿女性國家元首在這一時期大放異彩的報導，包括德國的安格拉・梅克爾（Angela Merkel）、臺灣的蔡英文，和丹麥的梅特・佛瑞德里克森（Mette Frederiksen）。

《美國新聞與世界報導》（*U.S. News & World Report*）的一項分析，描述她們積極主動的應對病毒威脅，儘早實施社交距離政策，尋求專家建議以掌握健康戰略，並運用透明且富有同情心的溝通方式，將國家團結在一起，採取全面的應對措施。[39]

二〇二〇年十月，《醫學檔案》（*medRxiv*）發表一項研究，同樣證實了此一模式的可行性；該研究顯示，以女性領導人為首的國家，在疫情前六個月中因新冠病毒而死亡的平均人數，比男性領導的國家少了六倍。[40]

在我看來，特別令人印象深刻的一名女性領導人，是紐西蘭總理傑辛達・阿爾登（Jacinda Ardern）。大約在同一時間，當反口罩與反封鎖的暴徒聚集在艾克頓位於俄亥俄州的家門前時，阿爾登正在實踐艾克頓的人性哲學，紐西蘭也正為了國家迅速擺脫疫情而歡慶。

當阿爾登於二〇一七年成為總理時，年紀三十七歲，是世上最年輕的國家元首。一年後，她成為第一位帶著女兒——三個月大的尼芙・蒂・阿羅哈（Neve Te Aroha）——參加紐約聯合國大會的世界領導人。紐西蘭現在允許有年幼子女的政府部長，與保母或其他照顧者一起旅行，費用由政府承擔。[41]

我有留意到阿爾登當時的育兒決定，但就性別權力情勢發生轉變的可能性來說，真正打動我的是她對恐怖分子暴行的反應。二〇一九年，一名白人至上主義者闖入基督城的兩座清真寺，造成五十一名會眾死亡，四十人受傷。

阿爾登與穆斯林社群一同哀悼，甚至戴上了穆斯林頭巾。接著，她照常上班。襲擊發生後的一個月內，紐西蘭議會便禁止大多數的半自動武器與突擊步槍，並限制機關槍、半自動步槍和能夠容納五發以上子彈之散彈槍的使用。[42]

一直以來，阿爾登的政治策略，集中在一個並不常見於政府的特點——包容性。基督城大屠殺後，她在討論穆斯林受害者時，富含感染力的表現出這一點：「『他們』就是『我們』，至於持續帶來這種暴行的人，兩者都不是。」[43]

當紐西蘭在二〇二〇年三月，經歷第一個新冠病毒病例時，該國總理將人和健康的重要性，置於短期經濟利益之上，立即宣布政府將要求任何進入該國的人自我隔離十四天。她說，這是世上最廣泛、最嚴格的邊境限制，而且這只是開始而已。幾天後，她關閉了紐西蘭邊境，禁止非公民和非永久居民入境，接著便是全國封鎖。[44]

再一次，阿爾登宣揚以包容性為主的價值觀。她接受數十次採訪，並定期在社群媒體上發文，經常將紐西蘭居民稱為「我們的五百萬人團隊」。在一次臉書直播中，她吸引了與紐西蘭人口一樣多的觀眾，而她穿著一件褪色的綠色運動衫，並要求每個人都要懂得替他人著想。她說：「待在家裡，打破傳播鏈，你們將會拯救生命。」[45]

最後，紐西蘭獲得出色的成果。在流行疫情的前六個月，紐西蘭的確診病例不到一千九百例，且僅有二十五個死亡病例。根據NBC報導，這約等於每百萬人中有三百二十例，相較之下，美國約為每百萬人兩萬五千例。[46]阿爾登結束封鎖時，她說：「我們可以再次為自己感到自豪，因為我們能夠一起創造出那樣的情況。」這次宣布解封，以她在客廳裡跳了一小段慶祝舞蹈圓滿落幕。[47]

關於以上範例，有一件值得深思的事情：女性的領導方式，是否因為性別相關的先天特徵而有所不同？還是女性不同的領導方式，實為一種變通手段，來避免男性譴責和反對？

我們可以肯定的是，商界女性的工作是極為吃力不討好的差事。頂級文理學院明德學院（Middlebury College）的經濟學助理教授馬丁・亞伯（Martin Abel），在商業月刊《快公司》（*Fast Company*）上撰文表示，一項研究證明女性管理者必須承受的負擔比男性重，而該研究指出，當受到女性批評時，不論男女，人們的反應都更加負面。[48]

美國的華盛頓州立大學（Washington State University）和西北大學及義大利博科尼大學（Università commerciale Luigi Bocconi），三所大學的研究人員進行了一系列實驗，發現許多處於部屬職位的男性，覺得女性主管具有威脅性，且女性主管相較於男性主管，更容易促使男性部屬採取武斷的行為。[49] 正如《Vice》新聞報導的那樣，展現出（或被視為）雄心勃勃樣貌的女性主管，部屬會特別對她們不友善。[50]

研究人員得出結論：由於女性意識到，圍繞在強勢女性的負面刻板印象及違反性別規範的後果，她們傾向於採用更具協作性的領導方法，確保團隊隨時了解大局，並努力使每個人參與其中，維持團隊關係的暢通。

不過，這是一把雙面刃。女性曉得，如果她們被視為軟弱的，她們會喪失升遷機會，但她們也認知到，被貼上「權力飢渴」或具侵略性等標籤的缺點。研究人員總結道：「按此情況，為了在商業上達到令人暈眩的成功高度，女性的操作必須比男性競爭者、或從事相同職位的男性更加圓滑。」[51]

這種女性所採用的精巧、繁複手法，幫助她們在一個由男人制定所有規則的社會裡取得成功，也正說明了這是一種更好的商業手段。

《哈佛商業評論》在二〇一二年與二〇一九年的兩次研究中發現，從客觀指標而不是個人角度來判斷，擔任領導職位的女性和男性一樣具工作效能。「事實上，」該研究作者說：「雖然差異不大，但絕大多數用於測量的領導能力指標中，女性在統計上的得分明顯高於男性。」[52]

工作權、生育權和不被性化的權利

我一年比一年確信，將女性的聲音注入對話和決策過程中，將為企業和社會帶來更好的結果。然而，進展相當緩慢，包括同工不同酬的情況。世界經濟論壇的《二〇二〇年全球性別差距報告》（*Global Gender Gap Report 2020*）估計，按目前進展速度，實現薪資上的性別平等需要花九十九．五年的時間。[53]

在疫情期間，情況變得更加慘淡。在二〇二〇年和二〇二一年初期，全球各地有孩子的女性皆付出高昂代價，在疫情期間首當其衝的挑起家庭教育、家庭管理和育兒的責任。美國最大的人壽保險公司大都會人壽保險（MetLife）調查的美國女性中，有五八％表示，由於她們承受的家庭負擔過重，這場危機對她們的職涯產生負面影響。[54]

桑德柏格的非營利組織LeanIn.org，和麥肯錫的「二〇二〇年職場女性」研究發現，至少有四分之一的女性因為新冠疫情，考慮放棄高薪工作，選擇報酬較少但時間較充裕的職位，或是乾脆離開勞動市場。[55]

僅在美國，就有五百一十萬名女性在疫情期間辭職；一年後（截至二〇二一年五月），仍有一百三十萬女性沒有就業。[56]該研究的作者得出結論：「**公司有失去女性領導者的風險，使多年來好不容易朝向性別多元化邁進的步伐，因此鬆懈下來。**」[57]

麥肯錫報告稱，在疫情期間最有可能離開全職工作的三種女性是：職業婦女、黑人女性，和商業界擔任最高級別職務的女性。[58]

這不是美國獨有的現象。二〇二一年春季在英國和瑞士進行的研究發現，與男性伴侶相比，這些國家的女性伴侶要處理更多育兒和家庭教育事務，無論薪資等級如何。[59]

社會觀念促成了這個問題，賓州州立大學（Pennsylvania State University）社會學家莎拉・達瑪斯克（Sarah Damaske）說道：「失業的男性仍被視為工作者，但女性不是，因為我們將婦女進入職場形塑成一種選擇，因此，當她們在一個不斷質疑女性就業的社會中意外丟失了職位，她們用來釐清自己是誰的方式，也因此受到動搖。」[60]

與此形成鮮明對比的是，大多已婚女性從未想過，在承擔額外家務勞動這件事上她們有所選擇。《紐約時報》調查採樣了大量離職的美國女性，發現只有十分之二的人，與伴侶實際討論過，當孩子不能再上學時，他們之中誰會辭職去承擔育兒責任。報導文章表示：「八〇%的人沒有討論過，對她們而言，討論本來就沒有意義。」[61]

人們很容易將家庭內部的這種不平等，視為疫情帶來的反常現象，但我們都知道，這種不平等現象遠遠超出了這場危機。儘管自一九七〇年代以來，女性在職場上取得了種種進步，但在許多人眼裡，她們仍是預設好的育兒者、預設好的主婦，以及預設好要操持家務的人。

麥肯錫全球研究所（McKinsey Global Institute）高級研究員梅卡拉・克里希那（Mekala Krishnan），說明了女性在職業發展方面面臨障礙的原因，她的報告指出，無償養育工作的分配不均衡（在全球，女性的工作量是男性的三倍），使女性擁有較少時間去重新培養就業技能或尋找就業機會。

「乍看之下，」克里希那總結道：「男性和女性同樣朝著自動化時代奔跑著，但儘管距離可能相似，女性在跑步時每個腳踝都綁著一個負重器。」[62]

下一世代的女性們能捨棄腳踝上的負累嗎？年輕一代們，會不會甚至開始期待起工作場所（以及家庭）的平等？

人們頻繁引用英國育兒網站 Netmums 於二〇一二年進行的一項調查（有時用來嘲笑其方法論上的錯誤），而根據該調查結果，只有七分之一的女性認為自己是女性主義者，其中年輕女性最不可能這樣認為。[63]

這被某些人當成女性主義正在式微的例證，但我並不同意。根據我的經驗，許多女性排斥這種標籤，但一旦追問下去，她們會表示自己接受女權運動背後的原則。此外，女性主義正在變形和擴大，變得更加多樣化，並將其他運動融入其中，從環境保護主義到種族和經濟正義，全都交織在一起。

在推特上自稱多元交織性女性主義者（intersectional feminist）兼美食家的伊薩卡學院（Ithaca College）學生瑟莉莎・克拉凱爾（Celisa Calacal），如此告訴《今日美國》：「女性主義必須能為所有女性服務，而不僅是為了白人女性、上層階級女性或中產階級女性，它必須為較貧窮的女性、跨性別女性、黑人女性、印度女性，和拉丁裔女性服務。」[64]

哥倫比亞大學（Columbia University）和加州大學洛杉磯分校（UCLA）的民權宣導者兼法學教授金伯莉．威廉姆斯．克雷肖（Kimberlé Williams Crenshaw），在她廣受歡迎的TED演講主題「交織性」中，談到一起涉及艾瑪．德格拉芬雷德（Emma DeGraffenreid）的法律案件。

德格拉芬雷德是一名黑人女性，被一家汽車製造廠拒於門外。駁回此案的法官辯稱，僱主過去曾僱用（白人）女性，從事祕書或櫃檯職位，也僱用黑人男性從事勞動性或維護性工作，所以僱主並不涉嫌歧視。這名法官似乎沒意識到，由於既是黑人又是女性，德格拉芬雷德所面臨的是雙重歧視。[65]

這不僅事關德格拉芬雷德，人們越來越意識到，任何對他們進行過一次以上打擊的人——無論是基於性別、種族、宗教、民族，還是他們身分的任何其他部分——都會遭受額外的歧視和偏見。具前瞻性的女性主義，其主導形式不會局限於工作、產假、生育權，和其他傳統的女性平等議題。這場運動將更廣泛、更全面，面對整個社會的不平等和挑戰。

在世上大部分地區，上個世紀女性主義者取得的成就顯而易見。女性在教育方面的表現，開始與男性平起平坐，甚至正在領先。她們獲得工作的機會增加了，也慢慢的在政府權力核心裡站穩腳步。然而，許多女孩和婦女仍然有所缺乏的，正是構成公平的一項基本要件——自主性，也可解釋為獨立做出決定、採取相應行動的自由。

當我們展望二〇三八年時，這場許多人正在爭取的變革裡，這項要件扮演著變革的關鍵。簡而言之，性別平等面臨的主要障礙，是男性控制她們的渴望，他們想要掌控的包括她們的行為、外表，甚至思維方式。

光從生育權，就能看出這個現象。肯定有許多反墮胎活動人士及其支持者，是真心想保護未出生的孩子：然而，有大量軼事與數據證明，好一部分反墮胎人士的動機，是想控制容納胎兒的女性身體。

二〇一九年，Supermajority 和 PerryUndem 兩個非政府組織，針對二〇二〇年美國選民進行一項聯合調查，受訪者被分成兩個陣營，一方希望墮胎在所有或大多數情況下都是合法的（pro-choice，選擇派），另一方則希望墮胎在所有或大多數情況下都是非法的（pro-life，生命派）。

然後，研究人員提出一系列與性別平等有關的問題，以了解這兩個群體的觀點有何不同。最後，陣營之間的對比很鮮明，我們先看看女性的政治權力方面：

- 大多數生命派（五四％）同意，男性通常比女性更適合擔任政治領袖，只有四七％的人希望看到，男女在社會中擔任權力職位的人數相等。在選擇派中，這些數字分別為二四％和八〇％。

- 同樣的，八二％的選擇派認為，如果有更多的女性擔任政治職務，美國會變得更好，但只有三四％的生命派持相同意見。
- 七〇％的選擇派認為，政治職位上缺乏女性會影響女性的平等；不到四分之一（二三％）的生命派同意表示。[66]

至於女性平等和女性經驗等更廣泛的議題上，受訪者也明顯分歧：

- 近七七％的生命派者認為女性太容易被冒犯，七一％的人同意大多數女性將無傷大雅的言論或行為，解釋成性別歧視。在選擇派中，只有三八％的人同意這些陳述。
- 同樣的，七一％的選擇派贊同 #MeToo 運動，而生命派只有二三％。
- 雖然六七％的選擇派認為，社會制度的建構一直是「為了提供男性比女性更多的機會」，但只有一九％的生命派同意。[67]

生育權不僅涉及墮胎，還是一場更廣泛的文化戰爭中的一環，而這場戰爭的發動，決定社會中誰能擁有權力和影響力。

要求女性安分守己，是許多男性（和一些女性）慣有的做法。我們可以在厭惡女性的口號「幫我做一個三明治」（make me a sandwich）中看到這一點，該口號經常被貼在推特上，以回應那些被形容為「不可一世」的女人，也用來對著競選活動中的女政治家叫囂。

從T恤設計上，我們同樣能可以看到這點，如客製化禮物平臺 Zazzle 上出售的「女人，滾回廚房去！」T恤，[68]或英國品牌 Topman 出售的T恤，印有「漂亮的新女友／她是哪個品種？」的字樣，後來因抗議聲浪強烈，零售商將該T恤下架。[69]詆毀女孩和婦女、限制她們的選擇、把她們定位為不如男人、並規定她們的著裝和外表……這一切形成了一種控制模式。多年來，將女性「過度性化」（hypersexualize）與施加男女有別的「端莊」規矩，這兩股作用一直交替削弱女性的力量。

在《日常性別歧視》（*Everyday Sexism*）一書中，蘿拉．貝茨（Laura Bates）寫道：「高中女生被拖出教室、公開羞辱、趕回家，甚至因為穿著有細肩帶的上衣、緊身褲，或是露出肩膀（可別被嚇暈了）等違法行為，而被威脅退學。」[70]要傳達給女孩的陰險訊息，具有雙重意義：**第一，是她們必須改變自己的外表，以避免侵犯男孩的受教環境；第二，是她們要負責控制男性的行為。**

在女學生被送回家去遮好自己身體的同時，女運動員也面臨穿上暴露或性化服裝的壓力，這麼做大概是為了吸引男性觀眾，也是為了抵消這些女性展現出的健壯體魄。否則，為什麼管理業餘國際拳擊協會（Amateur International Boxing Association）的男性，會試圖要求女性拳擊手，在二〇一二年倫敦奧運會的比賽中穿上裙子？[71]

二〇二一年，挪威女子沙灘手球隊引起了全球的關注，因為她們寧可繳罰款，也不願穿著歐洲錦標賽期間所規定的細肩帶比基尼底褲。國際手球總會（International Handball Federation）要求女性穿著貼身並朝大腿根部向上傾斜剪裁的褲子，且褲子的側邊不得超過四英寸（約十公分）。

另一方面，男性運動員可以穿長至膝蓋以上四英寸的短褲，只要不會過於寬鬆即可。[72]「我們被迫穿著內褲打球，」挪威隊隊長告訴媒體：「這實在太羞恥了。」[73]

挪威隊拒絕穿清涼比基尼，並不是二〇二一年體育界變革的唯一預兆。同樣具有重大意義的是，網球選手大阪直美（Naomi Osaka）和明星體操選手西蒙・拜爾斯（Simone Biles）決定退出某些比賽，大阪選手還拒絕媒體露面，藉此維護她們的心理健康。

她們打破傳統，將自己置於對運動、贊助商或球迷的義務之上。在一篇《時代》專欄中，前大學體操運動員大橋凱特琳（Katelyn Ohashi）闡明了這些選擇的重要性：「我們從很年輕的時候就開始了體育生涯，我們對自己的身體沒有自主權……現在所看到的，代表運動員在拾回自主權，並賦予勝利一個新的定義。」[74]

另一個表明女性自主權得到支持的跡象，是#釋放布蘭妮運動（#FreeBritney），該運動將監護權的問題帶入了公眾視野中。流行歌手布蘭妮・史皮爾茲（Britney Spears，小甜甜布蘭妮）在二〇二一年四十歲生日的前幾個月，已經於監護之下工作了十三年。

一開始，為了應對布蘭妮的心理健康問題，在二〇〇八年，她的父親接管了她的生活，包括她的財務狀況、商業契約，甚至醫療照護選擇。她被限制，不能擁有智慧型手機或無限制上網，當她向法院要求解除她父親的監護職責時，她也不能自由選擇她的法律顧問。

談到布蘭妮所遭遇的壓迫，編輯艾許莉．史蒂文斯（Ashlie D. Stevens）在評論網站《沙龍》（*Salon*）上寫道，布蘭妮受極具攻擊性的厭女症所害，而且這種厭女症在二十年內，幾乎完全沒有被遏制。[75]

史蒂文斯質疑，這些八卦小報，將布蘭妮描繪成性生活淫亂的失職母親，這對她失去兒子監護權一事中，發揮了什麼作用？很多人心裡都思忖著：在類似情況下，一個男明星被剝奪權利、尊嚴和自主性的可能性有多大？我想大多數人都會同意，這些可能性確實很小。

二〇二一年十一月，在洛杉磯的法庭上，法官布蘭達．潘尼（Brenda Penny）終於終結了布蘭妮父親的監護權。[76]

在美國，一位身價千萬的流行歌手奮力拚搏，最終重新取得自己生活的掌控權；在挪威，女運動員抵制輕視並性化她們的作為；在紐西蘭，一位女國家元首因遏止了致命病毒的傳播，而為人頌讚。

未來會如示威遊行的標語牌經常聲稱的那樣，由女力當道嗎？在美國，進步派的民主黨議員亞歷山德里雅．奧卡西奧－科爾特茲（Alexandria Ocasio-Cortez）和保守派的共和黨議員蘿倫．布波特（Lauren Boebert），共同任職於立法機構；自由派的瑞秋．梅道與保守派的蘿拉．英格拉漢姆（Laura Ingraham），分別在微軟全國電視臺與福斯新聞網擔任主播。

在法國，極右派的瑪琳．勒龐（Marine Le Pen），和社會黨的巴黎市長伊達戈，都被視為對馬克宏總統連任的威脅來源。在英國，波莉．湯恩比（Polly Toynbee）和梅蘭妮．菲力浦斯（Melanie Phillips）兩位專欄作家，給出了截然相反的政治評論（如前者傾向脫歐，後者則不然）。

同樣是給予女性建議，桑德伯格告訴女性，要在她們的事業挺進突破，而兩性關係作家蘿拉．朵依爾（Laura Doyle）則敦促她們，向丈夫臣服以換取美滿婚姻。最後，在一個性別充滿流動性，也逐漸被視為一種社會結構產物的時代，「女力，就是未來」這句話又帶有什麼涵義？

未來會是女力當道嗎？答案是不會。不過，這是第一次，我認為我們可以越發自信的說，未來也不會專屬於男性。

第13章

非自願男性守貞者隊伍，越排越長

想像一下，有一輛皮卡車（按：業界稱為輕便客貨兩用車或是貨卡，通常指帶開放式載貨區的輕型卡車），長到你沒辦法輕鬆停放，比一九五九年的凱迪拉克黃金國（Cadillac Eldorado）還要長。一個寬敞的公共停車位長十八英尺，而這輛皮卡長達十九英尺。

傳奇卡車品牌 Ram，在二〇一〇年與道奇汽車（Dodge）分家之前，名叫道奇公羊（Dodge Ram）。在上個世紀，它八度獲得美國汽車雜誌《汽車趨勢》（*Motor Trend*）的年度卡車獎。甚至在二〇一九年、二〇二〇年和二〇二一年連續獲獎，是史上第一個連續三年獲獎的卡車品牌。

二〇二一年問世的 Ram 1500 TRX，功能極其強大，被製造商描述為卡車世界的頂級掠食者；配載六．二升 Hemi V8、七百零二匹馬力的引擎，可拖曳的重量達八千一百磅（約三千六百八十公斤）；[1] 此外，還能在四．五秒內，從零加速至時速六十英里（約一百公里）。

內部配備九百瓦高級哈曼卡頓（Harman Kardon）音響系統，好到對一間餐廳的配置來說綽綽有餘。[2] 後排座位還有商務艙般的腿部空間。至於乘坐體驗，汽車愛好者雜誌《汽車和司機》（*Car and Driver*）認為，就像是行駛一輛梅賽德斯－賓士 GLS（Mercedes-Benz GLS）輕巧的滑行過路面一樣。[3]

這輛卡車的成本高達七萬兩千美元，而更高級的首發版，則超過九萬美元。該車的綽號是「牛仔凱迪拉克」，儘管這也是對任何高檔皮卡的非正式叫法，但Ram不只是一輛卡車，更是一種身分象徵。

誰想獲得這樣的身分認證？事實上，很多人都想。每月約有五萬五千名美國人購買一輛Ram皮卡。[4]同時，不令人意外的是，消費者十個有八個以上是男性。[5]

近日我們收到關於男性行為的許多消息，都是負面的。當一個男人爬上一棟大樓，拯救一個在陽臺上搖搖欲墜的幼兒時，我們會認為投身其中的那個人勇氣可嘉，但不會延伸成讚揚整體男性的英勇。

相較之下，當一名男性因不當行為而躍上頭條新聞，如濫用權力、性暴力或其他類似行為時，肇事者的性別就會變成拼湊一個故事的拼圖之一。很多人會開始問：「男人是怎麼了？我們又該拿這種事怎麼辦？」當然，此種一概而論的傾向同樣困擾著女性，像卡蘭作為雷曼兄弟財務總監的「失敗」，也被用來抹黑其他金融界的女性。

不過，近期的不同之處在於，集中在男性身上的注意力越來越多（尤其是針對年長白人），且似乎是帶有批判性的，被鑲嵌在更為廣泛的問題之中，那些問題關乎在人們的認知之下，男性所帶來的負面社會影響。

在今日，有許多世界領導人都處在「有毒的男子氣概」（toxic masculinity）的極端。我們稱獨裁者為強人是有原因的（與此相比，女強人〔strongwoman〕則被用來指涉嘉年華會裡的奇人，而不是值得害怕或尊重的人）。在這個時代，掌權的強人數量正在增加。

《時代》在二〇一八年報導指出：

在世界的每個區域，不斷變化的時代使大眾仰賴更強大、更有自信的領導者。這些強硬的民粹主義者承諾保護我們，免受「他們」的侵害。根據說話者是誰，「他們」可以指腐敗的精英、貪婪的窮人、外國人，或是少數種族、族群及宗教群體的成員，又或是不忠的政客、官僚、銀行家或法官，也可能是說謊的記者。在這種社會分歧當中，出現了一種新的領導者典範，我們現在迎來了強人的時代。[6]

的確，世上有一些具鋼鐵般意志的女性領導人，像是柴契爾夫人、果爾達・梅爾（Golda Meir，通稱梅爾夫人，以色列猶太裔女性政治家）和英迪拉・甘地（Indira Gandhi，擔任兩屆印度總理，在任內遇刺身亡），但到目前為止，世上不曾出現過一名趾高氣昂的女性獨裁者。

除了獨裁，大規模謀殺也是男性的另一個專長。截至二〇二一年十一月，美國自一九八二年以來發生的一百二十四起大規模槍擊事件中，只有三起的加害者是女性。[7]而且，我想也沒有人會搞混，引發 #MeToo 運動的性暴力，背後的主使者是男是女。

然而，在一些傳統的男性堡壘中，男性的主導地位開始受到女性挑戰。在家務方面，儘管美國國稅局持續沿用「一家之主」（man of the house，使用「男人」作為主詞）這個詞，且家庭責任的劃分仍舊依性別而定、遭到嚴重曲解，但這個稱呼背後的思想已經落伍了。

正如上一章所討論的，女孩正在超越同校的男同學，[8]而且，儘管卡蘭的故事仍是一則警世寓言，但女性財務總監的表現，整體上優於男性，[9]此外，將更多女性納入管理高層一事，也越發受到重視。

不是每個人都接受這種變化，我最近與一位義大利主管談話，他告訴我，作為一名女兒的父親，他很滿意公司用以推動女性前進的方案；但是，作為競逐下一份工作的企業領袖，他覺得自己像個弱者。他對我說：「誰曉得我的性別會成為一種負擔？」我心裡只想跟他說，好哦，歡迎來到弱者俱樂部。

平等現象慢慢減少後，隨之而來的是這種情緒的興起。當男性行之有年的主宰地位，在政治、教室、工作場所及他們與女性的關係都受到威脅時，我們可以預期一股反抗的力量即將竄起，特別是越來越多男性，開始感覺到他們被迫改變或掩蓋自己身上某些本質的時候。

當一個缺乏高情商（EQ，能夠理解、運用和妥善管理情緒的能力）的男性，發現自己處於劣勢，且這樣的不利地位是前幾代男性沒經歷過的，我們便進入了一個「emo時代」（按：emo，指多愁善感、敏感的情緒狀態）。我們可以預期，在這十年內會有更多工作場所建立起不分性別的情商培訓計畫。

過去，社會告訴大眾，女人就該待在家裡，但現在不再是如此；以前認為「男兒有淚不輕彈」，但現在男性也願意灑下男兒淚了。自一九六〇年代以來，被嚴格界定的男女身分，一直持續遭到侵蝕。認為人人天生就應該符合的性別刻板印象，就算沒有被徹底摒棄，也變得越來越不可信，至少在世俗、自由的文化中，我們能看見這樣的趨勢。

父權思想遺緒正在滲血，甚至可能因失血過多而死亡。那些覺得自己是受害者的壓迫者們，對於女性侵犯他們的領域感到憤怒。他們一向習慣的特權正受到質疑，而男性原本擁有的「神聖地位」，也不斷被否定。

回想起一九七〇年代，我清楚記得在我們家的餐桌上，母親幫父親做晚餐、夾菜，父親主持晚餐後的談話，晚餐結束後，他們倆便像上了發條似的移步到客廳，觀看我父親最喜歡的電視節目，包括《霍根英雄》（*Hogan's Heroes*）和《風流軍醫俏護士》（*M*A*S*H*）。

在家裡，父親等同國王，母親則是他的啦啦隊長兼支持者，我們三個女兒慣於接受，也善於默許父親的命令，像是「除非下雪，否則別穿褲子去學校」、「表現得淑女一點」、「妳明知道妳會照我說的去做」。

現在，隨著規則起了變化，男性不再需要那麼有男子氣概，甚至被希望多少具備一些女性氣質，這導致男性也開始面臨一些困擾女性數千年的問題，如身體形象。英國自殺預防非營利組織反悲慘生活運動（Campaign Against Living Miserably）在二〇二一年進行的調查發現，**十六至四十歲男性近一半都因身體形象不佳，深受心理問題所擾**。

在五十年前，這樣的統計數據是難以想像的，那時，男性甚至不太可能開口談論他們對這種事情的感受，因為這非常私人，而且以當時的話來說，有這種情感等於你「不夠男人」。

情況可能會變得更糟，五八％的受訪者表示，疫情對他們如何看待自己的身體造成負面影響。[10] 為對抗此趨勢，相關組織如雨後春筍般湧現，像是由美國藝術家兼活動家塔里克·卡羅爾（Tarik Carroll）發起的「每個男人專案」（The Every Man Project），旨在將世界各地的男性從自我厭惡中解放，並挑戰社會對於「真男人」的定義，還有對完美與極度陽剛之審美的痴迷。[11]

隨著性別觀念改變，男性往往被落在後頭。特別是在西方文化中，女人一詞過去含帶著刻板印象，但在現今大多數情況下，這個詞彙可以基於任何一名女性的認知，而具有不同涵義。

女性現在可以採取曾被看作男性專屬的態度和行為，她們也能是前衛、自信、負責發號施令的人，且幾乎可以扮演任何角色（但正如希拉蕊所發現，這不代表你不用付出代價）。或者，她們也可以選擇堅持傳統的女性特徵，例如端莊、善於養育、以和為貴、樂於助人等，將家人和家庭管理擺在第一位。

在很大程度上，除非有財務壓力，女性都擁有選擇權，雖然在某些方面可能會遇到阻礙，但可以預期女性的選擇權及成為自己想要的模樣的權利，都會獲得更大的支持。與此同時，男性則被告誡要「修正」自己。從前以「他是男生才可以這樣」為由，被輕輕帶過的行為，現在則會被大眾批評，因為那些舉止和態度，經常帶有掠奪、暴力、粗鄙無禮、反社會的傾向，甚至是不道德或非法的。

現代世界，至少在某些地區和文化中，**社會對於人類的標準逐漸單一化，開始用特定的標準來評斷男性和女性，而且這個準則，拒絕了過去對男性標準而言，算是可以接受的行為**。

當一套新規則和眾多模糊地帶伴隨著男性長大成人，他們會淹沒在自相矛盾的新舊觀念中，像是男人們應該敏感但隱忍不發、善解人意卻懂得發表意見，還要學會同理他人又堅信自己。儘管社會全體動員，為女孩和女人創造平等的機會，但在這個規則已經改變、卻又尚未純熟的世界裡，用來指引男孩和男人的資源和精力仍尚嫌不足。

所幸，人們正開始處理這類缺乏關注度的問題。男孩和男人努力尋找那個贏得社會認可的平衡點的同時，全球各地的支援團體都逐漸湧現，以幫助他們適應變動中的社會道德觀念，進而擁抱那個「更好」（等同不那麼有男子氣概）的自己。

其中包括英國的 HUMEN（按：音同 human〔人類〕，據組織官網定義，HUMEN 指帶有合作傾向的人類，該類人重視男女間的平等，且不受刻板印象束縛），這是一個心理健康慈善組織，提供關於自卑、羞恥、恐懼和罪惡感等主題的團體治療。[12] EVRYMAN則是一個總部位於美國的組織，運用靜修反思、小組討論、輔導和其他活動，來破除附加在男性的脆弱性與情感上的汙名，幫助他們過上更充實的生活；[13]此外，The Man Cave則與澳洲各地男孩、父母和老師合作，幫助年輕人探索並表達個性的各種面向。[14]

面臨前述相關問題的男性，可以從這些團體裡尋求一個安全的空間，但就根本而言，要傳達給男性的訊息是：很明顯的，**男孩和男人必須適應已經改變的期望和標準，社會需要他們以不同的方式行事和思考。**

大男人氣質，害你更難找到女伴

受到威脅時，動物有一套共同的反應。牠們可以選擇無視威脅，然而，這對牠們而言具有生命風險。此外，牠們也可以承認威脅的存在，並決定適應。不然，牠們會選擇逃離，同時希望威脅來源不會窮追不捨；或是，若被逼至走投無路、危在旦夕，牠們會反擊。

在美國，最後一種反應在近年，引起了媒體的高度注意。不管你對川普的感受是愛還是恨，回顧他執政的歲月，簡直就像是在看一則諷刺漫畫，描繪出一位腹背受敵的男性，最後一次起身反抗，那股朝他而來的敵方力量，在他看來，想要伺機剝奪他和像他這樣的人所握有的權力。

川普對於男性特權的看法，是讓一些男性對他產生認同的原因。如果被問到退無可退，他會承認，女性在法律上跟男性是平等的；只是，事實上兩性並非平等，他也不會因為一個女性，就讓自己看起來很沒種。

對一些選民來說，這正是川普吸引人的地方之一。《紐約時報》記者珍妮佛·莫迪娜（Jennifer Medina）採訪了數十名墨西哥裔美國男子，了解他們為什麼能對一位公開反移民的政治人物有著如此深切的認同感。她得出的結論是，對他們來說，川普無疑散發著男性魅力。他強勢、富有，而且毫無歉意；**在隨時都可能因說錯話而遭攻擊的世界裡，他一直在說錯話，而且也懶得花時間反省**。[15]

二〇一六年的選舉結果表明，這種男性的傲慢，在許多女性眼裡也具有吸引力。細數川普關於女性的言論，我們可以看出，他仍然恪守著男女身分有別的界線。《週刊》匯集的範例如下：

- 談及他二〇一六年的競爭對手：「如果希拉蕊不能滿足她的丈夫，她憑什麼認為她可以滿足美國？」
- 關於當時年僅十八歲的女演員琳賽·蘿涵（Lindsay Lohan）：「她可能被很大

的麻煩困擾著，這代表她在床上功夫很棒，為什麼那些深陷困境的女性——深到無法再深的那種——床上功夫總是最好？」

● 談及 #MeToo 運動：「你必須否認、否認再否認，然後再對這些女性反擊。如果你承認任何指控和罪責，那你就死定了……你必須堅強，你必須有攻擊性，並使勁的回擊，還得否認任何關於你的流言。永遠不要低頭認錯。」

● 關於一般女性：「（女性）和一般描繪的模樣真的差太多了，她們比男人糟得多，更愛侵略他人，天哪，她們可真狡猾！」[16]

女人很狡猾？誰想得到？

此外，川普堅持用二十世紀中期的觀點，去看待父親這個角色，這點甚至可能為他贏得死忠支持者的歡呼。在他看來，換尿布、照顧孩子的男人，表現得簡直就像「一名妻子」（貶義）。[17]

與此同時，在英國，政府已經禁止在廣告中植入有害的性別刻板印象。禁令的支持者也包括親力親為的父親們，他們厭倦了那些認為他們是沒用的米蟲的刻板印象[18]。

一群來自世界各地的父親，一同創立了 Podcast《炫酷的黑人爸爸》（*Dope Black Dads*），他們想為其他父親提供數位安全空間，討論他們在現代社會中作為黑人、家長和男性的經歷。他們的目標是讚揚、治癒、鼓勵和教育黑人父親，期待能藉此為黑人家庭帶來更好的發展。[19] 隨著性別規範改變，尿布的意義也將變得有所不同。

然而，有些事情積習難改。女性也許會在軍隊服役，但決定參戰的仍是男性。在這個高度互連的世界裡，展開軍事衝突的國家都屬於同一個全球供應鏈，而衝突造成的任何損害，都可能波及經濟夥伴。我們從美國最近參與的戰事中可以看出，即使對手不可能在戰場上獲勝，但只要持續戰鬥下去，他們也可以耗盡美國的資源與政治意願。

簡單來說，戰爭——在歷史上，男人的專屬領域——已經越來越過時，從頭到尾都只造福了軍火供應商。在現代衝突中，社群媒體上的幾次鍵盤操作和虛假資訊行動，就可能比一千名投彈手和十萬名士兵更有效。對於將年輕肉體置於危險之中的想法，為何社會仍未萌生對此深惡痛絕的感受？

關於衝突和侵略的話題，我們還必須考慮到，當不再有戰爭時，士兵可以將這些戰鬥精力集中在哪裡？我們如何導引這些傳統的男性優勢，使其成為更大的效力？鑑於英雄主義和榮譽心，都有其迫切需要，我們該如何在戰場以外鼓勵這兩種特質？

社會學家菲爾．斯雷特（Philip Slater）在《蠶蛹效應》（*The Chrysalis Effect*）一書中，解釋了過時制度的頑強。他將男性抵制任何變化的現象稱為「控制文化」（control culture），並將其與威權主義、軍國主義、厭女症、擴建的圍牆、情緒緊繃和僵化的二元論聯繫起來，這些都是男性宰制的具體展現。[20]

隨著女性崛起，男性主宰的世界正在崩潰。「現代男性多年來一直被灌輸的技能，都是為了讓他們成為威武不能屈的大丈夫，而他們也為此付出了高昂的代價，」斯雷特說：「到頭來，男性卻發現這些技能對任何人都不再管用，耀武揚威、自吹自擂、戰鬥、破壞甚至殺戮，對世界來說，似乎不像以前一樣重要。」[21]

換句話說，女性不僅侵入了男性領域，還證明了她們此後不再依賴男性，這些被質疑的男性，當然感到不是滋味。

現在，什麼比擺架子和逞凶鬥狠更重要？答案是同理心、同情心、可觸及的情感……這些都是會聯想到女性和「女性化男性」的價值觀。

覺得自己必須用大男人行為，才能表達自我，藉此感受到自己是貨真價實的男性，這種人很可能越來越難找到女伴。要是目前的趨勢繼續下去，尋找週六晚上約會對象的猛男們，很可能淪落到要獨自酌飲，或與其他男人一起在撞球桌上自娛娛人。

結果，非自願守貞者的隊伍越排越長，這個次文化和仇恨團體的成員，除了至少與一起大規模殺戮有關之外，[22]還將他們的缺陷和不如意的人生，都歸咎於女性身上。正如作家珍妮佛．萊特（Jennifer Wright）在《哈潑時尚》（*Harper's Bazaar*）中所述：「非自願守貞者的存在跟孤獨無關……這是在卸責，將孤獨的原因賴到女性頭上。」[23]

當這樣的男人看到「女性化男性」在電影、電視節目和現實生活中，得到所有他們眼中的「好」女人時，他們會猛烈抨擊嗎？還是會學會適應？

我們可以期待他們跟著改善自己，但這樣的期望，會受到一些事實阻礙，像是巨型皮卡幾乎都很耗油，體積也大到不適合停放在部分停車位，而且它們的轉售價值通常不如用途更廣的車輛。即使有上述缺點，仍有大量男人放不下對皮卡車的渴望，不停為其奉上自己的荷包。

第14章

既非男、亦非女，我在兩者間游移

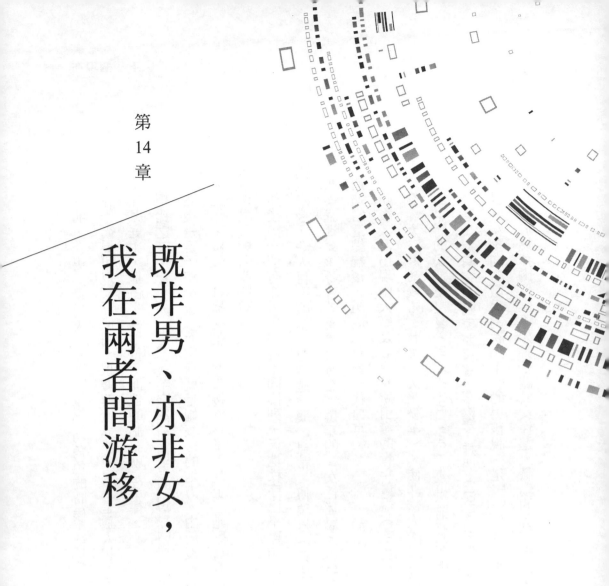

從前，在男人是男人、女人只是輔助角色的時候，性（sex）和性別（gender）兩個詞在學術界可以交互使用。根據傳統戒律，男人是獵人和保護者，是家庭財務的提供者；在家庭中，他占主導地位，而他的話語就是法律。

相比之下，女性的定義全然由她們與他者的相對關係決定。起初，她是某人的女兒，然後是妻子和母親，而家裡就是她該待的地方。由於沒有薪水，也沒有能動性，她整天工作、做飯、打掃衛生、開車接送孩子；晚上，她則負責伺候她的男人。對男性和女性來說，規則非黑即白。

然後，一切有如天象出現不同排列，天地秩序已不再如此運轉。一九六〇年代初的發展之多，令人目不暇給，包括避孕藥、貝蒂·傅瑞丹（Betty Friedan，美國作家，在近代女權運動中扮演著重要的角色）撰寫的《女性迷思》（*The Feminine Mystique*）、甘迺迪當選總統後，組成的年輕一代白宮。

隨後，又出現由大麻及LSD所引發的青年震盪（youthquake，現泛指年輕人的行為或影響力引起的政治、社會、文化變革）、使非富人階級也能跨國旅遊的廉價航空、舊金山舉辦的民運愛之夏（Summer of Love），這場運動開啟了後續的嬉皮革命。

接著，還有在運動家兼民謠歌手瓊·拜亞（Joan Baez）的推廣之下，反越戰抗議活動以「女孩向對徵兵制說『不』的男孩說『是』」作為主張，擄獲人心；再來還有與其說是關於燒掉胸罩，不如說是關於女性進入職場的解放運動。

貝拉・阿布祖格（Bella Abzug）於一九七一年當選美國眾議員，她的競選口號是：「這個女人就該待在室內——待在美國眾議院裡面。」不過，她可以這麼說，是因為當她回到紐約，那裡有支持著她的運作系統。一位保母兼管家與阿布祖格一家一起生活了二十三年，她的女兒回憶道，她的父親「總是在採買食物和洗衣服」，[1]這與那個時代大多數家庭的經歷大不相同。

對於女性來說，一九七〇年代的發展，由一種新的可能性作為驅動力，包括結婚與否、成為母親與否，以及追求職業與否的自由。但是，性傾向仍非常狹隘，如果你不是異性戀，就是同性戀，只能接受其中一個選項。

Transsexual（按：變性者，現為一種過時的術語，使用此詞彙可能具有冒犯意味，除非某人認同此稱呼，否則現在已不建議使用此字）一詞直到一九四九年才被創造出來，Transgender（跨性別者）則要等到一九七一年[2]，但是僅透過一個詞彙來描述這種「出格」的本性，並沒有使這樣的特質更容易被社會接受。任何「不自然」的性行為，仍可能會遭到刑事起訴；而且事實上，一直到二〇〇三年，同性之間的性行為才在美國境內合法。[3]

是什麼力量讓公眾意識、甚至去接受更為寬鬆的性別定義和性別角色？答案一如既往的，是藝術。舉例來說，歌手大衛・鮑伊（David Bowie）穿著長髮和連衣裙粉墨登場；[4]奇想樂團（The Kinks）則錄製了一首情歌〈蘿拉〉（*Lola*），歌詞為：「女孩會是男孩／男孩會是女孩／這是一個錯亂的、混亂的、震撼的世界／只有蘿拉不是這樣」。

一九七二年，美國搖滾歌手路·里德（Lou Reed）製作了一張大玩變裝皇后概念的專輯——《變形者》（*Transformer*），其中，一首名為〈走在狂野的路上〉（*Walk on the Wild Side*）的歌，唱道：「剃光了她的腿／然後他就是一個她」。

雌雄同體的龐克搖滾樂團紐約娃娃（New York Dolls），則以「隨手用蟒蛇絲巾和高跟鞋打扮一番的硬漢模樣」登上舞臺[5]。十年後，大受歡迎的英國男歌手喬治男孩（Boy George）緊跟其後，以女性化造型現身。

另一方面，模特歌手兼女演員葛蕾絲·瓊斯（Grace Jones），則向世人展示了如何在渾身散發陽剛氣質的同時，還能是一位美得令人屏息的女性。

曾經局限於藝術世界的奇觀異景，現已滲透進更廣泛的社會中。當然，其實這些人一直都在這裡，只是被隱藏得非常好。當人們開始傳唱奇想樂團的〈蘿拉〉後，過了一、兩個世代，儘管反對變革的聲音仍舊普遍，但僵化的性別觀念似乎正逐漸消散。

許多直率敢言的名人、主流媒體和大部分人口（尤其是年輕人），都已在思想上接受了性別認同的變革，但美國各地的地方社區不同，反而就各式問題展開爭論，包括學校如何傳授性別觀念，延伸到一對女同性戀情侶是否可以當選返校日國王和皇后（按：美國學校每年秋季會邀請校友回母校，選出最有人氣者，作為國王與皇后）。[6]

即使這些爭論越演越烈，仍有越來越多人願意討論並理解不同性別，性傾向也不僅限於異性戀與同性戀。

現今社會上較激進的圈子中，也都秉持著「愛就是愛」（Love Is Love，意指和誰墜入愛河，與人的性別無關）的信念；你可能是跨性別、非二元性別或性別流動者（gender-fluid，不認為自己有一個固定的性別，可以隨時改變，或同時擁有不止一個性別），甚至有些人僅接受用名字稱呼自己，而非代名詞（他、她、它、他們），因為這些人已經決定，不能任由出生時的染色體，來定義自己。

有十幾個國家，在護照上增添第三個性別名稱（通常以X來標示），供不認為自己是男性或女性的人使用。荷蘭則正在將性別名稱，從國家身分證明文件中完全移除。越來越多人，包括順性別者（cisgender，性別認同與出生時指定性別相同的人），都開始在電子郵件簽名檔、名片和社群媒體個人資料上，宣告他們偏好的人稱代名詞；臉書現在則開放使用者從五十多個性別識別標誌中進行選擇。[7]

另外，也有人反對此趨勢，有些人反對的原因是因為各種語言的文法不同，但更多時候，隨著社會出現重大轉變，曾經的二元性別變成了繁複的計算，產生出各式各樣的性別認同，會害某些人感到不適，所以他們只好大聲譴責此趨勢。

美國語言學家兼作家傑佛瑞．南伯格（Geoffrey Nunberg）於全國公共廣播電臺上討論人稱代名詞之後，一位前外交官自覺受到冒犯，便寄了這封電子郵件給他：

如果你今天在代名詞上，願意對他們讓步，他們明天就會衝著你的言論自由的其他部分而來……你可能願意稱呼一個人為「他們」（them），但這就像一個滑溜溜的語法斜坡，直奔向語言的劣質化，更不用說屈服於社會中最微不足道的性別團體，他們企圖用他們的新時代非二元論述，對所謂的傳統價值觀予取予求。

請明智一些，對於我們面臨的性別議題，感到困惑的人已經很多了，若左翼和像你這樣的自由派教授，不公正的利用美國人的疑惑，那我們這些熱愛自身語言的人，不會坐視不管。

喜劇演員莎拉・席爾蔓（Sarah Silverman）則抱持不同看法：「我們都已經學會怎麼講葛里芬納奇（Galifianakis）、史瓦辛格（Schwarzenegger）這種姓氏了，甚至大家都唸得很順口，為什麼我們搞不定代名詞？」[8]

先生們女士們……抱歉，我都不是

當然，我們可以釐清怎麼使用代名詞。問題是：我們願意嗎？一些文化已經接受了非二元性別的觀念，但有些文化可能永遠不會。

在二〇二一年倫敦火車上發生的一起事件，是許多國家同樣會爆發爭辯的徵兆。當時，售票員說：「先生女士、男孩女孩們，午安。」藉此歡迎乘客。一位聽到廣播的乘客在推特上寫道：「作為一名非二元性別者，這則廣播對我不適用，所以我不會搭理。」

倫敦東北鐵路公司（London North Eastern Railway）隨後致歉，接著，不出所料的，反 LGBT 社群的聲音也紛紛出現，批評非二元性別是虛假的性別意識形態。[10]

傳統主義者抓緊時機，向性別流動性宣戰，認為這威脅到他們「正常」的生活，也就是他們感到自在的環境。像許多政治問題一樣，這些話並不是真正的目標，傳統主義者的目的是限制選擇的自由，防止人們做出他們不容許的事情，而且這尤其適用於女性身上。

從同性戀權利意識抬頭開始，這就是一場傳統主義者幾十年來一直輸掉的鬥爭。有人說，這場鬥爭始於一九九七年四月三十日，當時，美國喜劇演員艾倫·狄珍妮（Ellen DeGeneres）在她的情景喜劇《艾倫》（*Ellen*）中，透露她是同性戀。[11]

在某一集中，歐普拉扮演她的心理治療師，美國女演員蘿拉·鄧恩（Laura Dern）則扮演主角的潛在對象，搖滾歌手瑪麗莎·伊瑟莉姬（Melissa Etheridge）和演員黛咪·摩爾（Demi Moore）也來客串。這一集吸引了超過四千萬名觀眾，創下該節目的紀錄。

儘管這一集已附上電視臺警示標語：「由於涉及成人內容，建議父母自行斟酌。」[12]但仍迅速引起輿論反彈。節目工作室收到炸彈攻擊威脅，支持保守派基督教思想的傳媒大亨帕特．羅伯森（Pat Robertson），則稱狄珍妮為「墮落艾倫」（Ellen DeGenerate，改變其姓氏，予以譏諷）。

汽車製造商克萊斯勒（Chrysler）、美國老牌連鎖百貨商店傑西潘尼（J. C. Penney）、達美樂披薩（Domino's Pizza）和麥當勞（McDonald's）則紛紛撤出廣告；一年後，該情景喜劇被腰斬。

但緊跟在此風波之後，還出現了影集《威爾與葛蕾絲》（*Will & Grace*）、《歡樂合唱團》（*Glee*）以及真人秀《酷男的異想世界》（*Queer Eye*），這些作品同樣涉及同性戀議題。

在二〇一二年，十五年前拒絕狄珍妮的傑西潘尼，轉而聘請她作為發言人，儘管董事會、投資者、一些客戶，以及隸屬於美國家庭協會（American Family Association）的保守派團體「一百萬母親」（One Million Moms）等，對此強烈反彈。一百萬母親批評該零售商「跟風似的支持同性戀」，並斷定對狄珍妮的支持，將導致多年來忠於他們的傳統價值客戶群流失。[13]

歷經一次又一次的刻薄話語和人身攻擊，儘管代價不小，但狄珍妮堅持了下來[14]。在二〇一五年的一項民意調查中，狄珍妮獲選為扭轉公眾對同性戀權利看法，最具影響力人物。

二〇一六年，歐巴馬總統授予她自由勳章。事實證明，一旦你把同性戀者當成獨立個體來認識，你就很難憎恨他們。儘管狄珍妮從那時起便飽受批評，其中包括指責《艾倫秀》（*The Ellen DeGeneres Show*）的工作職場環境非常差勁的聲音，但她作為同性戀偶像的影響，至今仍然存在。

一旦話題從性傾向延伸到性別認同，大眾的思想便沒有那麼開放。在二〇二〇年代初，以下議題成為大眾的焦點：跨性別學生是否能使用某性別的學校廁所，或是按他們所認同的性別，決定參與的球隊？跨性別成年人，是否能在美國軍隊服役？醫療保險應涵蓋變性手術嗎？

對社會性別定義的變化感到驚慌的，不僅是保守派和福音派基督徒。《哈利波特》的作者J．K．羅琳（J. K. Rowling），就轉推了一篇提到「來月經的人」的文章；她補充道：「『來月經的人』，我敢肯定，曾經有一個詞可以取代這種稱呼，誰來幫我想想。要叫女森？女蔘？還是女噌？」（按：其發言暗示，有月經的才是女性。）[15]

羅琳是一位精明的作家，她知道自己的推文會引起討論，卻沒有預料到，她引起的批評聲浪會如此強烈。《哈利波特》和《怪獸》（*Fantastic Beasts*）系列電影的演員，包括丹尼爾．雷德克里夫（Daniel Radcliffe）、艾迪．瑞德曼（Eddie Redmayne）和艾瑪．華森（Emma Watson），都選擇與她保持距離。在推特上，除了抵制她的言論之外，她還收到死亡威脅。[16]

流動的性別與更加寬鬆的性傾向，會遭到人們更激烈的反對，而這是有充分理由的，因為我們定義和辨別性別的方式，同樣正在加速變化中。正反意見的力度會依附彼此成長，正如陰陽相生一樣。

在Z世代中，有六分之一的成年人認為自己屬於LGBT社群。[17]對於他們之中的許多人來說，要承認自己是同性戀，已遠不如狄珍妮當時那樣令人緊張不安。正如《華盛頓郵報》對這一代人指出：「當同性婚姻在馬里蘭州合法化時，他們八歲；當他們意識到吸引自己的是女孩時，約十二歲；以非二元身分出櫃、使用 they/them 作為代名詞時，他們大約十四歲。」[18]

為什麼如今，非常規性別的青年獲得了更廣泛（儘管遠遠稱不上普遍）的支持？二十一世紀的媒體，不需要媒體高層和企業拿出勇氣力挺，就能享受《艾倫》、《威爾與葛蕾絲》及其他熱門節目過往引起的迴響。

而且，多虧網際網路的發達，要創建任何小圈圈，都只要點擊一下即可。同性戀和跨性別者，在YouTube和抖音（TikTok）平臺上成為明星，而相關支持團體會在學校布告欄上，張貼召開會議的通知。

而且，有時年輕的LGBT社群成員，會鼓舞他們未出櫃的父母，勇於坦承性傾向，或至少加入他們，一同沿著遊行路線表達同志的驕傲。

這一趨勢的推動也獲得不少名人的支持，公開擁抱跨性別或非二元性別孩子的知名父母越來越多，而且橫跨多個領域，演員有莎莉・賽隆（Charlize Theron）、蓋柏莉・尤恩（Gabrielle Union）、華倫・比提（Warren Beatty）和安妮特・班寧（Annette Bening）等，音樂家則有雪兒（Cher），運動員如美國前職業籃球運動員德韋恩・韋德（Dwyane Wade）也表示支持。

二〇一九年，葛萊美獎得主山姆・史密斯（Sam Smith）坦承自己非二元性別的身分，他說：「我既非男性、亦非女性，我想我游移在兩者之間的某個地方。」[19]

一九七六年，我和家人在蒙特婁奧運會上，為美國十項全能冠軍凱特琳・詹納（Caitlyn Jenner，出生時的名字是布魯斯〔Bruce〕）歡呼，因為當時詹納成功摘下金牌，並締造新的世界紀錄。

大約四十年後，詹納宣布她是跨性別者，並分享她隨之而來的身體轉變。此話一出，便成為娛樂版的大新聞，因為事情發生的時間點，是世上許多人觀看《與卡戴珊一家同行》（Keeping Up with the Kardashians，以錄製卡戴珊家族生活聞名的實境節目，也是詹納尚未性別轉換前，與克里斯・詹納〔Kris Jenner〕結婚後，共組的再婚家庭）的時刻。

二〇二〇年末，在電影《鴻孕當頭》（*Juno*）和電視劇《雨傘學院》（*The Umbrella Academy*）中深受大眾喜愛的演員艾略特・佩吉（Elliot Page），以跨性別者的身分出櫃，放棄他的出生名艾倫（Ellen）。

二〇二一年，MJ羅德里格斯（MJ Rodriguez）成為首位入圍艾美獎主演類別的公開跨性別演員；而這個史上「頭一遭」，在引發大眾驚愕之餘，也促使人們展開討論：艾美獎為何會如此依照性別來頒發獎項？

在此事發生的一週前，一名跨性別女性被加冕為美國內華達州小姐，使她有望競逐二〇二一年底的美國小姐選美比賽。[20]

在我看來，要觀察社會對性傾向和性別認同的接受程度，最有力的徵兆之一，是LGBT社群兒童夏令營的開辦，現在還有為跨性別和非二元青年舉辦的夏令營。新罕布什爾州的夏令營Camp Aranu'tiq[21]，其命名靈感來自阿拉斯加原住民「楚加奇」（Chugach）的語言，意思是「雙靈者」（Two-Spirit），人們認為這個詞同時體現了女性和男性的精神。

曾經引起社會譴責和排斥的性別差異，現在越來越被接受為光譜的一部分，這個光譜，比半世紀前人們想像的還要廣泛許多，也更為動態。

從上個世紀的中性時尚為出發點，歷經了都市美型男的流變，如今的趨勢，是一道由各式各樣潛在身分匯集而成的彩虹。在你我之間，有一些人需要多一點性別定義，才能找出最適合他們的那一個；又或者，我們的性別，就是一個不斷變動的東西也說不定。

各大品牌推出不受性別限制的商品

一旦我們逐漸理解，人類群體無法硬是用傳統二元角色劃分，社會將如何適應這樣的事實？毫無疑問的是，性別友善廁所（按：通常一次只能一人進入，如臺灣捷運站的無障礙廁所）將成為常態。

相較之下，北卡羅來納州充滿爭議的廁所法案（bathroom bill），使該州的跨性別者不得使用符合其性別認同的廁所，招致歌手史普林斯汀、黛米・洛瓦托（Demi Lovato）和尼克・強納斯（Nick Jonas）等人抵制，PayPal、NBA、愛迪達（Adidas）以及德意志銀行（Deutsche Bank）等企業，更撤出在該州的商業活動。據估計，在未來十二年內，該州收入將損失超過三十七・六億美元。[22]

在二〇一九年，一群人力資源專家進行了一場線上會議，討論完如何使工作場所更加性別中立後，一位出席者評論道：「至少六〇%的對話，都圍繞在廁所設施上。」[23]而我自己的建議是，小便斗製造商應該要著眼於為新的產品類別注入多元性。

中性化的服裝和性別中立的品牌，已經存在了好些年頭；現在，我們可以預期到有更多時裝設計師擴大產品線，包括做出尺寸更廣泛的服裝，以符合跨性別女性和男性的市場需求。Humankind 這個品牌，便已開始提供各種尺寸的中性泳裝和家居服。[24]

歷史悠久的品牌也在加緊努力，如 Levi's 首次推出「無標籤」（Unlabeled）系列，注解道：「該系列由我們的LGBT社群員工策劃而成，服務客群是每一個人。」[25]該零售商的網站闡述：「這個精心企劃的系列，向一致性說不，好為所有的個體和自我表達獻上祝福。流動性以及能夠活著、愛著、做真實自我的自由，皆是這些衣服的靈感來源。」

該品牌的廣告標語「成就美麗」（Beauty of Becoming），其廣告請來非二元性別的傑登・史密斯（Jaden Smith），他前幾年是路易威登女裝活動的代言人。[26]

玩具製造商美泰兒（Mattel），則推出一系列性別中立的芭比娃娃，象徵朝包容性邁進。在推出該系列時，該公司在推特上寫道：「在我們的世界裡，娃娃跟同樂的孩子一樣有無限的可能性，隆重介紹#創造無窮的世界（#CreatableWorld），這是一系列娃娃，不歡迎那些無謂的標籤，除此之外，不論你是誰，都歡迎進入這個世界。#為所有人開放（#AllWelcome）」。[27]

性別流動性幾乎不是一種現代現象。跨性別者至少早在西元兩百年、羅馬皇帝埃拉伽巴路斯（Elagabalus）統治時期，就存有紀錄，[28]幾個世紀以來，許多文化也已接受了「第三性別」的概念，像是印度的海吉拉（Hijras）；在一些玻里尼西亞文化裡，稱為Mahu；居住在墨西哥瓦哈卡州的Zapotec族（按：其社會自古以來就擁有多元性別觀念）則會說Muxe，都是用來描述社會裡的第三性別者的方式。

談及美洲原住民雙靈者的傳統，音樂家兼活動家東尼・埃諾斯（Tony Enos），曾談到非二元性別者扮演的社會角色，他說：

> 在殖民化之前，我們是平衡的守護者。我們是唯一可以穿梭於男女陣地之間的人，這些性別酷兒、性別流動，以及非常規性別群體的每個人，都有著特殊的角色，身懷一種特別的魔法、一種祝福，使他們能夠透過男性和女性之眼，來看待生命。[29]

在未來二十年內，我們將看見這股趨勢逐漸茁壯，和現今趨勢的差別則在於，未來我們不僅行動，連思維都會更具備包容性。隨著時間流逝，我們將不那麼關注非二元性別者的「他者性」（otherness，學術上用來批判主流價值觀，對他者的生命經驗進行的排斥與霸凌），反而更傾向於認為，人類群體是坐落在一條寬廣且色彩豐富的光譜上的存在。

即使反對者們狂熱的向社會大眾宣揚一個僵化、且早已被極端父權社會以外的人拒絕的性別規範，就算屢次試圖強化性別障礙，這道障礙都將再度瓦解。

諷刺的是，即使我們越來越善於擁抱和表達真實的自我，我們也正在失去與他人的聯繫。歡迎來到皮膚飢餓（skin hunger，指現代生活中，人們同時缺乏並渴望著與他人的肢體接觸）和一人餐桌的時代。

第15章

如果沒有狗狗作伴，我不知道怎麼辦

佛陀說：「宇宙中沒有誰比我們更珍視自己，你的內心可能有一千種思緒，但它會發現，沒有什麼比它更受人喜愛。一旦你看到愛自己有多重要，你就會停止讓別人受苦。」

——一行禪師，《你可以，愛》（*Teachings on Love*）

我們總是不太樂意承認我們愛自己，但大多數人都很樂意，在人類大千世界的舞臺上持續演出，且越晚下戲（領便當）越好。

隨著時間過去，我們被記錄下越來越多「出演片段」，同時被不斷推廣。有關自拍文化的話題，以及千禧一代和Z世代，傾向將自己的生活公諸於世的習慣，過去有過許多討論。

我們都看過年輕人把災難現場的景象，如燃燒的建築物、地震過後的瓦礫等，當成他們的頭貼背景。對此，我們亦反思過行為上的自戀情結，這又被《紐約時報》稱為千禧一代的新興民間藝術。[1]

當然，自拍文化遠遠不僅限於表面上的照片。自我吸收、自我推銷，甚至是自我厭惡等，這種朝著自我發展的文化趨勢，也是自拍文化的一部分。正如美國格言家梅森．顧里（Mason Cooley）指出：「**自我憎恨和自我愛憐，同樣都是以自我為中心。**」[2]

有人說，嬰兒潮一代的「我世代」（Me Generation），催生出「我我我世代」

（Me Me Me Generation，有學者認為嬰兒潮世代在一九七〇年代的美國發展出關注自身、尋求享樂的「我文化」，而這一代人的孩子更將此精神推向新高峰，形成有自戀傾向的個人主義），也就是他們的孩子誕生。

一方面，不是每個人都完全以負面的眼光看待這一點。撰寫《自拍世代》（*The Selfie Generation*）一書的千禧年世代作家艾莉西亞·埃勒（Alicia Eler）認為，自拍文化是一種新的賦權方式，讓年輕人的聲音被聽見，不全然是自戀的表達方式。

另一方面，雖然上述說法可能有道理，但越來越多證據表明，這種偏好過度分享的行為可能有害。例如，緬因大學（University of Maine）研究人員發現，一些年紀輕輕的社群媒體重度使用者，透過螢幕記錄他們的生活，導致他們在現實生活中判讀語言線索的能力受到損害。[3]

揭發臉書演算法失控真相的臉書吹哨者法蘭西絲·豪根（Frances Haugen）在美國國會作證，指出臉書旗下的 Instagram 平臺，如何對心理健康產生負面影響，且此種負面影響在女孩身上尤其明顯，衍生的狀況包括飲食失調、自殺意念等。[4]

即使排除大量使用社群媒體的因素，人類在地球上的生活方式，也無可避免的變得更個人化、以自我為中心。我們使用智慧手錶和其他設備，來監測步數、心跳、血糖、睡眠模式、飲水量等數據。據估計，二〇二〇年使用健康和健身應用程式的美國人數量增加超過二七%。[5]此外，我們還精心營造個人品牌，設計出跟現實八竿子打不著的虛擬角色。

至於影響最深遠的，是我們為自己量身打造的媒體和串流內容。可以想見，**地球上不會有人和你享受一模一樣的媒體飲食**（media diet，每個人收看、收聽的媒體內容與管道），**這完全是你專屬的數據與內容**。

這同時也指出我們這個時代的一大悖論：人們可能會認為，既然世上近六成的人皆使用社群媒體，[6] 人類將比以往任何時候都更加同步。但事實恰巧相反，偏好和AI數據系統將我們隔離開來，這些系統讓閱聽者消費的媒體內容更個人化，且其程度之高，甚至打破了網路最理應實現的承諾——加強彼此之間的聯繫。

現在，我們比過去更可能獨自工作，或至少獨立完成工作，而這並非巧合。根據自動資料處理公司（ADP）的數據顯示，二〇二〇年初，美國的零工人口比二〇一〇年多上六百萬人。[7] 這與二〇〇〇年初的情況相比，又怎麼樣？

長久以來，自由業者都一直存在，但直到近十年，零工經濟（gig economy，將臨時性工作或一般工作中的部分環節指派給外部人員，外部人員完成工作並獲得報酬）一詞才被編纂至字典中，起因是二〇〇九年，文化時尚雜誌《浮華世界》（*Vanity Fair*）和《紐約客》的著名編輯蒂娜·布朗（Tina Brown），開啟了這類工作者的討論。[8]

從今天起到二〇三八年，我們可以預期更多人將加入創業潮流；而且，比起經營一家有員工的公司，更可能是名獨立企業家[9]，更不用說創立一間資金龐大的大企業了。

對於創業的渴望就擺在眼前，據估計，二〇一九年美國有二一％的就業成年人是自僱者，但是，於二〇〇〇年進行的一項學術研究則表明，七〇・八％的美國人有意願成為自僱者，[10] 且在波蘭和葡萄牙的比例甚至更高。

我們在社區內也變得更加孤立。二〇〇〇年，政治學家羅伯特・普特南（Robert D. Putnam）在其著作《獨自打保齡球》（*Bowling Alone*）中，探討美國人與社會脫節的現象日益惡化。他詳細描述在一九七五年至二〇〇〇年間，社團會議的出席率下降五八％，家庭聚餐則下降四三％，邀請人們到家裡的次數，則減少三分之一以上。[11]

這種日益加劇的孤立，對個人和社會都有累積的效應，影響層面從個人健康、自我滿足感，到民主制度的參與等方面。

透過他的書，普特南想要修復曾讓美國人團結在一起的社群意識——那個托克維爾在一個多世紀前，曾讚許過的社群。然而，他無法實現這個夢想，因為這種脫節和孤立感不減反增。疫情流行前進行的一項研究發現，近六分之一（在千禧一代上升到四分之一以上）的美國人，不知道鄰居的名字。[12]

難怪家庭監控攝像頭的市場如此蓬勃發展，預計到二〇二七年，將在全球達到近一百二十億美元銷售業績。[13]

麋鹿兄弟會（BPOE，創立於一八六八年）的會員，人數在一九八〇年至二〇一二年間減少了一半，[14] 這些離開的會員並非個案，根據蓋洛普的數據顯示，一九九

○年至二○一四年間，美國鄉村俱樂部會員人數下降了二○%；[15]在二○二○年，隸屬於宗教機構的美國人比例，也從一九九九年的七○%下降到四七%。[16]

其實，就算是疫情前的自己，看到這些數據，可能仍會想問：到底誰有時間參與這些活動？

我們也可以在全球各地，看到社會孤立的趨勢，臨床心理學家相布南．貝瑞－可汗（Shabnam Berry-Khan），**將孤獨稱為全球性的公共衛生問題**。[17]日本和英國，都任命一名「孤獨部長」，英國的孤獨部長分配資金，幫助組織透過小團體感興趣的活動與計畫，將彼此聯繫起來。[18]

歐盟聯合研究中心（Joint Research Centre，簡稱JRC）在二○一九年，分析了歐洲社會調查（European Social Survey）的數據，測定歐洲近五分之一的成年人處於社會孤立狀態，且這種情況在匈牙利和希臘尤為明顯。[19]

使問題更加難以估量的，是獨居的趨勢，這股明確趨勢在前面幾個章節都有提到，其觸角深入現代生活的每一層面。社會學家艾瑞克．克林南伯格（Eric Klinenberg）在《獨居時代》（*Going Solo*）一書中表示，這種趨勢跨越了年齡、地域和政治觀點，是一項值得關注的社會實驗。[20]

前面提到，東京有四○%以上的人口獨自生活。[21]根據全國人口和社會安全研究所的數據顯示，到二○四○年，在日本所有家庭中，將近四○%會是獨居家庭。[22]

但是，這與瑞典相比，可說是小巫見大巫，因為大多數瑞典家庭目前已經如此。[23]在美國，獨居人口的比例在過去五十年幾乎成長了一倍，在二〇一九年達到一四・六％。[24]在一些城市，包括俄亥俄州辛辛那提、賓夕法尼亞州匹茲堡和密蘇里州聖路易斯，超過四分之一的成年人獨居。[25]

西班牙的學術研究人員得出結論，獨居人口的增加，在現代西方社會的許多方面都已具有標誌性，因為它代表了追求個體自我和個人目標的重要性，而被犧牲的，基本上都是家庭生活。[26]

除了西方的價值觀之外，科學數位出版物數據看世界（Our World in Data）的研究人員則發現另一種相關性：在較富裕的國家中，人們更有可能獨自生活。[27]新興核心家庭的成員，僅包含了「我自己」。

孤獨商機：你願意花錢擁抱乳牛嗎？

得以自我賦權的獨立和孤立之間，只有一線之隔。

前幾代人看到他們的孫子每天都能隨時觀賞無窮無盡的電影、節目、書籍、文章、音樂等內容，肯定感到很驚訝。我小時候的媒體體驗很不同，過去電視頻道（小時候只有四臺）在午夜左右播放美國國歌，隨著國歌漸弱，當天的節目放送就畫下句點。

現在，只要一個人便可以自行拍攝、剪輯並發行一部電影，更不用說全憑一支手機，就能包辦這一切。除此之外，許多人在家就能工作，還能和數千英里遠的同事開視訊會議，即時共用螢幕和檔案；甚至，不用親自踏入商店挑選材料，就能翻新、裝修房屋。不過，我們仍必須面對這個事實：數位科技很不可思議，不過，我們又為此付出了什麼代價？

在原始層面上，人類是社會性動物，必須在情感和身體上與他人產生聯繫。早在新冠疫情前，我就在書寫和談論出現於二十一世紀、一項令人不安的趨勢：被剝奪觸摸，其心理學術語是皮膚飢餓。

被剝奪觸摸對所有動物都有害，連人類也不例外。沒有被扶持和擁抱的嬰兒，無法成長茁壯，[28] 皮膚飢餓嚴重的成年人，則會產生不同反應，包括反社會行為、抑鬱、焦慮和壓力，**缺乏觸摸甚至會削弱一個人的免疫系統**。[29]

我們是如此渴望肢體接觸，以至於產生了一種消費市場。在過去二十年裡，摟抱派對（cuddle party）默默崛起，在這種派對中，陌生人齊聚一堂，有時身穿睡衣，並以不涉及性愛的方式依偎、撫抱對方。[30]

在疫情期間，擁抱奶牛的服務大受歡迎。根據紐約州北部的一個農場老闆的說法：「你不能擁抱你的朋友，也不能擁抱你的孫子女，但是，以每小時七十五美元的價格，你就能擁抱安格斯奶牛貝拉（Bella）和邦妮（Bonnie）。」[31]

能仿造肢體接觸感覺的無生命物體，也吸引著人類。自一九九〇年代末，名為重力毯的產品便已經問世，但直到過去幾年，它的銷售才開始起步。二〇二〇年，重力毯的全球市場價值略低於五千三百萬美元；預計在二〇二六年，該市場將以每年一四%的速度成長，價值達到十一億美元以上。[32]

這些毯子的製造商，通常將零售價定在一百美元到三百美元之間，聲稱它們對身體施加的均勻壓力，能減少與壓力相關的賀爾蒙——皮質醇（cortisol），同時促進釋放給人幸福感的血清素（serotonin），和幫助入睡的褪黑激素（melatonin）。一個不那麼科學的解釋是，毯子讓使用者感到被擁抱著，同時還能撫慰人心。

越來越受歡迎的，還有壓縮服裝，穿上這種緊身服裝，並不是為了提升運動表現，而是為了減少焦慮。一家販售壓縮服裝的澳洲公司，將其比擬為「好像身體被持續溫柔的『擁抱』著」，是可以減少焦慮，甚至避免恐慌發作的感受。[33]

過著獨居生活，不代表一定是孤獨的。疫情早期為數不多的正面媒體報導之一，是動物收容所已將寵物全部送養出去的消息。追蹤美國各地救援機構的組織動物收容數據（Shelter Animals Count），在二〇二〇年前十個月，記錄了兩萬六千隻寵物被領養，與二〇一九年同期相比，增長約一五%。[34]

其他國家也有類似的情況發生，例如，香港和巴基斯坦研究人員在二〇一五年至二〇二〇年底，搜尋有關領養貓狗的關鍵字，藉此進行谷歌趨勢搜索的研究。他們發現，在世界衛生組織宣布疫情爆發後不久，貓狗領養的搜索量在二〇二〇年四月至五月之間達到顛峰。[35]

有跡象表明，有些人選擇領養，是因為他們終於有足夠的時間待在家裡，妥善訓練和照顧寵物。不過，我想可以肯定的說，許多毛孩被帶回家的原因，僅僅是因為牠們在這個異常緊張的時刻，提供了陪伴、安慰與慰藉。

加拿大皇后大學（Queen's University）助理教授卡弗（L.F. Carver），在疫情期間對寵物主人進行一項研究，她寫道：

> 一位參與者說：「如果沒有我的狗狗作伴，我不知道我會做出什麼事來，牠給了我繼續前進的動力。」另一位則說：「牠讓我保持理智。」其他人則說，寵物的存在是救贖，既是人類的救生員，也是快樂的泉源。還有一些人表示，他們會和寵物交談，藉此避免孤獨纏身。[36]

人與寵物之間的關係歷史悠久，可以追溯至幾千年前，但這種關係在這個世紀初產生了變化；隨著全球壓力和焦慮飆升，被領養的狗、貓及其他四條腿的動物，已經化身為支持人的動物，提供非語言的治療。

在美國，全國服務性動物登記處（National Service Animal Registry）在二〇一一年，登記了兩千四百隻的服務犬、專職「精神病學」的服務犬和情感支持動物。到二〇二一年年中，這個數字超過二十二萬。[37]

無論牠們是否確實有支持功能，寵物都填補了現代生活中的空白，提供舒適、無條件的愛，與親密友愛的肢體互動，這些是過去人們生活得更像一個社群時，構成人類社會的一部分。而藉著觸摸，多少也讓人回憶起我們曾經擁有的過去。

人們發現，撫摸動物可以降低心跳和血壓，因此有個趨勢是，在考試期間將「安慰犬」（comfort dog）帶入大學，並在自然災害後，部署「危機應對犬」以提供安慰。[38] **對某些人而言，撫摸或擁抱他們的貓、狗或倉鼠，是他們一天當中唯一能長時間接觸生物的機會，這甚至可能是他們的醫生所下達的指令。**

從聊天到性愛，你的主要對象將變成機器人

對貓過敏？沒有時間遛狗？按下機器人吧！與人類的互動頻率降低，所以，許多人用數位互動工具來填滿自己的家，涵蓋範圍從人工智慧驅動的喇叭到掃地機器人，比比皆是。

據估計，二〇一九年，銷售額略低於一百二十億美元的全球智慧音箱市場（如亞馬遜推出的 Echo、谷歌推出的 Google Home 等），到二〇二五年，將超過三百五十五億

美元。[39]

現在，我的家中也充滿了這樣的設備，這樣想想，如果某一天，人們與智慧家電的互動頻率，會超過他們與朋友或家人的互動，似乎也不是件多奇怪的事。家裡有智能設備的人，甚至可能會對它產生或好或壞的感受及情緒。

如果你有一臺 Echo 智慧音箱，一定也曾因為衝著語音助理 Alexa 發火，最後向「她」道歉。

隨著我們的設備越來越智慧化、回應能力更加靈敏，我們就會越仰賴它們，提供陪伴、療癒，甚至是浪漫的感受，如史派克．瓊斯（Spike Jonze）導演的二〇一三年電影《雲端情人》（*Her*）中所描述的情節。

二〇一七年，我之前任職的傳播機構進行一項全球研究，發現四分之一的千禧世代認為，在未來，人類會與機器人建立深厚的友誼，甚至是浪漫關係。在一些市場，這個數字甚至更高；在中國達到五四％，在印度則達到四五％。[40]

而那樣的未來其實離我們越來越近。技術專家史考特．德溫（Scott Dewing）證實：「性愛機器人是一種迅速崛起的技術，將對人類性關係的未來造成深遠影響。」[41]目前，市面上已經出現製造商 RealDoll，可以訂製真人大小的娃娃。

如果你願意付上幾千美元，買一個人工智慧性伴侶，你還可以指定她（該公司目前尚未提供男性伴侶娃娃）的體型、膚色、眼睛顏色、頭髮和化妝風格等。

德溫接著談論到，這類ＡＩ設備越來越像人類的潛在影響：

> 也許人類不會滅絕於一場突如其來的離奇災難，如核戰爭爆發，或一顆偏離軌道的小行星撞擊地球。
>
> 或許，僅僅藉由不再生育，我們就會自食惡果而滅絕，因為我們選擇發生性關係的對象，已不再是其他人類，而是先進的人工智慧機器人，這些機器人們已經從恐怖谷（uncanny valley，機器人專家描述，當人們遇到一個與人類極其相似、卻又不太逼真的機器人時，人類會產生的不安感）傾巢而出，爬上我們的床。[42]

和人類共枕而眠，是科技能帶來的最親密感受，而它也提醒我們，人們無法從當前現實中獲得滿足感。正如谷歌前執行長艾力克・施密特（Eric Schmidt）所說：「所有談論元宇宙的人，都在談論一個比當前世界更令人滿意的世界，在那裡，你會更富有、更英俊、更美麗、更強大、更敏捷。因此，未來人們將會花更多的時間戴著ＶＲ眼鏡、沉浸於元宇宙中。」[43]

儘管施密特是矽谷巨頭之一，但他仍感嘆道：「世界將變得更數位化，而不是實體化，這對人類社會來說，不一定是件好事。」[44]

下一個現在

到二〇三八年，我們將看到思想技術（thought technologies，由我們的思想控制應用程式和設備）進一步的發展。早在二〇二一年，美國食品和藥物管理局便批准此類設備，使中風患者能重獲手部與手臂運動的控制能力；[45]麻省理工學院的一位科學家，甚至設計出將思想轉化為語音的耳機[46]。

想像一下，你出國旅遊的時候，想法能被自動翻譯成另一種語言，以語音唸出來，這樣不是很方便嗎？不過，這又會衍生一項涉及隱私的問題，當想法變成可以攔截、取出的東西時，會發生什麼事？

和我們的智慧助理吵架拌嘴、與性愛機器人來一場弔詭邂逅，並翱翔於虛擬宇宙中的幻境……由人工智慧導引的新現實，歡迎我們的到來。

想像一下，如果一九八九年爆發了一場大規模傳染疾病，在網際網路出現之前，我們將如何度過為期數週、各自隔離的日子？看書、觀看大量電視節目及錄影帶上的節目和電影、四處打電話、寫寫文章，或是玩玩棋盤遊戲。但是，當時會有能讓企業安全運轉的方法嗎？維持學校運作的方法呢？

三十年內，社會便產生如此大的變化。想像一下，接下來的三十年，又會帶來什麼改變？

即便是在新冠疫情爆發前，仍有數億人選擇透過螢幕，過上遠距生活。然而，在不同文化中，許多人仍隱隱認為，以螢幕為主的生活方式，是真實生活的劣質替代品，也是更怠惰、道德敗壞的人生，所謂的真實，就該在實際空間、與實體對象面對面進行。

儘管總會有人哀歎這種轉折，但疫情已從根本上重新構建了這種觀點。透過螢幕、不受制於地點的生活，成為了「真實生活」中必要的互補品，彌補現實封鎖限令下造成的實體限制。它成為居家生活者在工作、社交和學習的唯一途徑。過去可能是較次要的選項，現在則成了唯一的選項。

面對螢幕變成常態，日常生活逐漸轉移到線上

二〇二〇年四月，我的伴侶和他的家人——遍布在圖森、布魯克林及澳洲墨爾本——透過 Zoom，一起慶祝逾越節（Passover，猶太教節日）。由於在最後一刻，很難在網路上買到無酵餅（Matzo，用於逾越節的麵包），所以我的一位英國朋友透過 WhatsApp 和我分享食譜。

此外，如果你想要，還可以與一大群名人共進一場虛擬逾越節晚餐（Seder），

餐桌上坐著演員傑森・亞歷山大（Jason Alexander）、班・普拉特（Ben Platt）、席爾蔓、哈維・菲爾斯坦（Harvey Fierstein），以及時尚設計師譚・法蘭絲（Tan France，《酷男的異想世界》中的時尚顧問）、歌手伊迪娜・曼佐（Idina Menzel）、演員芬恩・沃夫哈德（Finn Wolfhard）、創作歌手喬許・葛洛班（Josh Groban）等眾多名流，他們會在故事、音樂和喜劇的襯托下慶祝逾越節。

這場線上活動名為星期六逾越節晚餐（Saturday Night Seder），目的不僅是和眾人一同歡聚，這個還為美國疾病管制暨預防中心（CDC）的冠狀病毒應急基金（Coronavirus Emergency Response Fund）籌集了約兩百萬美元。[47]

同月，教宗方濟各主持了復活節主日的線上彌撒，吸引數百萬使用者（並非全是天主教徒）註冊，在電腦上觀看彌撒及其他梵蒂岡的聖週（Holy Week，復活節之前的一週，用來紀念耶穌受難）廣播節目。[48]

除了那些死都不願意改變工作方法的人之外，新冠疫情已經向所有人展示，螢幕在提供生活必需品（包括方便和安全的社會聯繫形式）方面，是多麼的有用。早在疫情流行之前，我們就擁有透過一面螢幕進入企業、教育和私人領域的技術，但我們很少善加利用。

現在，人們的思維已經累積了足夠的變化，足以將螢幕視為「處理事情」的途徑之一，對許多人而言，甚至是偏好的做法，但對其他人而言則具挑戰性。換句話說，許多原本存在疑問的假設，在新冠疫情發生後，閃爍著問號的提示燈，提醒人們是時候要正視並進行思辨。

一些相關的假設如下：

- 許多員工居家辦公，表現不僅持平、甚至更好，且無須在通勤上浪費時間和精力，企業持續租賃昂貴辦公室，有什麼意義？（對立面：員工無法聚集在一起，造成的社群流失，能否用省下來的錢來彌補？）
- 為什麼明明透過視訊會議便能完成必要工作，各類組織還要四處奔波、拜訪客戶，並為此支付巨額財務和環境成本？（對立面：隔了這段距離，還能培養長久的顧客關係嗎？）
- 什麼使高中、大學等教育機構，無法從數百年來的教學模式中解放，也無法更完善的利用成本更低、效果更好的線上教學方式？（對立面：一般校園會提供的支援服務，若無法提供給需要的學生，會造成什麼後果？）
- 為什麼視訊諮詢及遠端醫療技術，沒有被更多醫療保健系統採用，以加快工作效率，改善人們的身體狀況？（對立面：醫生是否會漏掉顯示健康情況不佳的身體跡象，或無法建立危機時期所需的信任？心理健康專業人士，透過螢幕也能熟練的解讀肢體語言嗎？）

隨著每一次的數位「進步」，我們都得到很多收穫，但損失也不少。在進步的同時，究竟該怎麼做，才不會在無意間消除構成人類經驗的必要元素？

在我看來，真正的問題不是生活的哪些方面可以移到線上進行，而應該反過來問，哪些方面不能移到線上進行？那些已經獲得大眾信賴的品牌，當然最可能為各行各業（醫療、金融、法律等）的專業人士建立聯絡窗口。

你會傾向於聘請經谷歌認證的財務顧問嗎？或是蘋果認可的網頁設計師？我會。在沒有面對面互動的情況下，信任來自認可，在聘用一個服務時，這樣才能提升信賴度。舉例來說，我得知一位住在瑞士的朋友，最近必須在荷蘭找一個可靠的狗狗保母，我便把我曾使用過的網站介紹給她；之前我們家週末要外出，我就是靠著該網站，即使身在康乃狄克州，也能找到有能力照顧兩隻黃金獵犬的人。

另外，一位黎巴嫩的朋友問我，有沒有在紐約市找公寓的建議，我就把另一個網址傳給他；以前在那個網站上，我找到一間一房一廳的公寓，一直到二〇一八年遷往歐洲才搬離。

朋友的推薦至關重要，但陌生人在旅遊評論網站貓途鷹（TripAdvisor）和汽車交易網站 Edmunds 上頭留下的評論同樣重要。評價數據分析團隊 BrightLocal 在二〇二〇年進行的一項調查發現，九四%的受訪者有可能選用線上評價良好的商家，而九二%的受訪者不太可能選擇獲得負評的商家。[49]

此外，七九%的受訪者表示，他們信任線上評論的程度，就像家人和朋友的個人推薦一樣。這與我父母的世界相去甚遠，對我父母而言，他們都是聽街坊鄰居的推薦，或是聆聽自己累積十幾年的經驗與直覺。

在建立個人信任方面，媒體對品牌的肯定扮演著重要角色，而且，隨著線上評論功能出現，媒體的角色更顯得如虎添翼。未來，我們會發現自己越來越常拋出這個問題：「我可以邀請你進入我的世界嗎？」

在疫情期間，比起面對著他人，我們更常面向螢幕，這麼做，才能避免感染病毒、確保身體健康。但在另一方面，這樣的生活方式，也使我們在數位上更顯脆弱。

長期以來，數位環境一直是人類惡行的溫床，像是網路詐騙、網路釣魚、幌子、駭客、身分竊盜、加密礦工和虛假資訊代理人等，在網路上隨便就能撞見。至今，人們的網路安全在很大程度上屬於私人市場的範疇，由公司提供保護，而網路使用者選擇購買或不購買。

然而，有太多使用者的網路安全意識不足，這其實等同疫情期間，拒戴口罩、拒勤洗手等行為的數位版。

隨著人們和組織將越來越多的生活轉移到網路上，我們所面臨的數位流行病風險也越來越大。現在感受到的進步，可能很快就變得不一樣，反而更像對個人發展、生活滿意度和社會福祉的侵蝕。訣竅是，我們將生活移轉到網路上時，一定要注意各個小細節。但是，人類在這方面的表現會有多好？

雖然社會的前景，感覺不如我們大多數人所希望的那樣光明美好，但面對整裝待發、即將打擊我們的力量，以及在不遠處的地平線上形成的趨勢，若能更有力的控制，將使我們做出明智的選擇，創造一個能夠與之共存的未來。

因此，接下來，我們要來談談我親眼目睹到的趨勢，以及這些發展，將如何影響我們的抉擇。

第四部

我們如何迎接下一個現在

無論過去如何，都結束了。你還記得前幾個禮拜，所有人都在熬夜追的那部劇叫什麼嗎？你現在還能哼出那首去年冬天霸占廣播頻道、超級洗腦的歌曲嗎？去年對你來說超震撼的名人消息，現在對你來說，真的是非聽不可的八卦嗎？

與真正的趨勢不同，狂熱與潮流具有時效性，雖然現在存在，也許晚上便乏人問津。趨勢則像火箭，需要巨大的動能，使趨勢能起飛並加速，且一旦升空，往往能夠滯留一陣子。如果動能足夠，它並不會燃燒殆盡，反倒會融合成一個或多個新興趨勢，並在過程中改變我們的文化。

想完全理解趨勢，必須先掌握其萌芽茁壯的背景，因此，我藉由回顧兩項正好相距二十年的危機，作為本書的開頭。

我先描寫一九九九年，聚焦於科技議題，特別是千禧蟲危機帶來的全球性威脅。這項威脅之所以並未惡化成真正的全球危機，是因為國家與企業皆正視問題，不計一切代價的搜索解決方案。在政商合作下，促使工程師團隊不僅改正眼下問題，還得以改善電腦性能；最終，危機解除，人類遏止了未來的災難，社會充滿重生後的欣慰之情。

從此，一開始如吊橋般窄小、搖搖欲墜的網路，逐漸發展為多車道的高速公路，無孔不入的存在於我們的生活中。乍看之下，人類似乎迎來了通訊的黃金時代，一個互相連結的世界，但我們也逐漸發現，這種連結危機四伏，規模令人擔憂。

千禧蟲危機過後的二十年，我們面臨另一項全球危機，只是，這次並沒有防堵成功。新冠病毒是一個醫學之謎，它讓市民必須待在家中避難、使生意停擺，還讓政府封鎖邊境。科學技術大規模提升，以破紀錄的速度生產有效疫苗；然而，即使我們已規定在多數場所須配戴口罩，截至二〇二一年三月九日，死於新冠病毒的人數，仍在一年內從少於四千例，飆升至兩百六十萬例。[1]

病毒在忽視、懷疑與假消息中，找到了完美的載體——陰謀論。陰謀論不斷擴散，使科學的解釋與規定，更難取得突破性進展。最後，疫情的起源，竟取決於你個人的信念，你覺得病毒感染是一種自然現象，還是中國、比爾．蓋茲、猶太人、歐盟或製藥公司蓄意外流造成的？又或者，一切不過是場騙局，充其量是季節性流感？

至於疫苗，據一些陰謀論者所說，也是一個虛假的幌子，好讓政府或邪惡的比爾．蓋茲，可以將微型晶片植入我們健康無虞的身體中，讓人民完全受其掌控。[2]

一篇在粉絲專頁「外交事務情報委員會」（聽起來很像正式機構，對吧？）上的貼文警告，在美國合法使用的新冠病毒 mRNA 疫苗，目的是把接種者轉變成含有超級變異體的生化武器，透過釋放變異體，來殺害那些未接種者。[3]

貼文作者還聲稱，這場大流行就是一個大規模的邪惡陰謀。按照陰謀論散布者的說法，美國國家衛生院（National Institutes of Health，簡稱ＮＩＨ）的抗疫專家安東尼．福奇（Anthony Fauci）與中國共產黨的共同目標，是人類大屠殺。[4]

如果你覺得，這麼怪異的理論不可能會有擁護者，那你就錯了。事實上，**那些子虛**

烏有、天馬行空的想法，傳播得最為快速又深遠，因為社群媒體實在太方便了。

但這並不是社群媒體的初衷。那些知名的社群媒體平臺剛創立時，都將理想主義當成核心，至少，他們對未來的願景是這麼寫的。像是臉書，在二〇〇九年的使命宣言是「使世界更加開放與連通」。[5]

十二年後，臉書創辦人兼董事長祖克柏便深陷麻煩之中，因為他的公司遭指控「將其用戶推往極端主義，以增加他們在網站上的互動」。[6]所有不良行為都被歸咎於這個平臺，從助長發生於衣索比亞的兇殘事件（按：衣索比亞武裝團體利用臉書平臺，在內戰的背景下煽動針對少數民族的暴力行為），[7]到利於從事人口販賣（按：臉書早已得知販售女性傭人的問題，但儘管臉書承認平臺上存在「剝削行為」，但至今仍未能完全有效打擊）[8]及煽動二〇二一年初美國國會大廈暴動（按：指川普支持者暴力闖入美國國會大廈的騷亂事件）等。[9]

什麼地方出錯了？其實錯的主要是人類，或是，說得更確切一點，錯的是科技理想主義者，他們看待人性的方式錯了。

二〇二〇年新冠病毒從武漢竄出時，政治人物、激進派、煽動者、騙子，以及社會中的恐慌、漠視、偏見，透過社群媒體分化人群，使彼此對立，也有人因此喪命。[10]

當美國邁向二〇二〇年代時，他們的社會處於前所未有的分裂狀態，有人說這是自美國內戰（按：發生於一八六一年至一八六五年間，又名南北戰爭）以來，最嚴重的分裂。[11] 而曾被視為一股團結力量的歐盟，現在奧地利、法國、德國、義大利與西班牙的多數民眾則認為，它已經是個支離破碎的組織。[12]

根據皮尤研究中心在橫跨亞太、歐洲以及北美的十七個先進國家的調查，有高達六成的受訪者表示，他們的社會比疫情之前更加分化。[13]

那麼，這之後的二十年呢？人類將何去何從？雖然我們設定的目標年分是二〇三八年，並非自二〇二〇年後的二十年，但已經夠接近了。

過去，專家便曾警告大眾，我們未來仍可能會看到千禧蟲危機的變異；具體而言，我們將見證UNIX（按：非複用資訊和計算機服務，一種多使用者、多行程的電腦作業系統）時代的終結。

在二〇三八年一月十九日，任何三十二位元的電腦，都將耗盡得以儲存時間的數字。那些以UNIX時間運作的系統，會重置到一九〇一年十二月十三日。我個人認為，二〇三八年問題，其實強而有力的暗喻，**人類將用盡時間與空間**。

有些人會主張這不同於千禧蟲危機，只是一個微小的問題，頂多影響到不連接網路的設備；而且，更重要的是，感謝大型企業科技軟體公司甲骨文（Oracle）內，一個名為達里克．王（Darrick J. Wong）的天才，解決了這個問題（按：他增添了一個新功能，以支持UNIX時間戳記，使其被推遲至二四八六年）。[14]

但值得注意的是，有些議題在科技領域不斷重複出現，總是被寫進操作系統中，又被設定好時程。[15]這個科技定時炸彈，到時候一定會與漫天的陰謀論一同出現，畢竟我們身處的時代，有著 Neddy Game 發行的陰謀論桌遊（Conspiracy Theory Trivia Board Game），[16]這款桌遊從二〇一七年發行至今已再版三次，還推出多個擴充包。該遊戲考驗玩家對網路上各種陰謀論的認識，且可透過 QR Code 去發掘「真相」。

老實說，如果陰謀論者布魯斯・希爾（Bruce Cyr），先前沒有出版《二〇一六年的警告之後》（*After the Warning 2016*），我可能就會因為他在新書《二〇三八年的警告》（*After the Warning to 2038*）中預言文明將會「耗盡所有時間」的論調，而感到憂心忡忡。話又說回來，當時真的有很多人認為二〇一六年會非常悲慘。

在人類的時程表上還有另一項危機，雖然造成的問題有限，但事關更普遍的議題，就是每十七年出現一次的「布魯德十代蟬」（Brood X，生命週期為十七年，可能出現數兆隻，席捲美國東北部十五個州）。

牠們最近一次出現，是在二〇二一年，下一次破土而出將是二〇三八年。我們往往將蟬與蝗蟲搞混，但兩者除了數量與噪音（雄性皆藉此吸引雌性）之外，沒有任何相似的地方。首先，跟蝗蟲不同，蟬是可食用的，在中式料理中便有油炸蟬蛹這道料理。

那麼，我們為什麼要關心二〇三八年的蟬？其實，一樣是因為科技。時至今日，要精準預測牠們的出現仍有難度。好在二〇一九年，有科學家設計了一款名為 Cicada Safari 的應用程式，目前已被下載超過十五萬次，用戶會標示出昆蟲的地理位置，並上傳照片；在各處觀察者的幫助下，科學家得以追蹤蟄伏在地底下多年的週期蟬。[17]

拜科技之賜，我們得以發現，布魯德十代蟬的生命週期縮短了，再加上氣候變遷，很可能會加快縮短的速度。由此可見，蟬的角色如同煤礦坑的金絲雀（按：在十八世紀，因為金絲雀對有毒氣體很敏感，礦工常用金絲雀來檢測空氣品質），替人類把關環境的變化。美國作家伊恩·佛雷澤（Ian Frazier）在《紐約客》中寫道：

> 昆蟲們在土壤氣溫攀升至華氏六十四度（約攝氏十七·八度）時破土而出，但假設每年一月都達到這個溫度，會發生什麼事？假設土壤從不低於華氏六十四度時，又會如何？按蟬的週期推算，在一百二十年後，也就是二一二三年，布魯德一代蟬的第四代曾孫將會出現，但我們所在的地球，對蟬來說可能已經過於炎熱。[18]

可想而知，蟬並非唯一受威脅的物種。世界自然基金會（World Wildlife Fund，簡稱WWF）的報告指出，地球上的物種正以高於自然絕種速度（假設人類不存在，物種絕種的速度）[19]一千到一萬倍的速度流失中。該團體估計，**每年將有一萬到十萬個物種逐漸消亡**。[20]

如果你覺得，這件事和自己好像沒什麼關係，或許在聽過備受敬重的生物學家，保羅·埃爾利希（Paul Ehrlich）的一番話後，你會改觀。他曾說：「**在將其他物種推向滅**

絕的過程中，人類等於在鋸掉自己棲身的樹枝。」這句警語妝點了紐約美國自然史博物館（American Museum of Natural History）內，生物多樣性大廳的牆壁。

正如在紐約中央公園放生六十隻椋鳥的事件中，美國人所看到的生態衝擊，人類、植物與所有其他生命形式，會組成一個生態系，每個生命體都會相互影響。因此，事實上，我們可以透過蟬的週期來想像人類不久的將來，而在二〇二五年所採取的行動，將會影響到二〇三八年，但究竟是怎樣的影響，則無從精準推測。

我們的上上策，就是在試圖阻止世界走向失控時，依然覺察到生物之間的連結。

在本書中，我談到往後二十年將形塑世界的兩項因素，第一個是科技，結果喜憂參半；第二，是氣候變遷，該議題引起的擔憂，不論以恐怖主義或行動主義的形式作出反應，其實都很合情合理。

此外，我還增加了第三個巨大變因：新冠病毒的長期影響。這裡說的影響，不僅止於健康方面，更涉及了人們如何工作、學習與生活，以及我們如何對人生做出取捨。科技、氣候變遷與流行疫情三個主題，於此後到二〇三八年間，甚至更久以後，都將為世界編織出新的面貌。現在，我已經讓你了解自二〇〇〇年以來，形塑社會之力量背後的內容與脈絡，而接下來，我將介紹極有可能會左右未來二十年的十大趨勢，以及數十個將重塑私領域與公領域的支線趨勢。

第16章

左右未來的十大趨勢

儘管我對嘗試最新科技的態度非常開放，同時還是一名趨勢預言家（順帶一提，我其實討厭預言家一詞），不過看到數位科技在短短二十年內，就徹底改變我們的世界，我還是感到震驚。

在一九九〇年代後期，如果你想串流播放一部電影，你必須先把電視機跟電話線連接起來，打電話訂購一個特定的電影，然後等待它連接到你的電視上。

據《衛報》的一篇文章報導，《紐約時報書評》（*New York Times Book Review*）的編輯帕梅拉・保羅（Pamela Paul）在Netflix上租借電影的方式，仍是透過郵寄DVD的服務送到她家。[1]而我甚至不曉得，Netflix竟然有這種功能。

她強調，要嚴格限制自己和她的孩子，避免太常使用數位產品，因此，她仍用CD聽音樂、透過平信發送支票，還避免使用平板電腦。像我們許多人一樣，她哀嘆那些隨著我們離開類比世界而失去的一切事物，包括不用GPS、依靠自己腦袋的導航能力，還有童年時期的無所事事。

「無聊有它的作用，」她說：「當沒有東西輸入、引起你興趣時，你就會產生輸出、想辦法找事做，而這就是你變得足智多謀的方式。」[2]此外，她還提及一個我真正關心的議題：現在的孩子與電子設備如此密切相連，導致他們很少有機會去深入思考並創造自己想像的世界，我們要怎樣，才能培養出兼具創造力與韌性的下一代？**孩子們現在還會有「想像中的朋友嗎」**？還是說這些朋友，已被卡通或電玩遊戲角色，以及其他透過設備傳送給孩子們的人物所取代？

當我展望二〇三八年及更遠的未來時，就能發現，今日的年輕人將繼承的世界，遠比我的童年所能想像的要複雜得多。等到這些年輕人的孩子即將出生，那時的世界更是令人難以想像。

身為一個書蟲，我在成長過程中是《金銀島》（*Treasure Island*）和《綁架》（*Kidnapped*）的忠實粉絲，我偶爾會引用這兩本書的作者——羅伯特・路易斯・史蒂文生（Robert Louis Stevenson）的一句話：「不要以收穫來評斷每天的價值，而要根據你所播下的種子。」

透過這本趨勢書，我試圖種下其他人在未來亦將播下的種子。到目前為止，我已經分享了對社會政治、文化、環境和科技趨勢的個人及專業見解，這些趨勢在過去二十年塑造了我們的生活，也會繼續影響我們的明天。

有些主題我已反覆提及過幾次，最後，我把它們整理成十大趨勢：

1. **大自然正在反擊，它憤怒得要命**：大自然完全有權利反撲。世界正在著火，人類與自然之間由來已久的衝突，正在演變成一場關乎地球和未來的保衛戰。

2. **現在和往後的混亂會加劇進行**：這些混亂，會對我們的心理健康和幸福形成挑戰。確定性或安心並不存在，因為混亂的根源會以多種因素快速變動，我們幾乎沒有可靠的應對標準，而且混亂本身的力量是如此頑強，以我們也無法很快就拿出應變方法。

3. **世界有兩個超級大國，而兩方都沒有能力實現我們需要的未來**：為了在經濟和政治霸權的爭奪戰中維持或獲得優勢，美中兩國動作迅速，導致雙方都忙於理出頭緒、自顧不暇。當世界面臨巨大挑戰，需要全球合作、做出犧牲時，民族國家取得的歷史主導地位，將越來越無法維持下去。

4. **迫於絕望的時代，需要出於絕望的計畫**：這種計畫涵蓋一種草木皆兵的心態，以及權宜之下做好嚴守陣地（試圖和平共存）的打算；同時，我們也必須準備好退場策略。每個人都會被迫思考，自己的目的為何、將逃去哪裡、和誰一起，以及要怎麼做。

5. **在這個越趨模糊的世界，出現訂立「泳道圖」（swimlane）的壓力**：泳道圖是在組織管理中，為了說明各部門的專職任務，而設計的一種圖表。傳統的界線逐漸變得混亂、難以遵守、殘破不堪的同時，也有許多新的界線被固定住。

6. **小是新一代的大**：我們追尋的是享受最簡單的快樂，以及掌握事物細節的那份踏實。這種可管理的規模，是應對混亂與快速變化的最佳解方。

7. **最簡單的事物——呼吸的空間，成了一種新的奢侈品**：在一個充斥著物質、不確定性和情感負擔的混亂世界中，擁有找尋自我、恢復秩序的時間，相當難能可貴。人人都渴望著一個，讓身心靈能感到安全的空間，並在其中緩解現代生活的考驗和磨難。

8. **公平是社會新興的作戰口號**：社會大多數層面都嚴重失衡，尤其是財富和獲得關鍵資源的機會。少數人持有大部分的財富，至於其他人，只能對命運不公而感到憤恨不平。

9. **身分是可變動的**：僵化的性別角色及被刻意統一的男女氣質，都被自由搭配的彈性取代。這種彈性在治癒傷口的同時，還能在觀點上開闢出新戰線；身分認同，是在沙堆裡完成的作品，可以持續雕塑修改，而不是會定型的水泥。

10. **你，就是世界的中心**：隨著社會和文化制度不停變動，我們轉而觀照自身，強調個人經歷、成長和品牌。人們將努力創造或加入新的團體和系統，而在這些團體中，多為和他們相似的個體；這既是為了維護他們的自身利益，也是為了策劃並實施他們認為最好的解決辦法。

在不同程度上，這些大趨勢互有交集、重疊之處，但各個大趨勢都講述了一個徹底改變的環境，而人類正在這樣的大環境下，為了施加控制的力道、守護未來，並挖掘出真實性和意義，而起身奮鬥。

前面列出的十大趨勢，無論是作為一個群體還是個人，都對二〇三八年我們會如何生活、工作和思考，產生巨大影響。

此外，還有一些同樣會對我們構成挑戰，進而產生影響，屬於輔助性的支線趨勢，在這裡，我想分享一些我認為特別具影響力的支線趨勢：

●監控系統，老大哥會看著你

由於疫情肆虐，無情的帶來大規模死亡、經濟破壞和社會混亂，世界各地的科技公司和衛生當局，將合作創立傳染病預警系統（contagion advanced warning systems，簡稱CAWS）。

就像人們在二〇二〇年代使用可穿戴健身追蹤器一樣，到了二〇三八年，他們將使用個人化的非侵入式CAWS技術，來檢測生物指標（如血氧濃度、發炎反應）的變化，並匯集出數據，以標記潛在的感染病。這需要許多公民自由與隱私相關的保證（或妥協）。此外，這將會提供巨大誘因，使政府當局和犯罪分子，為了自身利益而濫用這些系統。

迄今為止，對監視和濫用的擔憂，並沒有影響嵌入式感測器手環、手錶的使用；在某些國家，這類感測器是健康監測設備；於另一些國家，則被列入強制性ID手環的範圍中，透過捕捉佩戴者的脈搏、溫度和排汗功能，更有效的追蹤接觸者。

如前面章節所述，中國似乎正努力完善監控的藝術，不斷增強追蹤面部肌肉、語氣、身體動作等技術，藉此推斷那個人的情緒。[3] 所以，觀看習近平的肖像時，最好表現得充滿熱情。

到二〇三八年，更多國家和企業將仿效中國，利用科技來監控政治和商業訊息的反應。在矽谷，這種技術已經存在，雖然尚未用於政治控制，但在十七年後，人們面對察覺到的威脅，可能會將其作為應對方式。

只要你使用任何形式的連接設備，老大哥（Big Brother，喬治・歐威爾〔George Orwell〕的小說《一九八四》〔*Nineteen Eighty-Four*〕裡，對人民進行監控、思想審查的最高權威統治者）的街道攝影機和衛星，就在看著你，說不定還能聽到你的聲音。再次強調，這項技術已經非常發達，而且社會上也有越來越多人支持此技術，到了二〇三八年，出於安全考量，監控將變得更加普遍。

● 機器人革命

疫情不僅加速了新興工作方式的變化歷程，還預示了新的改變，而且都是科技促成的。人工智慧和機器人技術的高速發展，將進一步為工作和經濟帶來翻天覆地的變化。

從前由人類執行的多項工作，從體力勞動到高度專業化的任務，都將委由機器以更低廉的成本、更迅速的方式完成。**這會讓創造和控制機器的少數人，賺進非凡的財富**，並使上千萬人的工作面臨巨大的取代浪潮；除此之外，這還會成為社會和政治衝突的引爆點。

歷經痛苦、犧牲與實驗後，社會將訂定一個新的AI協定。含其他措施在內，這項協定將為那些不再從事傳統工作的人（包括被取代的倉庫員工和送貨司機），提供有意義的活動。對人們來說，為了獲得與社會相連、屬於此社會的感受，必須獲得自我價值感與成就感。

● 辦公室成為會面空間

「誰先發明工作這種事，還把自由束縛住……束縛在犁地、織布機、鐵砧、鐵鍬上——哦！最可悲的還有，束縛在辦公枯木桌上頭，那乾巴巴的苦差事上？」一八一九年英國散文家查理斯・蘭姆（Charles Lamb）寫下了這段話。[4] 歷經兩個世紀，社會正在邁出步伐，去開闢一條更明智的前進路線。

到二〇三八年，混合辦公模式——包括現場和遠端工作的各種組合——將成為無處不在的生活模式，稀鬆平常到就像早上喝咖啡、送孩子去學校、點外送一樣。在視訊的另一頭，跟對方說「你按到靜音了」，仍然會是日常生活經常聽到的話。對於許多人來說，以後上班只有偶爾會涉及通勤（假如通勤還存在的話）。

這種對工作實踐的重新想像，意味著重新思考時間。對許多人來說，週一至週五的工業時鐘將被非同步生活（asynchronous living）取代。

最幸運的人，能在人類的生理時鐘、生活方式和家庭節奏都最為妥當的時候，登錄電腦、工作和學習。我們將意識到，「隨時在線」的狀態僅適用於電子商務領域；雖然工作會連續不斷，但我們會適時的切換工作／休息模式，而同事們則按照最適合他們的時程表，完成待辦事項。

傳統型辦公室仍然存在，但許多辦公室將變成人們進行合作、舉辦活動、與客戶和合作夥伴會面的社區中心，而不是主要工作空間。**最高效的組織會為員工配好設備，透過數位技術使他們能按意願切入，以便在任何地方做出最大的貢獻。**

雖然記錄工時仍然很重要，但最主要的價值衡量，將是人們的產出——這曾經是白領的標準，直到二十世紀中葉的律師意識到，他們其實可以透過按小時計價，獲得更多收入。[5]

美國前總統富蘭克林．羅斯福（Franklin Roosevelt），於一九三八年通過《公平勞動基準法》（*Fair Labor Standards Act*）為許多員工定下每週五天、共四十小時的工作制度，過了一百年，減少至每週工作四天，將會成為許多行業和國家的標準。

目前，每週工作四天的標準已在冰島成功實施。在瑞典進行的一項實驗證明，每天六小時的工作制度，可以提高生產力、精力和幸福感。[6] 自動化和工作替代（job displacement）的時代即將到來，這除了意味著我們將與機器人共事之外，被保留下來的工作文化，也將不再僵化死板。

總有一天，父母必須向孩子解釋傳統的辦公室是什麼模樣，以及每週一到週五的朝九晚五，還有每一天的開始與結束，都在漫長的通勤中度過……這些都會成為過去。

●去上學，但不用去學校

不只工作發生變化，教育也是。在二〇二〇年至二〇二一年封鎖期間，這場強制關閉學校、在家教育的全球實驗，使眾人意識到這種做法的優缺點，進而從我們所犯的錯誤中汲取教訓。

在未來，可能只剩小學生會每週在實體教室裡待上四到五天，這主要是為了他們要上班的父母著想，也有益於社會化。

年齡較大的學生，將在線上課程中學習（前提是能夠解決技術及頻寬差距），每隔一段不固定的時間，再進學校參加課外活動。**學科除了將變得更技術導向，也更能為學生量身打造課程，以及利於學生跨領域學習的模組**，而學生方面，他們將在求學過程中，逐步累積資格認證與工作經驗。

就像老人會說「檢查答錄機」和「播放卡帶」一樣，對未來的我們而言，「去上學」仍是一個常用的動詞。但二〇三八年的「去上學」，可能只代表學生需要去家裡或社區中的「學習空間」，使用那邊的互動設備。

與我們已知的網路教育相比，這是一種截然不同的體驗。拜觸覺科技的超凡發展——刺激觸覺和活動感的技術，讓你感覺自己直接與實體對象互動——遠端學習感覺起來非常真實，為學徒制和虛擬在職培訓的發展，鋪平了道路。

最重要的關鍵，仍然是科技。到了二〇三八年，隨著電腦和網路連接逼近普及（截至二〇二一年，全球有六成以上的人口能正常上網）[7]，數位學習將使受教機會，擴大至幾十年前無法想像的程度。對過去那些無力離開家上大學，或被困在不合標準學區的人來說，這意味著重大的顛覆。

在新流行語「upskilling」（技能提升）的提倡下，將看到人們在負擔得起的範圍內投資教育。對於一些人來說，出發點是取得證照，順勢獲得升遷機會、更好的工作和更多財富。對其他人來說，知識本身便是動力來源，因為理解新事物、建立一個新的智慧領域，能獲得良好的感受。

● 加密貨幣想成功，得讓政府收稅

就像許多生活領域一樣，科技亦將顛覆財富。大多數交易，無論大小，都已電子化。儘管如此，這些數位資訊仍代表了由國家政府發行和控制的傳統貨幣，如美元、歐元、日元、人民幣、英鎊等。

到二〇三八年，加密貨幣將逐漸成為常態。[8] **某種形式的加密貨幣甚至會取代美元，成為全球儲備貨幣**（按：指被多國政府或機構大量持有，作為外匯儲備的貨幣）。[9] 數位貨幣的主要吸引力（和隱患）在於，它們既不由國庫發行，亦不受其監管，代表加密貨幣將不受政府控制。[10]

隨著人類生活的每個領域都走向數位化，加密貨幣成為支付的主要方式，也不令人

意外；其實，二〇二二年一月一日當選紐約市市長的艾瑞克・亞當斯（Eric Adams）宣布，就要求他成為市長的頭三份薪水，以比特幣支付。

不過，加密貨幣要是失敗了，一樣有其道理，人類會將其視為最新失敗的貨幣形式，如同荷蘭鬱金香狂熱（tulip mania，十七世紀剛被引進歐洲的鬱金香，一時蔚為風潮，吸引大量投機行為後卻迎來市場泡沫化，後有要世人審慎對待不熟悉產品的警惕意味）的歷史教訓那樣。在很大程度上，**加密貨幣的成敗與否，將取決於政府能否保住自己增加稅收和執法的能力**，防止遭到破壞。[11]

●「億萬」才叫富翁

疫情帶來的眾多意外發展之一，是**少數人的財富大幅增加，尤其是科技大亨**。在過去，當千禧蟲危機成為頭條新聞時，世上幾位富豪成功讓公司達到市價數十億美元，這些公司幾乎跟新創公司（如果當時有闖出一點名堂的話）一樣多。

而現在，世界同樣在尋求各種技術，來解決最緊迫的挑戰，像是醫療、教育、乾淨能源及生物相關技術。今天，一些青少年和二十出頭的人，將是這些領域的奇才，並在未來成為二〇三八年的超富裕精英。

隨著富人的財富呈指數級增長，連帶提高了衡量富人的標準。以後，億萬富翁（trillionaire，在此指的上億幣值為美元）將成為大量財富的新基準，而非百萬富翁，甚至有人認為，億萬富翁將成為現實——由馬斯克作為開端。[12]

窮人過得更好（因為富人更富了）

如果正義和常識占上風，窮人及那些因自動化或整個行業被淘汰，而失去工作的人，將會過得更好。全民基本收入的概念[13]會被貫徹，**主要由超級成功的公司提供資金**（儘管是非自願的），**包括那些在疫情期間獲得不成比例財富的企業**。

會有更多人接受，俠盜羅賓漢劫富濟貧的做法，至少，若不同意他的方法，也會認同他的意圖。一如既往，將財富從富人那裡分配給窮人，是最能直接幫助窮人、平衡經濟規模的方式；在此過程中，亦能補強社會穩定性與凝聚力。貝佐斯的前妻史考特的慈善風格，將激勵其他高淨值人士，運用有特定目標的捐贈方式，推動社會進步。

標配印表機，從2D變3D

透過網路購買實體商品的行為，意即必須揀貨、打包、出貨和交付的流程，將持續到二〇二五年左右。隨著3D列印越來越純熟，其價格也越發親民，將有越來越多實體產品，會經由3D列印機器DigiFab[14]直接交貨。

到二〇三八年，**許多家庭和辦公室**，**將會配置一臺3D列印機機**。就像前幾代人咒罵他們的噴墨印表機一樣，我們也會咒罵我們的 DigiFab 不靈光。不過，想到這裡，如果沒有維修 DigiFab 的技術人員及原料供應廠商，我們又該拿這臺機器怎麼辦？

由於新興的印刷技術，世界將製造更少包裝耗材。航行於世界各地海洋、載滿塑膠小飾品的貨船將大幅減少。商業街（Main Street，世上許多地方的主要零售街道，通常是商店和零售商聚集的商業中心區）上一些空置的店面，將設立 DigiFab 小店，好為當地社區服務。

● 化石燃料走入歷史

在過去二十年裡，被塑膠阻塞的水道、消失的冰川、瀕臨絕種的動物，這些場景使人們心中，始終有一股危機感持續發酵。因疫情而放緩的腳步、減少的旅行，讓我們瞥見了一個似乎不可能重建的世界。

隨著瘋狂的人類活動在二〇二〇年趨緩，世上一些高汙染地區出現藍天，[15] 野生動物也從藏身處走了出來。[16]

到二〇三八年，由於我們在大型「人類停滯期」（anthropause）中汲取的教訓，**我們遺留在地球上的足跡可能會減少**。二十年後，當初目睹的瑞典環保少女桑伯格登上世界舞臺的那一代年輕人們，也已成年，且逐漸握有越來越多商業、政府和文化的控制權。他們將藉此，設計出更好的前進道路。

內燃機被逐步淘汰、航空旅行礙於疫情而暫時崩潰，加上可再生能源技術迅速發展，這幾點共同創造出新的低影響常態（low-impact normal）。懷有道德抱負的公民，將比以往任何時候更多，他們也會設法在生活中落實理念。

測量個人碳足跡的智慧科技，將使大眾每天都能看到，他們的行為對地球和物種造成什麼樣的影響。到二〇三八年，科學家將從能分解塑膠細菌的菌株中，[18]開發出超級酵素，[17]最終控制這個看似棘手的塑膠汙染問題。

不出所料，一些國家將比其他國家更關注環境。德國已經制定了一項完全淘汰化石燃料的計畫，於二〇三八年，**德國將迎來燃煤時代的盡頭**；[19]芬蘭則將從二〇二九年起，停止使用煤礦；[20]美國則已設好目標，要在二〇三五年前，實現一〇〇％無碳汙染的電力。[21]

那麼，化石燃料公司的員工，會怎麼樣？如果一切按計畫進行，那些在經濟上對煤礦尚存依賴的國家，將克服煤礦產業的反對意見，並提升煤礦業員工在新產業所需的工作技能。[22]

一些失業的工人將在乾淨能源領域找到工作，許多人力資源會被用於修繕年久失修的基礎設施，而一些年輕一代的成員，將在二〇二一年尚未存在的領域工作。供煤礦產業用的人工器具，已經消失，降格為世界各地博物館內的展示品，而一些採礦區則轉型為家庭旅遊勝地，獲得事業的第二春。

● 下一代能源

隨著分散式發電和微電網（按：可控制的在地能源網，可以與傳統電網斷連並自主運作）的廣泛採用，將大幅幫助地球。大多數基礎技術已經存在一段時間，像是太陽能、風能、水力、地熱、生物質能、沼氣和微觀動力（microkinetic）裝置；但與一九七〇年代到一九九〇年代的電腦一樣，**目前的挑戰在於，要如何使這些新技術更輕巧、更強大、更實惠**，以便將它們構成一套系統。到二〇三八年以前，這項挑戰將找到解決辦法。

英國是推動家戶改用永續電力來源的領導者之一。目前，透過該政府的再生熱能獎勵（Renewable Heat Incentive）機制，屋主在七年內安裝可再生供熱技術，如太陽能熱水系統或生質能系統等，就能在每一季獲得現金收益。[23]英國政府推動的智慧饋電保證（Smart Export Guarantee），則向家戶支付費用，以產生少量可再生能源，並將其輸出到電網。[24]這些行為，都具有累計效果：到二〇二〇年，英國只有一・八％的電力來自煤礦，低於十年前的四〇％，且該國有望在二〇五〇年前，實現淨零碳排。[25]

● 水資源短缺，人口遷徙

最需要解決的生態問題之一，是水資源短缺。到二〇三八年，這項資源將變得更稀缺和珍貴，[26]各國將為此開戰，甚至將水資源武器化。[27]改良過的海水淡化技術，能幫助發達國家，滿足其公民的需求，但低度開發地區則必須承受嚴重的水資源壓力。

我們可以預期，未來會面對歉收的莊稼、乾涸的河流和湖泊、沙漠中凋零的生命，以及大規模的遷徙，甚至會有更多人口被迫搬遷。

● 善用木材，環保不用高科技

誰會想到，在歷經石器時代、鐵器時代、青銅時代和塑膠時代之後，現代人類會迎來木材時代？

有了高科技工程木材，過去傳統的木造房屋，如今已有所轉變；此外，還有複雜、具現代感的木造建築群，包括高樓大廈。[28]多虧了這種跳脫框架的設計巧思——例如二〇二〇年日本揭曉的木製人造衛星（按：爭取在二〇二三年發射，造價便宜、容易加工，任務結束後，能在大氣層焚燒殆盡）——[29]現在很少有生活領域不是借助木材，來取代對環境有害的混凝土、塑膠和鋼鐵。

我們發現，木材與這些材料相比，具有多種優勢，既是一種可再生資源，還可以固碳（按：將無機碳轉換為有機化合物的過程），更可以回收再利用——而且，看起來也挺美觀的。諷刺的是，這如同大自然本來就知道自己在做什麼一樣，無須人類干涉。

● 肉，讓出位子來！

純素食主義者曾經說過，如果有種食物比肉更便宜、美味、健康，對環境的危害更小，那就沒有人會想要或需要吃肉。事實將證明，他們是對的。**創造出美味又營養的蛋白質產品，已經減少世上最發達地區對商業牲畜的需求。**

有些人堅持只有動物肉是肉，植物肉永遠無法取代其地位，但這類人的數量每年都在減少。我已經可以預見，有一天，餐廳顧客想吃肉，還得特地要一份「肉類菜單」才能滿足其食肉欲望，就像人們今天可以在一些餐廳索取純素食或無麩質菜單一樣。而流行的肉類替代品、在《紐約時報》二〇二二年年度食材中獲得一席之地的蘑菇，預計在都市的種植量將會增加。[30]同時，全球畜牧業衰落，也對環境產生正面的影響。

不過，植物肉遇到的困難是，要為這些蛋白質產品確定合適的名稱。在二〇二〇年代，蛋白質技術公司還會吹噓他們「沒有肉的肉」，具有某種動物的味道和口感；但到了二〇三八年，吃起來像動物將不再是參考的重點，因為這種關聯性會招致越來越多消費者的反感。

● 都市叢林，真的有種樹

只要有城市的存在，它們就會一直為聲望和居民而競爭。哪座城市有最高的建築物？最豐富的藝術場景？最好的餐廳和學校？最高效的大眾運輸？在接下來的二十年裡，我們將看到不同類型的競爭升高：**哪個是最環保、最健康、最永續的城市？**

在水泥叢林裡，樹木為都市帶來了誇耀的資本：它們不僅有助於抵消水泥和柏油路面的聚熱作用，還可以過濾空氣汙染、降低風速並緩衝暴雨水的逕流量。此外，樹木提高人們的幸福感並減輕壓力，還鼓勵著城市居民外出走走。

早在新冠疫情大流行、生活空間受到重新評估之前，巴黎就已經計畫在四個歷史遺跡周圍，種植一片城市森林，首爾則種下了兩千多片小樹林和花園。

隨著遠端工作的選擇出現，許多城市居民被吸引到充滿綠意的田野，而大都市領導人將會為城市空間添入更多綠意，以滿足人們對自然的熱情，並維持稅基（按：租稅課徵時的經濟基礎，即可用來作為計算稅額依據的財產或權益）。

喬治亞州的首府亞特蘭大，自詡為森林中的城市，但是，哪座城市可以擁有「最廣闊的林冠」的稱號？此稱號在城市之間仍非常搶手。為了協助解決部分競爭，演算系統Treepedia 透過航空照片和街景資料，建立互動式城市地圖。

到目前為止，排名領先的是佛羅里達州的坦帕（其表面樹木覆蓋率為三六．一％），但其他幾個城市的林冠也覆蓋超過三五％，其中包括：荷蘭南部城鎮布雷達、魁北克省最大城市蒙特婁、挪威首都奧斯陸、新加坡、雪梨和溫哥華。[31] 墨爾本也努力擠進名單內，宣布計畫到二〇四〇年，林冠覆蓋率將增加近一倍，達到四〇％。[32]

此刻，正是樹木發揮最大冷卻效益的時候。[33]

● 鄉村生活——我為什麼要住在都市？

如果你不必在城市的辦公室工作，為何要住在都市裡？既然如此，又為何要住在郊區？為什麼不在鄉間小路的盡頭、海灘上的小屋，或加勒比海的船屋，實現你的夢想生活呢？有了強大的通訊技術和新的工作方式，這一切忽然變得可能。

我們已經能看種這種趨勢逐漸形成，**在疫情之前，每個人都希望離工作和娛樂場近一點**，因此對住房和服務的競爭，帶動了價格上漲，使城市成為最昂貴的居住地。現在，由於鄉村的人口較少、密度較低，它的綠意盎然、清新空氣，還有流傳於鄉間的神祕奇聞，使鄉村更加吸引大眾。

我們對於安全問題，有更敏銳的意識，不管是流行病還是人身方面皆為如此，而農村在這兩個方面都占優勢。我們也更加意識到，更乾淨的空氣有助於促進身體健康，而且，遊覽湖光山色、沉浸於森林浴之中、[34]赤腳行走在泥土、草地或沙灘上，都能幫助心理健康。此外，長期以來，**鄉村便一直吸引著生存主義者和其他末日準備者**，而這類人的數目也不斷上漲。

商業街亦將迎來新生，過去吸引人們到公共場所的商店，由於低落的營業額、不堪負荷的成本，以及線上零售商、離都市不遠的大型商店帶來的激烈競爭，商業街的小店許多都已倒閉，直至完全在市場銷聲匿跡。

現在，小型都市和大型城鎮，正嘗試賦予其中心新的用途。至於小城鎮的情況，如同大城市，人們只能忍受一定限度的虛擬生活，他們想要能出門遛達、一同做事的機會和去處。

大部分最富裕的稅基都流失後，城市經濟將會如何適應？他們會找到聰明的解決方案，來吸引年輕的大學畢業生嗎？畢竟，這些學生以前在住在難以負擔的城市地區，那麼，農村地區能否吸收都市移民？農村樂意吸收嗎？為了阻止在侵占荒野的土地上，或極端天氣的敏感地帶上建造房屋，政府又會落實哪些措施？每次人類要遷移，無論是朝哪個方向移動，都會帶來新的挑戰。

● 囤糧、儲水，更多人相信末日會來臨

正如我所提到，那些向偏遠地區撤退的人口，包含末日準備者和其他尋求離群索居的人。幾年來，我一直在談論**草木皆兵心理的興起**，也就是，當混亂成為新常態，在某種程度上，該心態興起就是對混亂的反應，**反映出人們對潛在災難的防守心態**。

而這種趨勢的極端，便是末日準備者，他們之中有許多人，多年來不斷囤積貨物；在美國，還會囤積槍枝。

隨著死忠追隨者增加，再加上單純想為下一次危機做好準備的普通人，新冠病毒有

望壯大準備者的行列。就個人層次，我們可以預期人們以更嚴肅的態度，看待庫存量（瓶裝水、罐頭食品和燃料）的問題，企業方面則會參與這塊市場，以滿足這些新消費欲望，同時激起人們的恐懼。

現在已經可以在沃爾瑪，買到長期應急口糧。到二〇三八年，高檔公寓大樓和住房開發項目，不僅會吹噓最先進的健身房和時髦的私人會所，應急準備也會被拿出來吹噓，而且我們對此也會感到稀鬆平常。

在美國，我們看到小鎮警力配備軍用車輛、個人防護裝備，以及比路邊攔檢，更常見於戰場上的物品。那麼，用於巡邏高檔社區的突擊隊，多久後會出現？

● 生化人出現，但糖尿、心血管疾病更嚴重

對那些負擔得起的人來說，醫療保健的進步，將提供尖端治療方法和功能強化。隨著數億人迫切希望抵消衰老帶來的影響，**老年學研究，將成為醫療和科技專業人員的首要關注領域**。

今日的生物電（bioelectric）植入物，像是調節心律的節律器和改善聽力的人工耳蝸等，只是對未來的一種預演。大腦可能是最能改善生活的器官，[35] 因此，在未來，**電晶片植入物將唾手可得**，幫助恢復記憶和修復受傷、中風或阿茲海默症而造成的損傷。[36] 細胞移植和再生的技術，則使脊髓損傷者迎來功能恢復的前景。[37]

快速通關的新冠疫苗使大眾見識到mRNA技術的奇跡，[38]而在未來幾十年裡，研究人員將更充分的挖掘mRNA在應對病毒性疾病方面的潛力。此外，隨著基因編輯技術CRISPR的迅速發展，[39]囊腫性纖維化、多發性硬化症，以及諸多類型的癌症等非感染性疾病，也有可能會被根除。

但是，最大的醫學收穫，在於治癒二十一世紀最廣泛、最昂貴也最致命的健康狀況：第二型糖尿病、中風和心血管疾病。全球非傳染性疾病的死亡中，有八〇％死於這些疾病，[40]我們幾乎無法寄望患者改善其生活方式，因為改善的速度無法快到足以有所幫助；事實上，這項健康問題的趨勢，還朝著惡化的方向發展。因此，轉危為安的責任，將落在科學家的肩膀上。

● 絕望之症將被重視

不久前，心理健康問題還被廣泛視為可恥的事情，儘管病人備受折磨，許多人仍不惜一切代價，向僱主、鄰居甚至家人隱瞞。這個禁忌話題，原本只有在討論喜劇演員羅賓．威廉斯（Robin Williams，生前深受憂鬱症所苦）或藝術家梵谷等陷入困境的天才時，才會被提及。

現在，我們越來越難以避開心理健康的話題，特別是當我們將流行疫情納入考量的時候。美國人口普查局在二〇二〇年十二月調查的人當中，有四成以上人口患有焦慮或抑鬱症狀，比去年增加了一一%。[41]

英國國家統計局報告亦指出，二〇二〇年十二月接受調查的受訪者中，有一九%有抑鬱症狀，幾乎是疫情爆發前的兩倍。[42]

儘管新冠病毒加劇了此一問題，但焦慮、抑鬱、藥物濫用，酒精依賴以及自殺念頭和自殺行為的上升率，在幾年前經常成為頭條新聞（不排除與社群媒體使用有關），衛生當局將這個問題稱為「絕望之症」（diseases of despair）。[43]

聯合國的一份報告指出，精神健康障礙帶來了巨大的社會和經濟成本：**自殺現在是十五至二十九歲人口的第二大死因**。這些人之中，有許多人沒有專家可以求助：在全世界，每一萬人中，只擁有不到一名心理健康專業人員。據估計，由於勞工患有抑鬱症或焦慮症，全球經濟每年損失超過一兆美元。[44]

從現在到二〇三八年，大家都會更意識到全體心理健康下降的情況，並投入更多資金、尋找解決方案。精練的應用程式會問世，與可穿戴的神經反饋設備（如 Mendi 和 Muse 兩家公司推出的頭戴式腦波裝置）相互搭配使用。

心理治療——無論是線上的，還是面對面進行的——都將被視為維持心理健康的標準配備，而不是該被隱藏起來的東西。各類規模的公司，也將正視建立支持系統一事，包括員工資源小組，促進多樣化和包容性的工作場所，創造出更緊密的社群感。

● deepfake 技術使民主政府消失

維持控制對政府來說不是一件小事。加密貨幣興起、大量財富集中在相對少數人手中，以及氣候變遷的影響，對國家的穩定性，甚至生存能力，構成嚴重威脅。雖然**有些國家會走上成為極權主義巨人的道路，但也有些國家會放棄阻止分裂，分成更小的單位，以保持種族或宗教的純淨，**避免派系衝突。

在本世紀的頭二十年裡，我們已經看見，世界各地對於民主的信心皆呈下降趨勢，人們開始懷疑，民主制度究竟能否解決我們最緊迫的挑戰。[45]二十年後，**民主將不再被視為管理國家事務的最佳方式**。而在這個層面上，科技的影響可見一斑。

正如新冠疫情所證實，我們對現實的共識正在分崩離析。二十年前，你我可能在某個問題上意見不一，但我們至少會對現實中的構成事物，也就是基本事實達成共識。二十年前，有些人對外星人、地下集團和陰謀論持有怪異的信念，但他們大多是孤立的個人或小團體的成員。

現在，這些人和團體，已經能輕易在網路上找到同伴，並結合成數百萬人的團體。這個世界上，出現多種不同「現實」，塞在螢幕之中，而被人們挑選出來的資訊守門人，為他們呈現出一套獨有的另類事實，讓這些人能蜷縮在各自獨立的現實中。

此外，深偽技術（deepfake，基於人工智慧的人體圖像合成技術的應用）的快速發展，會為另類事實的演進，起到推波助瀾的效果。[46]影片和音訊，都將被用來構建與真相無異的虛假現實。一旦有「記錄下來」的畫面證據支持，即使是最大的謊言，也能像真實發生過的事情一樣，廣為流傳。

儘管新世代帶動正向的變化，但深偽技術的興起，將使政府和國際機構更難集結足夠的民眾，以解決氣候變遷和物種滅絕等重大問題；無主權性加密貨幣的廣泛採用，則將減少政府稅收。

最後，民主不會僅死在黑暗中，更會死在不滿和脫節的情緒裡（按：「民主死於黑暗」是《華盛頓郵報》於二〇一七年時首度採用的正式標語，意指民主的選舉制度，無法在缺乏公開透明的媒體環境下運作）。

●充滿希望的土地——非洲

當所有人都把目光投向崛起的中國時，我們有時會忽視西南部的一塊大陸，比中國、印度、歐洲和美國加起來都還要大——非洲大陸。[47]世界經濟論壇指出，**非洲受益於第四次工業革命的變革性技術**，這種轉變的特點是，模糊了物理、數位、生物領域界線的技術融合。[48]

智庫布魯金斯學會於二〇二〇年的研究表明，整個非洲的經濟成長，表現比其他地區都好。目前，世上十個成長最快的經濟體中，非洲大陸就包辦了七個。[49]

雖然非洲長期以來，一直與歐洲保持貿易關係，但中國現在占其貿易近五分之一，與亞洲、南美和中東等地區的聯繫，也在發展當中。[50]

從二〇二〇年到二〇五〇年，非洲人口將增加一倍。到二〇五〇年，非洲大陸將擁有約二十五億人口，[51]其中一半的年齡將在二十五歲以下。展望未來，當下一個千年來臨時：非洲人將占世界公民的三分之一；到下一個世紀之交，地球上近一半的年輕人都會生活在撒哈拉以南的非洲。[52]

隨著其他大陸的城市居民，開始聽從鄉村誘人的呼喚，非洲將朝著反方向發展，擁抱都市化。在非洲，人口超過一百萬的城市數量，已經和歐洲一樣多，非洲大陸的都市化程度也和中國不相上下。[53]

到二〇三〇年，非洲一半的人口將生活在城市，[54]從而提高生產力，並將勞動力從農業釋放，轉移到高科技、服務業和製造業的工作上。奈及利亞的電影業──被稱作「奈萊塢」（Nollywood）──每年製作出約兩千五百部電影。它的產出已經大過好萊塢，僅次於印度寶萊塢。[55]而二〇〇七年始於肯亞的行動支付服務 M-Pesa，現在被視為行動金融領域的世界領導者。

非洲是一片充滿希望的土地，但和印度一樣，它向更現代經濟的過渡進程非常緩慢，主因為高嬰兒死亡率、預期壽命低（二〇二一年出生女性的預期壽命為六十六歲，男性為六十三歲，全球平均水準分別為七十五歲和七十一歲）[56]、創造就業機會速度緩慢、一些國家治理不善，以及氣候變遷影響下的高度脆弱性。

●獨裁遏止動盪，也讓拉丁美洲走向絕路

沒有任何國家或地區的未來，是由生硬的水泥打造而成。國家的命運，取決於他們如何善用其優勢（如自然資源、貿易路線的取得），並應對其無法控制的外部因素。

誰能預見，在整個一九四〇年代和一九五〇年代，飽受戰爭蹂躪的韓國，會成為一個富裕、教育良好且技術先進的強國？在一九七〇年代末期又有誰能想到，在短短兩代人的時間裡，中國將擺脫政治動盪和貧困、走向世界第二大經濟體，還擁有不斷壯大的中產階級？

誰能想像，冰島這個曾經貧窮、荒涼、人口稀疏的北大西洋島嶼，在未來會發展為世界上的先進資訊社會之一，取代韓國，在ICT發展指數（測量資訊與通訊的指標）評比中拔得頭籌？[57]

類似的「誰會預料到……」評論，也可以用於其他國家，尤其是日本、愛爾蘭、德國、芬蘭和新加坡，這些國家都以某種方式克服了嚴苛的條件，發展得超乎大眾期望。

目前在南美洲，趨勢則朝著相反的方向發展。委內瑞拉在二十世紀的幾十年裡，一直是個富裕的國家，直到一九八〇年代末油價市場暴跌為止。經濟問題導致政治動盪，也讓烏戈・查維茲（Hugo Chávez）在一九九八年當選總統。[58]二〇一三年他去世時，經濟進一步下滑，而美國制裁的影響力不容小覷，在物資短缺和惡性通膨的困擾下，約四百六十萬名委內瑞拉人（占總人口的一六％）成為經濟難民，逃離這個國家。[59]

與委內瑞拉一樣的還有阿根廷，這個國家在前一個世紀相當富有，但由於深陷政治不穩定、債務違約和惡性通貨膨脹構成的循環，使得地位一路下滑，[60]而不良的循環一路延燒到了二十一世紀。儘管遇到重重困難，阿根廷仍是拉丁美洲最大的經濟體之一，GDP約為四千五百億美元，在能源和農業方面，擁有豐富的自然資源。[61]

那麼，從現在到二〇三八年，會發生什麼事？拉丁美洲的國家大小，有像巴西、阿根廷、墨西哥這樣的大國，也有相對較小的國家，如薩爾瓦多、哥斯大黎加、巴拿馬，儘管這些國家存在許多差異，但在面對未來時，或多或少都明顯具有相同的缺陷：

1. 政治：制度薄弱、難以信賴的治理方式、缺乏政治參與，還有潛伏在社會中的暴力和腐敗。
2. 經濟：過度依賴原物料、生產率沒什麼成長，以及低儲蓄和投資率。
3. 人力：教育品質差、創新能力低。

最近在美國發生的事件表明，即便是公民參與和政治穩定皆有著悠久歷史的國家，民主也是脆弱的，更遑論不穩定的國家了。

幾十年來，許多拉丁美洲國家發現，**維持穩定的政治制度並不簡單**，因為這個穩定性，**既講求廣泛民眾賦予的合法性，也要平衡相互競爭的不同利益**。在這些國家中，無論是透過政變還是「民主」接管，其中不少國家直接成了獨裁政權，落入軍事獨裁者建立的強勢領導之中。

藉此掌權的有烏拉圭的彼得羅・博達貝里（Pedro Bordaberry）、巴拉圭的阿佛雷多・史托斯納爾（Alfredo Stroessner）、巴西的卡斯特洛・布朗庫（Castelo Branco）、智利的奧古斯圖・皮諾契特（Augusto Pinochet）、阿根廷的豪爾赫・拉斐爾・魏德拉（Jorge Rafaél Videla）和萊奧波爾多・加爾鐵里（Leopoldo Galtieri）、巴拿馬的曼紐・諾瑞嘉（Manuel Noriega）和瓜地馬拉的埃弗拉因・李歐斯・蒙特（Efraín Ríos Montt）。

拉丁美洲地區的人民，也曾將希望寄託在民粹主義者，著名的有阿根廷的胡安・裴隆（Juan Perón）、委內瑞拉當年的查維茲和現在的尼古拉斯・馬杜洛（Nicolás Maduro），以及巴西的波索納洛，這些民粹主義者知道如何操縱民怨，以及利用社會不公的現象。

雖然主要透過恐嚇和侵犯人權的手段，但總的來說，**這些強人和獨裁者遏止了社會動盪的爆發**。然而，結果證明，獨裁是死路一條，透過強人般的統治，幾乎無法孕育出因應當前問題的國家發展，更不用說為未來做準備了。而拉丁美洲在應對新冠疫情的表現，同樣證明了這點，因為拉丁美洲的感染率和死亡率，是世界最高。

當我們思考這個地區的發展方向時，拉美民眾對民主的支持正在下降，特別是年齡介在十六到二十四歲之間，屬於最年輕的選民群體和即將成為選民的群體。[62] 美國國家民主基金會（National Endowment for Democracy，簡稱NED）將拉丁美洲的民主描述為「瀕臨潰敗邊緣」，並指出：「對資訊來源，包括傳統新聞媒體和科學家在內，信任度皆低落。」[63]

然而，即使持續不斷的腐敗醜聞、死灰復燃的暴力事件，以及法治薄弱的現象，皆使這個地區飽受煎熬，但我和其他人一樣，都看到了一線希望。該地區的網路使用普及，為青年提供了新的成功途徑，並且該地區所有國家的創業精神都正在興起。[64]

商業領袖表現出的樂觀情緒，也很明顯：諮詢公司瑪澤（Mazars）的「高層晴雨表」（C-suite barometer）發現，拉丁美洲受訪的高階主管中，有九一%預計在二〇二〇年，他們的業務收入將增加；相較之下，全球平均有七一%的高階主管這麼認為。[65]

前景樂觀的原因，包括技術進步，以及採用曾是更發達經濟體專利的商業模式，包括遠端工作。

●「多」規定

多邊、多國、多種語言、多種族、多平臺、多代同堂……世界太複雜了，個人和組織無法單獨應對。這讓我想起，美國前總統伍德羅·威爾遜（Woodrow Wilson）曾說過的一句話：「我不僅絞盡腦汁，還用盡所有我能借到的智慧。」我個人也強烈推薦這種做法。

特別是在商業領域，未來只會更加強調合作，例如，非營利組織Accumulus Synergy，是一個數據共享平臺，匯集了十家生物製藥公司，改變製藥者和健康管理者的互動方式，以更快、更高效的方式，為患者提供安全有效的藥物。[66]

第三個例子是The Climate Collaborative，一個由七百多家公司組成的獨立組織，致力於將天然產品產業的力量，作為扭轉氣候變遷的槓桿。[67]

我完全相信，我們將看到公私合作夥伴關係的擴大，就像我們在上個世紀見證的那樣。當時，美國奇異公司與NASA合作，建造了阿波羅十一號。

整體來看，從現在到二〇三八年間，將形成並強化的趨勢，表明了社會已經敏銳察覺到，長久生存要面臨的威脅，也述說著人們普遍意識到，現在的運作方式——我們如何工作和生活——並非我們期待在未來看到的模樣。

從某方面看來，這些趨勢能帶來希望。解決任何問題的第一步，便是接受問題存在的事實，而今天也很少有人會聲稱，前方的道路看起來很輕鬆。血淋淋的數據擺在眼前，讓人們感到既擔憂又害怕，卻也使改變一觸即發。現在，這個路途艱辛且遙遠的任務就此展開。

結論

現在就採取行動，安全走出競技場

既然你已經消化完我的分析和預測，現在是時候思考，如何將這些遠見應用在你個人獨有的情況和目標上。

第一步，是持續沉浸，投入生活周遭的所見所聞與社會模式之中，如果你從這趟穿越時空的旅行中學到了什麼，我希望你能張大耳朵和雙眼，留心我在這裡沒有提到、尚未在文化或社會政治舞臺上爆發的趨勢。

你可以再多管閒事一點，問一些尖銳的問題，**不要接受顯而易見的論述**，**並學會辨別什麼是轉瞬即逝的時尚**、**什麼是禁得起時間考驗的浪潮**。你可以將所有負面的啟示放在心上，但永遠不要忘記，肯定還發生了更快樂、讓你得以擁抱和享受的事情。還有，在你對未來的預測中，注入樂觀情緒，想想自己今天可以做些什麼，來創造出讓所有人都更滿足的生活。

馬歇爾・麥克魯漢（Marshall McLuhan）在《地球村》（*The Global Village*）一書

中寫道：「二十一世紀最偉大的發現，就是人類註定不會以光速生活著。」[1]

在二〇二〇年至二〇二一年，世界大部分地區瞬間停滯。一如既往，這爆發了非常兩極的反應。有些人討厭世界放慢速度，卻又喜歡這樣的情況，帶給我們思考的時間，可以營造一個新的家庭生活，決定什麼才最重要。

能夠在家工作的人，雖然會因此而感到惱火，但同時也讚嘆著工作環境的改變。我們與家人彷彿再次認識彼此，還加深了與親密朋友們的聯繫，讓那些我們曾認為是朋友的點頭之交漸行漸遠。

同時，許多人還發掘了新的興趣，呼吸也變得穩定許多。我們仰望天空，也許第一次想知道，生命究竟意味著什麼。然後，隨著越來越多人接種疫苗，更多工作場所重新開放，有些人回到了產生變化之前的生活，有些人則適應了夾雜著變化的生活風格。

這是我的最後一個預測：到二〇三八年，我們許多人所夢想的場景，可能就是**步調緩慢的生活**，也就是，我們在二〇二〇年和二〇二一年體驗了幾個月的日子。

在新冠病毒成為頭條新聞之前，我們早就看見了這種趨勢逐漸興起。緩慢運動（The Slow Movement，一種文化轉變，即放慢生活節奏），最初起於慢食運動（slow food），是始於一九八六年、位處義大利羅馬的西班牙階梯（Spanish Steps）最底下的西班牙廣場，一場關於開設麥當勞餐廳的抗議活動。

這個場景其實和這場活動很相襯，因為義大利人是擁抱「無所事事的甜美」

（dolce far niente）的民族。

幾年後，在義大利托斯卡尼的城市奇揚地，非營利組織國際慢城組織（Cittaslow International）[2]誕生，目的是幫助城鎮透過放慢速度，來擁抱更好的生活品質。現在世界各地的城市都有其分支，[3]每個都致力於更慢、更有目的的生活，反對大規模生成的文化。

「慢」，將成為團結全球的戰鬥口號，因為有越來越多達到中產階級地位的人，拒絕承受競爭帶來的巨大壓力。所以，北歐人「夠用就好」或「簡單就是完美」的信念，以及丹麥的hygge（舒適、溫暖）風潮，特別吸引這群人。

這種舒適的親密感、社交活動的安全空間，已經成為許多人尋求的一帖良藥，**以治癒我們日益增長的社交焦慮**；這是一艘救生艇，讓我們可以更輕鬆駕馭未來的不確定性。這種更緩慢、更靜謐的生活，很可能正是世上許多地方需要的，在那裡，老年人會占更大的比例，特別是歐洲、東亞和拉丁美洲。[4]

中國年輕人也已經接受一種叫「躺平」的哲學，用以回應工作和追求卓越帶來的無情壓力。[5]其實，為自己保留一段時間、細細品味，是許多人經濟上能夠負擔的最佳奢侈品。

在一九九〇年代，我住在阿姆斯特丹時，就經歷過「躺平」的感覺。對我這個過度活躍的美國人來說，在荷蘭，有意義的對話、充滿著氣氛友好、步調緩慢的夜晚，這種體驗著實令人大開眼界。沒有網路，沒有必須拚命去適應的事物，也沒有排隊人潮，只有和其他人一起享受的時間，那樣的夜晚，能讓你的焦慮逐漸消失。二十五年後，我仍然渴望像荷蘭人那樣，重視真實性、和平、社交和穩定性。

無論你是誰或相信什麼，你一定也想找到一個醒來時能感到安全、有關心你的人的地方。

當我和合著者撰寫《下一個今日》（*Next Now*，作者於二〇〇六年出版的趨勢書）這本書時，我仍住在荷蘭，預測新千年時代的生活與工作。當時，美國網路公司美國線上（AOL）已走向全球，而我們正在幫助該公司增加發展動能。

多虧當時在網路領域的最前端工作，因此，我準確預見數位經濟的重要性、美國霸權的終結，以及許多無形界線的虛化——如家庭與辦公室之間、教育與娛樂之間、營養與醫學之間——這些對立面都曾描繪出生活各個領域的邊界。

一切都開始變得模糊，但被我們完全遺漏掉的，是自我的崛起，或者更準確的說，是**一股心無旁騖的自私感開始盛行**，甚至使又名「唯我年代」（Me Decade）的一九七〇年代（按：這年代的年輕人具有個人主義、愛好自由與享樂的傾向，與戰後嬰兒潮對改變世界具有責任感的人格特質形成對比），顯得不算什麼。

到二〇一三年，你一定也察覺到了自我陶醉的文化盛起，當年牛津字典的年度詞彙甚至是「自拍」。[6]在二〇一五年的一次演講中，我預測「自我」（self）將成為那個時代的代表詞，但不是單獨使用，而是成為字根，可以組合起來，變成自畫像、自我嘲諷、自我參照（self-referential，又名自我指涉，在接觸新東西時，如果它與自身有密切關係，學習時就有動力，且不容易忘記）及自我陶醉等。

自我像條絲線，貫穿了每個人所寫或說的話，從流行文化偶像和部落客，再到高雅文化的守護者，無一不談論這個主題。

我當時曾說過，一切帶有自我這個性質的事物，都在為自己創造無處不在的地位。受到自信心、自尊心、自律、自我重視等健康評估的加持，現在，塑造出積極的形象，是每個人都得達成的重要任務。換句話說，**自我推銷已經成為保護自己的重要工具**。

當我們添加「個人」（personal）這項元素——意思與自我接近，但相比之下較少指涉到自己——這種趨勢變得更加引人注目。像是個人教練、個人電腦、個人發展和個人品牌等，全都將個人置於核心。

自我就像是一枚硬幣，它的另一面，是無私。所謂的行善，已經成為感覺良好的關鍵一環。我們接受行動主義、盟友關係和利他主義等理念，因為這些事物能帶來滿足感、增進與他人的關係，並在背後推動我們，於商業和社群中向前邁進。

自私和無私，這兩種相互競爭的面向存在於生活所有層面，而且會持續下去。不僅如此，這種對立還會加劇，原因是，儘管我們都希望放慢腳步，但現代資訊社會必須不斷與人連接，意味著我們始終在計算分數。每時每刻，我們都被迫捫心自問：我做得好嗎？夠好嗎？為了誰做的？地球上的每個人？我的社群？還是只是為了自己？

這種無法停止的壓力，可能會驅使我們，傾向一種更精簡的方法，以了解我們想要什麼、能管理多少、能承擔什麼，也讓我們更願意放手，讓技術去施展它的身手。

二〇〇五年，發明家兼未來學家雷・庫茲威爾（Ray Kurzweil）設想，在二〇三〇年代後期，心靈上傳（mind uploading，一種科幻技術，可以把人類腦部的所有東西上傳至計算設備上）會成為主流，而「奈米機器」（nanomachine，又稱分子機器，由少量的分子組成，可對特定刺激〔輸入〕產生準機械運動〔輸出〕的物體）會被安裝在大腦中以接收信號。[7]

至於二〇二〇年代剩餘的時間，庫茲威爾預言，電腦將能夠自主學習、創造新知識，[8]而且超級電腦可以為大多數人使用：「一臺一千美元的美國個人電腦，將比人腦強大一千倍。」[9]

我們可以期待這種兩相抗衡的力量，一邊是強而有力的推動力、自我迷戀以及機械性，另一邊則是緩慢且舒適、具備人性化的無私與溫暖。

美國作家法蘭克・史達柯頓（Frank R. Stockton）於一八八二年出版了《美女，或是猛虎？》（*The Lady, or the Tiger?*）一書，這是流傳好幾個世代的兒童讀物。故事設定在一個國王統治的土地上，他時而殘酷、時而人道。

他設計了一種獨特的方法來伸張正義：一個被指控有罪的男人，會被帶到競技場，那裡有兩扇封閉、有隔音效果的門。一扇門後面是一位和他非常相配的女人，如果他選擇了那扇門，他就可以娶她；另一扇門的背後，則是一隻飢腸轆轆的老虎，如果他打開錯的門，他就成了一頓午餐。

所以，是要被屠宰？還是舉行婚禮？機運會驅使這個男人，選擇哪一扇門？

其實，仔細想想，他跟我們在某種程度上同病相憐。但是，因為我們擁有歷史，知道自己是如何走到這一步的，我們大可不必一邊盲目的做選擇，一邊抱持希望，覺得自己是那位幸運兒。

相反的，我們可以採取行動，讓自己安全走出競技場。其中，最關鍵的行動包括：

1. 重新評估我們對成功和物欲的定義。
2. 應對混亂現代生活為心理健康帶來的挑戰。
3. 與地球建立一種全新且永續的關係。
4. 重新平衡性別、種族和財富的不平等。
5. 明智運用界線，來創造穩定性和確定感。
6. 將合作置於競爭之上。
7. 在自我意識與社群意識之間取得平衡。

我們的面前，有成堆的待辦事項，還有兩個截然不同的未來，一個是進步的願景，另一個則是厄運。到二〇三八年，我們將知道自己選擇了哪扇門。

致謝

我永遠感激多才多藝的作家兼思想家傑西・科恩布盧斯（Jesse Kornbluth），他在一年多的時間裡，指導、哄勸並幫助我完成了這本書，除了在我們兩人都接種疫苗之後，於二〇二一年春天，在康乃狄克州一家餐廳共進一頓午餐之外，我們的共事方式一直都是遠端進行。

他是一個會說故事的知識分子，沉浸在發現趨勢的藝術和科學中，如果沒有他，這本書將失去色彩、魅力和對讀者的感召力。

特別感謝那些啟發了我的人，在本書的字裡行間，都有他們分享給我的見解。這些人包含來自全球各地的同事、家人和朋友，包括瑞士的伊羅・安東尼奧杜（Iro Antoniadou）、茱蒂・蘇納（Jody Sunna），以及美國的安琪・阿格布萊特（Angie Argabrite）、賈姬・布魯諾・芬利（Jackie Bruno Finley）、亞瑟和梅麗莎・西利亞（Arthur and Melissa Ceria）、亞倫、伊莎貝爾和魯本・戴蒙德（Aaron, Isabelle, and Reuben Diamond）、維克多・福瑞德伯格（Victor Friedberg）、艾蜜莉・伊爾岡（Emily

Irgang）、亞倫・薛瑞尼安（Aaron Sherinian）、克萊兒・伍卓夫（Claire Woodruff）。

還有法國的馬泰歐・班多堤（Matteo Bendotti）、英國的羅倫和斯杜爾特・哈里斯（Loren and Stuart Harris）、黎巴嫩的路特菲・穆法里吉（Lutfy Mufarrij）和巴西的費爾南達・柔馬挪（Fernanda Romano）。雖然所有錯誤和愚蠢預測，都是我一個人的責任，但我很幸運，身邊環繞著許多機智觀察家。

工作室 Epic Decade 位在羅德島，其創辦人，塞思・戈登堡（Seth Goldenberg）在我創作本書的過程中，一直擔任一名最棒的盟友和朋友。他慷慨的把我介紹給大衛・德瑞克（David Drake）、保羅・惠特拉奇（Paul Whitlatch）和凱蒂・貝瑞（Katie Berry），開啟了我穿梭古今、史詩般的旅程。

皇冠出版集團（The Crown Publishing Group）的保羅和凱蒂，是技藝高超的編輯，驅使我提出敏銳的觀察，並讓本書變得更加流暢。

在寫這本書的過程中，我接獲必須取出第三個腦瘤的消息。波士頓布里罕婦女醫院的手術，原定於二〇二〇年十二月進行，但因疫情而推遲到二〇二一年三月。多虧了醫生奧薩瑪・艾爾－梅夫蒂（Ossama Al-Mefty）和瓦利德伊本・埃色德（Walid Ibn Essayed）等人的才華，在他們移除我最新的腦膜瘤七十二小時後，我又回到電腦前，閱讀、研究和寫作。

譚崇博與瑪格麗特・卡蘭茲普洛斯（André and Margaret Calantzopoulos）、亞賽

克和伊沃娜・歐札克（Jacek and Iwona Olczak）、蘇珊・里奇・佛索姆（Suzanne Rich Folsom）、查爾斯・班多提（Charles Bendotti）、迪巴克・米夏（Deepak Mishra）、格雷格爾・維爾多（Gregoire Verdeaux）、妮維娜・戈爾沁科（Nevena Crljenko）、希爾克・孟斯特（Silke Muenster）、珍妮佛・莫多斯・斯維基爾斯基（Jennifer Motles Svigilsky），以及史提夫・瑞斯曼（Steve Rissman）和他們在世界各地的其他同事及家人，在過去三年半的時光裡，一直是我安慰和靈感的源泉。

在疫情期間，他們向我展示了生活和工作之間不可避免的模糊，也可以帶來快樂和工作成效，即使其中很多時候，都是透過電腦螢幕發生的。

我的行政助理芙蓉・杜賽（Fleur Dusée），確保我的公、私生活都能順利運作；沒有她，我會迷失方向。還要特別感謝弗里索和托尼・韋斯坦伯格（Friso and Toni Westenberg）及他們的家人，在過去一年半中的友誼和支持。我也非常感謝過去在哈瓦斯通訊社（Havas）、宏盟集團（Omnicom）和WPP集團（Wire and Plastic Products plc）工作的同事，他們仍是一個巨大的支持系統和偉大的智囊團，其中沒有誰可以跟唐娜・莫菲（Donna Murphy）、莎吉雅・可汗（Shazzia Khan）、巴布・傑佛瑞（Bob Jeffrey）、柯蕾特・切斯納特（Colette Chestnut）和巴布・庫帕曼（Bob Kuperman）匹敵。

本書起源於早期我與他人合著的趨勢書。伊拉・瑪塔莎（Ira Matathia）和安・歐萊禮（Ann O'Reilly），使我成為一個更好的趨勢觀察者和戰略思想家。安實在天賦異稟，在我所有作品中都有她的蹤跡，而且近三十年來一直是如此。

這本書還借鑑於我的年度趨勢報告，近年來，多虧了莫伊拉・吉克瑞斯特（Moira Gilchrist）博士、托馬索・迪・喬凡尼（Tommaso Di Giovanni）、傑森・米爾斯（Jason Mills）、貝西・科卡利斯・佩西奧（Bessie Kokalis Pescio）、布萊森・桑頓（Bryson Thornton）、茱莉亞・薛波特（Julia Shpeter）、亞當・文森吉尼（Adam Vincenzini）、大衛・費雪（David Fraser）、柯瑞・亨利（Corey Henry）及其全球團隊，他們提供了從阿爾巴尼亞、保加利亞、韓國及越南的相關資料，使這些報告更臻於完善。

蘇納與當時的數位CNN團隊，在新冠病毒早期採訪過我，這次採訪來得相當是時候，讓我走上了通往二〇三八年的道路；誰知道當時一個即興的回覆，會讓我得出這樣的假設：我們遲了二十年，才體驗到千禧蟲危機的影響。

我在約翰霍普金斯大學就讀研究所的期間，專攻政府部門的研究，完善了我的思維風格和研究技能，也使我重溫幾十年前自己還是布朗大學的學生時，曾度過的那段快樂時光。

最後，深深感謝支持我的家庭，他們承受著我多年來不斷奔走的生活。向戴蒙德（Diamond）家庭獻上我的感激，尤其是我的丈夫吉姆；同樣感謝派西・瓊斯（Patsy Jones），她已經和我們一起搬家太多次了；也謝謝我的妹妹，簡・贊巴（Jane Zemba）

和她的家人。

還要感謝史提夫和特蕾西・科頓博士（Steve and Tracy Curtin）及他們的孩子，這一家子已經成為我位於圖森的家庭成員，你們是我與美國生活之間的連結，是帶我回到現實層面（像是颶風和野火警告，以及疫情下的食品雜貨短缺）的管道；也是因為你們，我才能回神意識到生活中的各種需求，因為我總是迷失在似乎永遠不會變短的待辦事項清單中，還時常深陷看不見盡頭的新聞中，無法脫身。

本書參考資料
請掃描 QR Code

Biz 401

下一個現在

《富比士》推崇的頂尖趨勢專家，時隔20年最受重視的全球預測大揭密。

作　　者／瑪麗安．薩爾茲曼（Marian Salzman）
譯　　者／古惠如
責任編輯／李芊芊
校對編輯／張祐唐
美術編輯／林彥君
副總編輯／顏惠君
總 編 輯／吳依瑋
發 行 人／徐仲秋
會計助理／李秀娟
會　　計／許鳳雪
版權主任／劉宗德
版權經理／郝麗珍
行銷企劃／徐千晴
行銷業務／李秀蕙
業務專員／馬絮盈、留婉茹
業務經理／林裕安
總 經 理／陳絜吾

國家圖書館出版品預行編目（CIP）資料

下一個現在：《富比士》推崇的頂尖趨勢專家，時隔20年最受重視的全球預測大揭密。／瑪麗安．薩爾茲曼（Marian Salzman）著；古惠如譯. -- 初版. -- 臺北市：大是文化有限公司，2022.10
400面；17×23公分. --（Biz；401）
譯自：The New Megatrends: Seeing Clearly in the Age of Disruption
ISBN 978-626-7123-97-3（平裝）
1. CST：企業預測　2. CST：未來社會
494.18　111011551

出 版 者／大是文化有限公司
臺北市100衡陽路7號8樓
編輯部電話：（02）23757911
購書相關資訊請洽：（02）23757911分機122
24小時讀者服務傳真：（02）23756999
讀者服務E-mail：haom@ms28.hinet.net
郵政劃撥帳號：19983366　戶名：大是文化有限公司

法律顧問／永然聯合法律事務所
香港發行／豐達出版發行有限公司 Rich Publishing & Distribution Ltd
香港柴灣永泰道70號柴灣工業城第2期1805室
Unit 1805, Ph .2, Chai Wan Ind City, 70 Wing Tai Rd, Chai Wan, Hong Kong
電話：21726513　傳真：21724355
E-mail：cary@subseasy.com.hk

封面設計／林雯瑛
內頁排版／顏麟驊
印　　刷／鴻霖印刷傳媒股份有限公司

初版日期／2022年10月
定　　價／新臺幣499元
I S B N／978-626-7123-97-3
電子書ISBN／9786267192306（PDF）
9786267192290（EPUB）